生命進化の物理法則

THE EQUATIONS OF LIFE

The Hidden Rules Shaping Evolution

チャールズ・コケル 著
Charles Cockell
藤原多伽夫 訳
Takao Fujiwara

河出書房新社

生命進化の物理法則　目　次

$P = F / A$

シロハヒメメクラネズミ（*Nannospalax leucodon*）の写真。
マクシム・ヤコブレフ撮影。

生命進化の物理法則

序文

科学でまだはっきりと解明されていない問いのなかでもとりわけ興味をそそるのは、従来の分野と分野のはざまに位置している問いだ。もちろん、研究分野というのは実体があるわけではなく、人間が頭の中でつくり出したものでしかない。科学的な問いを集めて分野という箱の中に整頓するのは情報の管理には役立つのだが、不自然な感はぬぐい切れず、知的活動において逆効果になることもあるものだ。宇宙で何かに導かれることなく起きている作用にも、整然とした分類は関係ない。宇宙はただ存在している。それについて文明人が数々の問いを投げかける。

本書では、生物と無生物にまたがる幅広い科学分野を理解するための思考法を探究する。具体的には、物理学と進化生物学のあいだに存在する決して失くせないつながりを解明する試みだ。この関係が示しているのは、興味深く独特な物質に満ちた宇宙で、生命というものは繁殖して進化する物質の形態の一つでしかないという現実である。

まず読者に伝えておきたい。本書では、進化は物理法則がつくり出した完全に予測可能な産物であることを示そうなどという不毛な試みはしない。歴史の気まぐれや偶然が進化の一翼を担っているのは、議論するまでもないからだ。地球上で繰り広げられている壮大な進化の実験で観察される細かい特徴の数々、そして多種多様な形態は、気まぐれや偶然によって生まれたものである。たとえば、インドネシアのロンボク島とバリ島は似たような大きさや位置で、三五キロしか離れていないにもかかわらず、島の動物相は際立って違う。二つの島を隔てる深いロンボク海峡は「ウォレス線」と呼ばれ、両島の生物はこの目に見えない線の影響を受けて進化してきた。バリ島は歴史的に、東南アジア側の独特な進化の旅路に位置し、その森にはアジアのキツツキやオオゴシキドリの鳴き声が響き渡る。一方、バタンインコやミツスイの甲高い声が聞こえるロンボク島は、オーストラリア側での進化の傘下にある。とはいえ、この混沌とした進化の大実験に潜んでいるのは、厳格な物理的原理だ。私が本書で関心を寄せているのは、まさにこれである。原子よりも小さな世界から個体群全体にいたるまで、この原理は生物のさまざまな側面を徐々に解き明かしつつある。こうした生物の側面はこれまで、歴史の気まぐれや予測不可能なものと思われてきた。

生物の特徴で物理法則に操られて決定論的に生まれたものはどれか、そして、さいころでも振って決めたかのように偶然生じたものはどれなのか？　この問いは生命とその進化の本質を突く、とりわけ興味深い謎だ。この疑問に対して決定的な答えを出すつもりはない。今のところ、それができる知識をもっている人物はいないのではないだろうか。とはいえ、生命の構造のあらゆるレベルを導く原理は徐々に解明されてきているから、私はそこに光を当てるつもりである。蓄積されつつある研究成果から、生命は宇宙のあらゆる種類の物質を形成する基本法則に深く根ざしていることがわかる。その深さは、地球上の動物をざっと見るだけではとてもわからない。そのことにも本書で目を向けてみたい。

生命を物理法則の観点で見たときに導かれる結論に、はっとする人もいるだろうし、身震いする人、感激するほど勇気づけられる人もいるかもしれない。私たちは、底知れない豊かさを見せるこの惑星の生き物が、ほかのあらゆる種類の物質に適用される単純な原理に従うことを証明する能力を徐々に高めてきている。私と同じく地球上の生命に魅せられた人たちにとって、この状況は何かしら心強い。ほかの惑星にすむ生命が（そもそも存在するとしたら）どんな姿なのかと想像して楽しんでいる人ならば、地球外生命がその階層のあらゆるレベルで地球の生物に奇妙なほど似ていることになるという結論にいたるかもしれない。

宇宙にある大部分の物質の命運を決める物理法則は無味乾燥だとみられることも多く、それに人類やほかの生物を当てはめるのは危険だとの見方もあるが、生物と無生物を区別する古来の考え方の多くを捨て去ると、そうした懸念には根拠がないことがわかってくるだろう。進化と物理学を統合することによって、生命に対する見方に新たな豊かさがもたらされる。生物の形態をつかさどる簡潔な法則のなかに、目を見張る美を認めることになる。

第1章　生命を支配する沈黙の司令官

ここはスコットランドのエディンバラ。市内にあるメドウズ公園を少し歩いてみれば、穏やかに調和を保った宇宙のなかで、地球の生命はきわめて例外的な存在であると、たいていの人が感じることだろう。多彩な緑色をした木々が風に吹かれてなびく。古代の人々は軽々と空に舞う鳥を見て、空気より重い体で飛翔するその敏捷さに驚嘆したものだ。地上ではさまざまな姿形の動物が駆け回っている。ピクニックする行楽客の体にとまった、ちっぽけなテントウムシ。草の上で跳びはねてはしゃぐ飼い犬たち。

こうした光景を、世界屈指の性能を誇る望遠鏡で観測された漆黒の宇宙と比べてみよう。たとえば、銀河と銀河が激しく衝突して放った光は、その死から何十億年もかけて、ほぼ妨げられることなく空虚な空間を旅した末に望遠鏡にとらえられ、画像となった。無限に続く真空の宇宙では、散らばった恒星のあわいで惑星が生まれている。そうした惑星の一つでは、行楽客が城の下に広がる草地でハエを叩きつぶしている。惑星を従えた恒星は、深遠な宇宙空間で核融合を起こすガスが球状に集まったものでしかない。恒星の回転を支配する一見単純な法則と、ペットのラブラドールのようにきわめて複雑な生命を生んだ予測不可能な飛躍は、じつに対照的だ。

ある著名な天体物理学者がこう言っていた。[1] 恒星は昆虫よりもはるかに理解しやすいから、恒星を研究していてよかった、と。

外の宇宙をじっと見ていると、確かに恒星を研究する利点がわかるし、その見方に共感する。圧倒的なスケールの巨大な恒星にさえ、単純性が見られる。恒星がガス状の元素を融合してエネルギーを放出しながら燃えるにつれ、元素は次々に原子の塊になる。まずは宇宙で最も豊富な元素である水素。水素原子はほかの水素原子と結合してヘリウムをつくる。ヘリウムはほかのヘリウムと結合して炭素になる。[2] そこから酸素、ネオン、マグネシウムといった元素が形成され、層状に積み重なっていく。核融合の段階のそれぞれで新たな元素が形成されるにつれて、その原子量は大きくなる。恒星の中心部にあるのは鉄だ。鉄は核融合の最後の段階で生まれる元素で、融合してほかの元素を形成することはない。この一連の核融合の結果、恒星の表面から中心部に向かってだんだん重い元素が層をなしていく。鉄より大きな元素は、超新星爆発の始まりを告げる恒星の破滅的な大爆発など、ほかの現象によって形成される。

直径が一〇〇万キロを超えるような巨大な恒星の内部にある、このタマネギのように単純な元素の層と、メドウズ公園で寝ている行楽客の親指の先にとまった、体長わずか七ミリのテントウムシを比べてみよう。

やや楕円形をした甲虫であるテントウムシは、地球に生息する数多くの昆虫の一種でしかない（昆虫はおよそ一〇〇万種が知られているが、未発見の種はさらに多いとみられ、正確な種の数はわかっていない）。とはいえ、この目立たない小さな生き物には複雑な特徴がいくつもある。体は主に八つの部位で構成されている。その一つが、口などが含まれた頭部。テントウムシには周りの世界を感じるための目と触角もあり、触角は独立した部位とみなされる。頭の背後にあるのは前胸背板。突出した硬い部分で、ダメージから身を守る。その後ろには、翅（はね）や脚が付いた胸部と腹部がある。複雑な機械のようなテントウムシはさらに、傷つきやすい繊細な翅を守るための翅鞘（ししょう）を備えている。

これほど複雑な生き物であっても、恒星と同じように、それぞれの部位は物理法則によって形成されている。テントウムシを含めて飛翔するあらゆる生き物は、翅で飛ぶ力を生み出すために、空気力学を支配する法則に従わなければならない。脚に関していえば、なぜ車輪のような形をしていないのだろうか。テントウムシは決して例外ではない。ヘビや一部のトカゲを除くすべての陸上生物は、車輪ではなく、脚を発達させた。これには、れっきとした物理的な理由がある。でこぼこの多い不均質な地面を移動するには、脚のほうが効果的なのだ。薄くて繊細な翅を守る翅鞘も、すり傷がつきにくくて柔軟性があるといった、硬い物質の挙動にかかわる法則に従っている。

このように、テントウムシのあらゆる部位で物理法則を見いだすことができる。テントウムシが恒星と比べて複雑に見えるのは、この昆虫が生きていくために利用している法則の数と種類が恒星よりも多いからでしかない。進化とは、さまざまな原理を組み合わせて生物をつくるためのきわめて優れたプロセスだ。それらの原理は数式として表わせる。どのような自然環境でも、生物が生存していくうえで数々の困難がある。一つの物理的な作用が、生殖するまでに死ぬ可能性を低くする特徴の発達につながるならば（繁殖は進化上の成功の指標となる）、生物は時が経つにつれて進化するし、その生物は多様な物理法則を表わしていると考えることもできる。

メドウズ公園をちょっと歩いてみただけでも、目を見張る生物の多様性が見られるが、時間を旅してみるとその多様性はさらに増していく。科学者たちが大好きな架空のおもちゃ、タイムマシンに乗って、七〇〇〇万年前のメドウズ公園を訪ねてみよう。現代の生物とはかけ離れた姿の生き物と出合うはずだ。現代の鳥のように空気力学を駆使しているのは、翼開長が一〇メートルもあろうかという翼竜だ。[3]地上では羽毛恐竜や奇妙な昆虫が歩き回り、池や湖ではすらりと細長い体をした爬虫類が、水中の世界を支配している。再びタイムマシンに乗り込んでおよそ四億〜三億五〇〇〇万年前にさかのぼると、現在のエディンバラがある地域では大規模な火山活動が進行し、微生物がいたるところで厚いマット状の群集を形成している。円錐形の火山と火山のあいだでは、最古の陸上植物であるクックソニアが陸地一帯の新たな生息地で支配権を争っている。小さなこぶが付いた長さ数センチの茎のあいだを、初期の昆虫や八本脚のクモの仲間ワレイタムシがちょこまかと動き回っている。[4]そこから時計の針を数千万年ほど進めると、現代の陸生脊椎動物の祖先である四本脚のペデルペスに出合う。[5]ぬるぬるした体長一メートルほどの体で下生えのあいだをぎこちなく歩き回り、その三角形の頭を左右に振っては行く先を探している。

時間旅行で出合った驚くべき生き物たちには目を見張るばかりだが、その一方で、どの生き物にも奇妙なほどなじみ深い特徴があることに気づく。見かけは違っても、その姿形は、根本的には現代の生物と同じ種類の特徴をもっているのだ。こうした類似性は、単に進化で受け継がれたものではない。重力に逆らった初期の生物の成長、恐竜を支える骨の大きさ、翼竜が大空を舞うための翼の形状は、同じ不変の法則と向き合う現代の生物が進化によって獲得した形状と似ている。

さまざまな時代や空間で生命の複雑性や多様性を見ていくと、生命は物理的な作用とは根本的に異なる何かを表わしていると、誰もが納得してしまうだろう。無生物の世界の構造は予測可能に見え、単純な原理で形成されているように思えるが、生命はそんな原理を超越した形に派生していくのだと。

しかし実際には、生物という一つの集合体のあらゆるレベルで、物理法則が特定の解決策へと生命を導いている。結果は常に予測可能とは限らないが、有限だ。原子より小さな粒子から生物集団のスケールまで、どのレベルの法則が作用しているかに関係なく、結果は多様であるものの、無限ではない。

ごく小さなスケールで見ても、進化が通った狭い経路を認めることができる。一例として、タンパク質のような分子レベルで考えてみよう。タンパク質は地球上の雑多な生物の集まりを形成するもとになる分子で、もっと大きなスケールで見た生物と同じく、潜在能力を自在に発揮できるわけではない。生体内で化学反応を促進する酵素を含め、タンパク質の折り畳み方に制約があるのを観察して、こうした構成は、ギリシャの哲学者プラトンが説いたような物体の完全かつ不変な形態に似た形態群を表わしていると主張する科学者もいる[6]。このような見解は、無限とも思えるほど多様な特徴を生む自然淘汰の傾向を強調するダーウィン主義的な生命論に反していると考える人もいる。

科学というのは不必要に二極化することもあるし、当然ながら、ダーウィンの説への反論は常に大衆受けがよく、激しい議論を巻き起こすものだ。私はここで、自然淘汰によって多種多様な生物、さらにいうなら多様なタンパク質が出現しうるというダーウィンの基本的な考え方に反論しているわけではない。私は単に、生物のレベルだけでなく、個体群からタンパク質、そして原子レベルまで、その構造のあらゆる部分で、進化のプロセスによって生まれる基本的なパターンがいかに限られているかを示しているにすぎない。数多くの研究者によるすばらしい成果の集積から証拠を集めて、物理的原理が生命の構造のあらゆるレベルで進化のプロセスの範囲をいかに狭めているかを示していきたい。

私の見解の土台となっているのは、単純な主張である。進化とは環境が有機体の構成要素を選択するフィルターの役割を果たす作用であり、その有機体では複雑に作用し合う物理法則が繁殖の成功を可能にするように最適化される、というものだ。ここでいう環境には、嵐から捕食者の食欲まで、繁殖を妨げるなどの害を及ぼしうる要因すべてが含まれる。進化とは、遺伝物質として暗号化された物理的原理が見せる驚異的かつ刺激的な相互作用でしかない[7]。数式で表現されるそうした原理の数が限られているということは、進化の結果もまた有限で、かつ普遍的であることを意味している[8]。

数式は、生物の特徴を含め、宇宙の特定の側面を示す物理的な作用を数学的に表現する手段でしかない。物理的な作用、そして多くは数学的な公式を利用してさまざまなレベルの生命の階層を記述する能力は高まりつつあるが、「生命の数式」というのはその能力を簡潔に言い表わした言葉だ。本書全体を通じて、そうした数式のいくつかを紹介するが、読者にはそのニュアンスや詳細、使い方を無理に理解してもらう必要はない。本書で数式を紹介するのは、進化の根底にある物理的原理をいかに数学的な形式で簡潔に表現できるかを示すためだ。

物理法則が生命を束縛しているはずだとの主張は、決して物議をかもすようなものではない[9]。メドウズ公園で晴れた日に太陽光で体を温めているテントウムシも、太陽の形成を支配している原理の外では存在できない。生命もまさに宇宙の一部であり、その法則に縛られずに生き続けることはできない。この見解はありふれたものではあるが、私たちは往々にして、生命が物理法則に厳しく縛られているとまでは認めようとしない。生き物を観察していると、その一組の構造を支配する法則が厳格な制約を設けていることを忘れてしまいがちだ。何も考えないで観察していると、種々雑多な生き物には種類が限りなくあるように見えてしまう。

私の場合、増えつつある知識を携えて、生命の構造のさまざまなレベルを旅して意外に感じたのは、生物がこれまで考えられていたよりも物理的な作用、つまり簡潔な数学的関係ではるかに記述しやすく、その原理が生物の階層の数多くのレベルで洗練されつつあることだ。これらの知見はまた、偶然や歴史の役割を支持する人々が好む考え方よりも、生命がはるかに厳しい制約を受けていることを示唆している。したがって、生命は従来の見方よりも予測しやすく、その構造は普遍的であるのかもしれない。

細部を見ると、生物を彩る特徴は無限とも思えるほど多様だ。生物学と物理学で宇宙に対する見方が異なるのは、おそらく生物の細部に見られる途方もない多様性が影響しているのだろう。生物の営みが物理法則に縛られているとの私たちの浅はかな見解に話を戻すなら、私たちはより包括的な視点をもって、両分野の見方の相違に折り合いをつけるべきである。

数年前に大学の物理学科に加わったとき、私は「物質の性質」と呼ばれる学部生向けの物理学講座を受けもつように頼まれた。生化学と生物学を学んできた私にとって、このテーマで半年講義するには生物学の要素をある程度加えなければすっきりしない。だから、与えられた仕事に手を加え、教えなければならない物理法則や概念を示すために、生物の事例を用いることにした。生物学を含めたことで自分自身のモチベーションも上がるし、学部生にとっても興味深い講義になるだろうと考えたのだ。

講義に使う事例を見つけるのはそれほど難しくなかった。分子レベルでは、分子どうしをつなぐファンデルワールス力をヤモリとともに提示できる[10]。ファンデルワールス力は分子にもともとある極性によって生じる弱い力で、分子を小さな棒磁石のように振る舞わせる(ネオンなど、不活性の希ガスでさえもこのように振る舞うことができる)。一方、すばしっこいヤモリの指先には微小な毛がびっしり生えている。ヤモリは四つの指先に生えた毛のファンデルワールス力を総動員することで、垂直の壁をすばやく動き、ぴかぴかのガラス窓でさえも簡単に駆けのぼることができる。

人間をはじめ、細胞をもつあらゆる生物で遺伝情報を暗号として記録した分子、DNAは、二本の鎖がより合わさった二重らせん構造をしているが、二本の鎖は「水素結合」と呼ばれる結合でくっついている。水素結合の力は二本の鎖をつなぎ、分子の一体性を保つほどの強さはあるが、細胞が二つに分裂してＤＮＡの情報を複製するときには容易に離れてしまう弱さもある。[11] ＤＮＡの複製と繁殖の仕組みは、原子間に働く力を考えることによって理解できる。

　階層のさらに上位でも、生物学が引き続き大きな役割を果たす。状態図（特定の圧力と温度、体積で物質がとる状態を示したグラフ）を説明するにあたって、生物の世界で起きている事例が役立つことがわかった。氷の張った冬の池で比較的温かい水中を、天敵に脅かされることなく泳ぐ魚は、状態図で右下がりになっている水の融解曲線を利用している。簡単にいえば、水は凍ると密度が下がって浮き上がるということだ。[12] 冬でも活動する魚は氷の下の環境で生きられるように進化してきた。魚の行動の進化は、状態図で表わせる水の挙動に関する単純な事実の制約を受けているのだ。

　巨視的なスケールでも、物理学が生物のシステムを説明し、その働きを制約している。大きな生き物が水中を移動する仕組みを説明するときには、なぜ魚にプロペラがないのかといった問題に突き当たる。大海原を回遊し、サメから逃げる方法として、人間の技術者ならばプロペラを選ぶところだが、物理法則がそうではなく柔軟に曲がる体を選んだのはなぜなのか。[13] 流体の挙動、そして、その中を移動する物体の挙動がきわめて厳格な制約を生む。生物はそうした制約のなかで生存するために進化し、解決策を見つけていく。

　物理学講座で教えてみて私が意外に感じたのは、物理法則が働いている事例を生物のなかにこれほど多く見つけられたということではなく、電子からゾウの体まで、生命の階層のあらゆるレベルで、単純な物理法則が特徴の形成や選択にあまりにも深くかかわっていることだった。私は物理法則が生物の身体をどのように形成しうるかは十分に理解していたものの、物理的原理がまるで無数の触手を伸ばしたかのように、生命の構造全体に行き渡っているその浸透の深さに畏敬の念を抱いた。量子の世界では原子より小さな粒子を取り巻く不確定性――注意深い物理学者ならば、私たちがどれだけ自信をもって生物学と物理学を融合できるのかと首をかしげそうな不確定性――がもともと存在するにもかかわらず、「シュレーディンガーの猫」の形や化学組成、そして不確定性原理を導いたヴェルナー・カール・ハイゼンベルクの身長は、生物に作用する物理的原理によって収斂し、きわめて予測可能である。[14]

進化を海にたとえる科学者もいる。それぞれの種類の動物が生物学的な可能性という島を表わす。島では、環境への適応に成功するための解決策が、物理的に可能な条件と、生物がすでにもっているもの、つまり祖先から受け継いだ特徴に縛られる。島と島のあいだには不可能の海が横たわり、生命は可能性という名の新たな島をめざしてその大海原を航海しなければならない。生命がこうした島々にどうにか定着できたこと、そして、複数の生命が同じ港にたどり着いたように見えることは驚くべきことではないか。船が難破して離ればなれになった船乗りたちが、太平洋の真ん中にぽつんと浮かぶ同じ孤島にたまたま流れ着いたようなものだ。コウモリと鳥のような二種類の動物が、飛翔という機能的に同じ解決策にどうやってたどり着いたのか？　それぞれの動物の祖先には翼がないから、共通祖先を用いてこの機能の収斂を簡単に説明することはできない。二種類の生き物で、解剖学的にまったく異なる翼が発達したというのが事実である。とはいえ、複数の生命が同じ解決策を見つけ出すのは決して特別なことではない。生命にできないことはできないのだから、不可能の海などそもそも存在しないことになる。

進化の物理的な側面を、海ではなく、チェス盤に見立ててみたらどうだろうか。それぞれのマスが異なる環境、生命が適応しなければならない物理的な条件の異なる集合だと考える。生き物はマスを移動すると、自動的に別の空間に入ることになり、さまざまな明確な物理法則を用いてそこに適応しなければならない。たとえば、魚は陸上に這い上がると、流体力学の法則に代わって新たな法則が体の形を制約するようになる。大きくなった重力の影響に逆らって動けるような四肢や、真昼の太陽が陸地に現われた新参者から容赦なく水分を奪おうとするなかで蒸発率を算出する数式が、進化を形づくる要素の一部となる。しかし、中間に横たわる不可能の海などない。さまざまな環境で異なる組み合わせや大きさで一体となって境目なく作用する物理的原理が存在するだけだ。生命が一つの環境の状態から別の状態へ移動すると、物理法則が四六時中働くなかでその法則にうまく適応できた者が選択され、物理法則が求める確固たる条件に適応できずに繁殖できなかった形態は、環境や競争者によって容赦なく淘汰される。

ここで明確にしておきたいことがある。海を使った比喩は、生物がどれほど効果的に環境に適応したかについて考える際に役立つ。極端な例を挙げると、翅をもたずに生まれた昆虫は進化の競争を勝ち残るうえで、おそらく大きなハンデを背負うことになる。「適応度地形」という概念では、島や山の頂が環境に最も適応できた生物を表わし、そのあいだに横たわる平野や海が、うまく適応できずに成功する可能性が低い生物を表わす(15)。しかし、生物が環境に立ちはだかる困難に対して進化のなかで類似の解決策を見つける能力があるのはごく自然なことだ。答えを求めてさまよう空虚な空間など、存在しない。生物は一つの場所から別の場所へと移動するだけで、そこに物理法則が立ちはだかったら、それに適応して子孫を残さなければならない。適応しなければ、永遠に消えていくだけのことだ。そうした物理法則に適応するための解決策は、類似していることが多い。

本書の読者ならば、生物学と物理学は切り離せない関係にある、つまり生物にとって物理法則は「沈黙の司令官」であると言われても、驚いたりはしないだろう。本書では、原子から個体群のスケールまで、生物の見事な単純性を示していくつもりだ。また、その法則が生物の原子構造からアリの社会的行動にいたるまで深く浸透していることから、地球外に生命が存在するとすれば、それらも似たような特徴を示すだろうと提唱する。

とはいえ、「生命は物理的原理だけでは成り立たない。チーターがガゼルを追いかけている場面をどう考えるんだ？　ガゼルに対する物理的な作用だけでなく、生物学的な相互作用そのものもあるのではないか」との見方も当然あるだろう。ガゼルに対して淘汰圧をかけているのは、アフリカのサバンナで次の食事のために哀れなガゼルを追いかけ回すチーターではあるが、この圧力は生物の反応のレベルで物理法則に従っている。ガゼルはチーターを引き離すことができれば、この場面で命を落とすことはない。ガゼルが逃げ切れるかどうかは、いかに速く筋肉からエネルギーを放出できるかや、天敵が迫ってきたときにどれだけすばやく方向転換してかわせるかにかかっている。この能力自体は、天敵から逃げるときにガゼルの膝が耐えられる力や、脚の骨と筋肉が許容できるねじれによって生まれる。こうした要素は最終的に筋肉と骨の構造、視力の鋭さなどによって決まる。ガゼルが生殖可能な年齢まで生き延びるかどうか。この淘汰圧が働くのは、チーターが別種の生き物だからではない。エディンバラ大学の物理学研究室で俊足のロボットを製作し、アフリカのサバンナを駆け回ってガゼルをランダムに襲って殺すようにプログラムしても、同じことが起きるだろう。重要なのは、ガゼルの生物学的な（究極には物理的な）能力でチーターの襲撃をかわして生き延びられるかどうかと、子孫が成功するために筋肉の性質や骨の強度といった要素にどのような適応が必要なのかということだけだ。

ここまで私が指摘したことは、捕食者の存在のように、環境における選択の制約によるものだけでなく、未踏の環境や食料源など、新たに訪れた大きな機会により、進化を通じて生物に起きる変化にも当てはまる。生物に表われるこうした変化の多くは、短期的にも、最終的には進化の観点でも、地球上のほかの生物によって引き起こされるのかもしれない。しかし、環境のなかでの生き残りや変化の利用に必要な適応は、物理的原理に厳しく導かれることが多い。

当然ながら、こうした適応は、その生物の祖先の姿形や発生パターンによってもたらされる制約に縛られている。[16] 生物の発生や成長の仕組みについて祖先から受け継いだ構造や制約は、それ自体が進化的淘汰で生じた境界である。その境界は、生物が理論上利用でき、影響を受けている物理法則群にどう反応できるかを制約しているにすぎない。反応できる領域を狭めているのだ。

読者のなかには、こんな疑問が頭をよぎった人もいるのではないだろうか。「でも、生命って何?」。つまるところ、これまでの議論は、生命とは何かについて私たちが合意していることが前提になっている。生命の定義は、昔から数多くの優れた人々が探究してきた問題ではある。しかし、本書の目的を考えると、その議論をさらに進める必要はない。本書では議論を単純にするため、実用上便利な生命の定義を採用する。[17] 生命は繁殖と進化が可能な物質である、というものだ。これは、生化学者のジェラルド・ジョイスが提唱した、生命とは「ダーウィン的な進化を自動的に継続できる、独立した化学系である」という定義に沿ったものである。進化、つまりダーウィン的な進化の能力は、生物が時間の経過とともに変化して、生息環境によりよく適応できるという特徴だ。もう少しわかりやすく言うと、動物や植物、さらには菌類や藻類が属する真核生物、そして細菌や古細菌(細菌とは異なる単細胞生物)が属する原核生物を含め、地球上にすむなじみ深い生き物はほとんどすべてこの能力をもっている。

「生命」という単語は人間がつくった分類にすぎず、どんなに考えても具体的な定義は見つからないだろうと主張することはできる。[18] 生命は有機化学の興味深い一分野でしかないのかもしれない。たまたま複雑な振る舞いをするようになった炭素化合物の塊を広く取り扱う化学の一分野である、という考え方だ。繁殖能力をもったことにより、環境中の力がこの繁殖する物質に作用するうちに進化が起きた。この惑星で生命が存続しているのは、繁殖する物質の中で遺伝暗号が発達したからだ。この暗号があるおかげで、繁殖で生じた物質の多くの構成部分で修正や変化が可能になる。さまざまな環境で淘汰圧が作用して、その環境に適応した個体が残り、繁殖して、子孫たちが新たな環境へと拡散していく。

とはいえ、生命について私たちがどんなことを決めようとも、どんな定義や概念を選ぼうとも、生命がもったあらゆる可能性は単純な物理法則と完全に調和している。オーストリア出身のノーベル賞物理学者、エルヴィン・シュレーディンガーは一九四四年に刊行された興味深い著書『生命とは何か』で、生命は環境から「負のエントロピー」を抽出する性質をもっているとして、生命を物理学の観点で記述したことがよく知られている。[19] いささか残念ながら、この一節は物理学上の正式な意味をほとんどもっていないのだが、生命がエントロピーに逆らって活動しているように見えるという概念をとらえるために、シュレーディンガーはこの表現を選んだのだろう。エントロピーとはエネルギーや物質が拡散して、やがて熱力学的平衡に達する傾向のことで、熱力学第二法則（そうした平衡に向かう傾向を示した法則）に従う物質とエネルギーの基本的な性質だ。多くの場合、この傾向は系が無秩序になることと同等と見なされる。シュレーディンガーの目には、生命がエントロピーに逆らおうと格闘しているように映ったのだ。

究極的には無秩序に向かいがちな宇宙において、生命は秩序を築く傾向にある。この性質がシュレーディンガーを困惑させ、古今の思索家たちには謎めいて見えた。ライオンの子が成長して繁殖すると、そのライオンの成獣と子孫を構成するあらゆる新しい物質は、そのライオンが母親の後を追いかける小さな子だったときよりもエネルギーが秩序正しく、散逸の程度が小さくなる。確かに、生命が物理法則に反しているかのように振る舞う理由を説明するのは長年、生物学者や物理学者にとって難問だった。しかし、生命に対する見方を変えてみると、生命は物理法則と闘っているかのような特異な存在ではなく、宇宙における秩序の乱れを加速する作用として見ることができる。宇宙を表わす物理的な作用ときわめてよく調和しているのだ。私のサンドイッチを例に、この考え方を説明してみよう。

サンドイッチをテーブルの上に置いて、そのまま放置した場合、その分子がもつエネルギーを解放するには、きわめて長い時間がかかるだろう。実際、サンドイッチに含まれるエネルギーが解放されるのは、それが遠い将来にプレートテクトニクスの作用で大陸が移動して地殻の内部に入り、押しつぶされながら地球の深部に達して極度の高温に熱せられ、糖と脂肪が分解されて二酸化炭素ガスになってからかもしれない。しかし、私がサンドイッチを食べた場合、それに含まれていたエネルギーは一、二時間のうちに体内で熱として利用されたり、二酸化炭素として体外に排出されたりするほか、その一部は新たな分子の生成に使われる。言うなれば、私はサンドイッチがエネルギーに変わる作用を大幅に加速させた。宇宙を無秩序へと導く熱力学第二法則がサンドイッチに働く速度を速めたのだ。当然ながら、テーブルの上に放置したサンドイッチは、かびが生え、表面に付いた細菌や菌類に食べられる。サンドイッチのエネルギーを周りの宇宙に散逸させることにかけては、細菌や菌類のほうが私よりも上手だ。数学モデルを使えば、これが単なる奇抜な考え方でないことだけでなく、生命の営みや、それが成長し、個体数を増やし、環境に適応する傾向は熱力学の法則によって記述できることがわかる。[20]

生物は局所的には並外れた複雑性や組織を見せるものの、その営みはエネルギーの散逸を加速させ、宇宙の死期を早めている。生物における局所的な複雑性は、この散逸効果を生み出すために必要な機構の構築に欠かせない。物質的な宇宙がエネルギーの散逸を早める作用を好むなかで、生命は熱力学第二法則に立ち向かうのではなく、それによって生じた作用に寄与している。少なくともこれは、生命の現象に対する見方の一つではある。この観点で見ると、生命が存続し、数を増やしている理由を理解しやすくなる。

もちろん究極的には、散逸するエネルギーがなくなったときや、今から数十億年後に太陽が輝きを増して空が焼けつくように熱くなり、海がすっかり干上がって環境が生命に適さなくなったときには、かつて熱力学第二法則に逆らっていたように見えた複雑性の局所的なオアシスも、もはやそうではなくなり、崩壊してしまう。

ここまでの話は、生命がまさに進行中の物理的な作用であるとの概念を支えているという点でよくわかる。生物は、物理法則と調和し、それに促されるように振る舞う分子の集まりだ。宇宙のほかの場所でもそうだろうと予想している。この挙動全体のなかで、この作用を進める生物はそれ自身が物理法則に縛られる。本書では生命の定義について長々と無駄に考察するよりも、私たちが生命と呼ぶことにした繁殖と進化が可能な物質の普遍性に、もっと注目していきたい。

物理学や化学、さらに生物学について学べば学ぶほど、宇宙をつかさどる法則の単純性とその普遍的な特徴に直面する場面が増える。これは、大きなパラダイムが宇宙での私たちの場所に対する例外論的な見方を覆してきたという、科学の歴史を通じた一つのテーマのようなものだった。地球は太陽の周りを回る惑星の一つにすぎないという考え方と、人類の祖先は類人猿であるとの考え方は、人々の世界観に対する概念的な変化として、過去数百年でもひときわ大きな衝撃をもたらした。これらの概念は、地球が太陽系の中心にあって、そこに住む人類はほかの動物とかけ離れた特別な存在だとする考え方を追いやった。

生物が物理法則に従っているとの見方をもつと、生物をより普遍的な視点で見ることについて、根本的な疑問が浮かび上がってくる。地球外に生命が存在するとしたら、それは地球の生命と似ているのだろうか？　生命の構造や形態にはやはり例外がないのだろうか？　地球外生命の構造のどのレベルが同じなのか？　ほかの銀河でも、テントウムシの脚の要素として同じものが選択されるのだろうか？　原子どうしが結合してつくる分子はどうか。テントウムシの脚を構成する分子は同じだろうか？　そもそも、テントウムシ自体はどうなのか。ほかの銀河でも、テントウムシに似た生物は存在するのか？　そのテントウムシは、構造のどのレベルで見ても、地球にしかないものだろうか？

物理学と生物学に密接な関係があるならば、仮に地球外生命が存在すると考えると、それらは地球の生命に驚くほど似ている可能性があり、陸生生物は進化における一つの実験で生まれた特異な存在というよりも、宇宙全体の生命の大部分にとってのテンプレートになるかもしれない。こうした主張は、優れた科学理論の証しである予測可能性をほのめかしている。

SF作家は、ほかの惑星にすむ奇妙な生命体をいくつも想像するのが好きだ。そうすることで、私たちの想像力は限られているのだから、妥当な予測などできないのだと主張しているのである。

一八九四年には、SF作家のH・G・ウェルズがアメリカの月刊誌『サタデーレヴュー』誌に宇宙の生命体について寄稿し、ケイ酸塩（岩石や鉱物の成分で、ケイ素を含んだ物質）が高温で興味深い化学反応を起こすかもしれないという仮説について、こう書いている。[21]「そうした仮説から空想される光景にはぎょっとする。ケイ素とアルミニウムでできた生物――ケイ素とアルミニウムでできた人間としようか——が、硫黄ガスからなる大気の下で、海岸をぶらぶら歩く。その先にあるのは、たとえば、溶鉱炉の温度より何千度も熱い液体の鉄の海だ」

ウェルズだけではない。一九八六年、ロイ・ギャラントが、生命が無限の可能性を秘めている可能性について解説した著書『宇宙大紀行』をナショナルジオグラフィック協会から出版した[22]。この本には、太陽系に存在する生命体の驚くべき想像図が数多く収録されている。金星の表面で跳びはねているのは、「アウチャー・パウチャー」というガスでできた大きな虫。四六〇℃の表面に着地するたびに「アウチ」(あちっ)と叫ぶ。一方、火星にいるのは、ダチョウを引き延ばしたように細長い生き物「ウォーター・シーカーズ」だ。火星の寒い夜や冬には、ふさふさの巨大な耳で自分の体をくるむことができる。その頭を覆った巨大な甲羅で紫外線から身を守り、長い鼻で火星の地面を深く掘って水を見つける。想像の翼はこれら二つの惑星のはるか先まで広がった。冥王星には知能をもつ角氷の「プルトニアン・ジストルズ」がいるし(アメリカ航空宇宙局[NASA]の探査機ニューホライズンズが機体を一瞬きらめかせて近くを通過したとき、彼らの文化を永遠に変えてしまったかもしれない)、土星の衛星タイタンにすむ「ストーヴベリーズ」は気温マイナス一八三℃の世界で、体内の物質を燃焼させて体温を暖かく保っている。彼らはタイタンの炭化水素が豊富な大気の中を、おしりからガスを噴出するというくだらない方法で進む。

ギャラントの本に収録された生き物は、これまでに一つも見つかっていない。これは興味深い事実だ。生命は条件が整えばほかの惑星でも出現すると想定しても(かなり思い切った想定だが)、ここで軽視できないのは、これらの斬新な生化学作用や生物が太陽系に存在しないということだ。ギャラントが考え出した生命体は、特定の惑星や衛星の条件にしか適応していない。そうした惑星や衛星の大半では条件があまりにも極端なので、地球上の生命の限界に関する知識にもとづけば、その表面には複雑な多細胞の生命体はいないと予測される。これが私たちの観察結果だ。たとえば金星だけを考えても、陸生生物の成長の限界（物理法則で決まる限界）に関する知識にもとづいた予測に合っている。[23]

地球の生物圏がこの宇宙で例外的な存在かどうかを調べるには、生命が存在するほかの天体と比べる必要があるが、そうした天体はまだ見つかっていない。このため、地球上の生命が宇宙の標準かどうかの議論は推測の域を出ず、際限がないので、コーヒーでも飲みながら話す分にはおもしろいが、それ以上ではないと言う人も多いだろう。しかし、この考えは正確でない。物理学者が提示した原理からは、根本的に何が可能かがわかる。天体物理学者が宇宙を観察した結果からは、炭素などの元素や水などの分子が宇宙に豊富に存在することがわかる。この情報から、生命を構成する化合物が宇宙全体にどれほど多く分布しているかについての知見が得られるのだ。化学の研究からは、周期表の元素が秘めた反応の能力や複雑な構造を形成する能力について幅広い知識がもたらされ、生命の化学的性質がどれだけ普遍的かがわかってくる。

生物物理学者は、地球上の多くの生物の中で個々に進化した分子について多くを教えてくれ、細胞における化学反応の法則がどれだけ普遍的かを考えるための知識を与えてくれる。極限環境にすむ生命を研究する微生物学者の知識からは、生命の物理的な限界と、それらが普遍的であるかどうかがわかる。生物学者からは、過去の生命の形態について広い視点が得られる。現在の生物とどれだけ似ているのか、そして、その観察結果をどのように説明すればよいのか。ほかの惑星の情報を集めている惑星科学者は、カメラなどの機器を駆使して、生命を宿しうる条件を見つけてくれる。私たちは生物学的な観点で、そうした惑星の条件を自分たちの予測と比較することができる。

これらの研究分野から、生命の性質に関して仮説を立てるための大量の情報を集めることができる。本書では、物理法則と生命のつながりを探るなかで、生命がその階層のあらゆるレベルで普遍的であるとの考え方を探究していく。これは、生命が必ずしも同一であると言っているわけではない。ほかの惑星ではテントウムシは地球上のものと同じとは限らないが、生命体が惑星の表面で繁殖するために利用している解決策は、原子内の電子を使ってエネルギーを集める方法から、集団の行動まで、広く類似している可能性がある。いつかどこかの惑星で生命を発見したときには、一目でそれが生命だとわかるだろう。地球上の生命ときわめて類似しているから、そう認識できるのだ。

最初の章を締めくくるにあたっては、チャールズ・ダーウィンに登場してもらうのがふさわしい[24]。ダーウィンは『種の起源』の最後でみずからの考えをまとめ、生命の進化にある種の壮大さが見てとれると記している。ここに私たちが加えるとすれば、美しい単純性という言葉だろうか。物理法則が絶滅種も現生種も含めてあらゆる生命体に絶え間なく働くなかで、進化の産物には息をのむような単純性がある。それは、一三〇億年にわたってこの宇宙を形成してきた法則そのものがつくり上げた類似性だ。

第2章　群れを組織化する

八歳ぐらいの少年だった頃、私は空想好きを絵に描いたような子どもだった。ヴィクトリア時代の石畳に座り、黒い鉄の手すりにもたれかかって、仕事に精を出す熱心なアリを探す。手にした小さな虫眼鏡で太陽の光を集め、「殺人光線」を浴びせるのが目的だ。その小さな生き物がごつごつした路面を横切るのを追いかけ、光線を浴びせると、アリはじゅっという音とともに燃え尽きる。

アリ追いはイングランドの寄宿学校では不道徳な遊びとされていたが、ラテン語の勉強などよりは、ましだった。探究心があって、ちょっと破壊行為が好きな子どもには今でも、残酷な暇つぶしになっているのではないか。罪のない昆虫たちをいじめていた子ども時代、私は彼らの小さな世界に魅了されてもいた。アリたちが整然とした長い列をつくって、石畳を行ったり来たりする光景を何度も見た。ゆっくり歩くアリもいれば、急ぐアリ、食べ物のかけらを運ぶアリ、なかには仲間の亡骸を背負ったアリも数匹いた。ときどき急ぎ足の二匹が頭部を押しつけ合い、何か指示を伝え合っているかのような行動を見せたかと思うと、頭を離して別々の方向へ先を急ぐように去っていく。いったい何を話していたのだろう？　私はアリのこうした社会的な行動に心を奪われ、たいていは残酷な遊びをするよりも、ただ座ってアリたちをじっと観察しているほうが好きだった。

とはいえ、私はほかの側面にも気づいていた。思春期に入る前の遊びで、生命のはかない側面を目の当たりにしたのだ。太陽から降り注いだ自然光を虫眼鏡に取り込んで数倍強めるだけで、有機物がつくり上げた複雑な生命を燃えさかる炎へと変えてしまう。生命とは、物理的な極限状態の境界をさまよう不確かな存在でしかない。何らかの物理現象の強さが変わっただけで、生物は死んでしまう。これらの生き物も、私たち人間と同じように、厳しい物理的な制約に左右される世界に生きているのだ。

こうした制約を受けながらも、アリたちは自分の仕事に精を出している。彼らが身を寄せ合い、情報を交換し、力を合わせる姿をじっと見ていると、ここで起きていることは社会組織にほかならないと、誰もが確信することだろう。人間社会よりスケールは小さいものの、昆虫がつくる大規模な社会は、巣づくりと、コロニーの存続に必要な食物の確保という目標に向けて動いている。長年にわたり、科学者たちはこれをトップダウンの社会と見ていた。巣の安全な空間にとどまる女王アリは、この見事な集団行動が君主の指示のもとで行なわれている証拠だった。一つの明確な仕事の達成を目指して、何百、何千、時には何百万匹のアリたちを取りまとめるのに必要な数々の指示を統制するリーダーの役割を、女王アリが果たしているというのだ。

ただ、この現象からこんな疑問が生まれるのは想像に難くない。ほかのアリよりはたいてい恰幅がよいとはいえ、女王アリというあの小さな生き物が、どうやってアリ社会の運営に必要な膨大な情報をもち、そして処理できるのか。アリの文明は数多くの生物学者や動物行動学者の興味をかき立ててきた。その一人であるアメリカの科学者Ｅ・Ｏ・ウィルソンは一九七〇年代に昆虫の社会について研究し、社会生物学の確立に寄与した[1]。

昆虫社会への関心や、多数のアリを取りまとめる要素を理解したいという気運が高まると、アリの組織の研究に乗り出す研究グループが新しく出てきた。自由に動き回るアリのように、混沌とした複雑な現象をふだんは避けている物理学者たちが、この生き物に興味をもち、生物学者たちと共同で研究を始めたのだ。そこで提示された疑問はさまざまだ。アリの社会は本当にこれほど複雑なのか。コンピューターの領域を超えた情報や指示の流れによって、その社会が形づくられているのではないか。それとも、女王アリの意向や命令のもとで形成されたのか。そもそも、女王アリというリーダーの役割を、私たちはきちんと理解しているのか？

研究グループが発見したのは驚くべき事実だった。

アリの巣は規模も細部も桁外れといえそうなほど複雑な構造をしていることがわかったのだ。二〇〇〇年、日本の北海道でいくつもの巣が集まったアリの大都市が発見された。そこにすんでいたのは、三億匹の働きアリと、一〇〇万匹の女王アリである。それは一つの巣ではなく、四万五〇〇〇もの巣が縦穴や横穴でつながった迷宮のような構造物で、その面積は二・五平方キロに及んでいた。人間のスケールで考えると、この規模の都市を建造しようと思ったら、プロジェクト全体を滞りなく進められる信頼できる監督者のもと、計画の立案や設計の検討といった頭脳労働を担うおびただしい数の建築家が必要になるだろう。

しかし、アリたちはこれほどの巨大都市をきわめて単純な法則を使って建設できているように見える。

地下深部で、一匹のアリが土壌の粒子を一粒一粒、慎重かつていねいに取り除く。脇のほうへ引きずっていき、そこに捨てる。ひっそりと、何か目的でもあるかのように始めたものの、その仕事は一匹でやるにはあまりにも大きい。だからアリはフェロモンと呼ばれる化学物質を放って、近くにいる仲間に助けを求める。これで二匹がそれぞれ離れたところで、土の粒子を取り除く作業を始め、新しい小部屋づくりに精を出す。しかし、もっと助けが必要になって、さらに二匹を作業に引き入れる。これら四匹がさらに四匹を誘い込み、全部で八匹になる。アリの数が幾何級数的に一気に増えて、土の粒子を取り除く作業が着実に進む。いわゆる「正のフィードバック」が起きたのだ。[2] やがて労働力は目を見張る規模になり、小部屋はみるみるうちに大きくなる。時間が経つにつれて、新しい家が形をなしてくる。

しかし、一つ問題がある。作業に加われるアリの数には限りがあるのだ。建設中の小部屋はほかにもあり、拡大を続ける帝国全体で働きアリを求める圧力が高まる。建設中の小部屋が大きくなると、作業に従事するアリどうしの距離が広がり、新しいアリを引き入れるペースが落ちて、「負のフィードバック」に陥る。アリの数が少なくなると放出されるフェロモンも減り、アリの数はますます少なくなって、新たな小部屋づくりに急ブレーキがかかる。しかし心配は無用。すぐ近くでは、アリたちがひしめくトンネルの脇で、別のアリが新たな穴を掘り始めた。また同じ作業が繰り返される。巣のあちこちにある小さな穴で、新しい小部屋が次々にできる。こうして新たな空間がいくつも生まれると、巣にすめるアリの数が増え、巣の規模が大きくなるに従って、コロニー全体の個体数もふくれ上がる。

自然の地下空間で個々のアリが出会って挨拶を交わしたときに生じる正と負のフィードバック。この単純な概念を取り入れて、コンピューター・プログラムを作成してみる。すると、アリが小部屋をつくる活動を再現できるだけでなく、コロニー全体の拡大も予測できる。

目を見張るのは、この作業に「建築家」が必要ないことだ。[3] アリの巣の全体像を描く設計士も、働きアリの仕事を取り仕切る現場監督もいない。この昆虫たちが身につけた驚くべきスケールの集団作業と古代エジプトのピラミッド建設のあいだに、どうしても類似点を見いだそうとしてしまうのだが、これほどかけ離れたものはないだろう。アリの巣は個々のアリどうしに働くごく単純な法則を使って予測できる。女王アリは巣で中心的な役割を果たし、卵と新しい働きアリを生み出す役割を果たしているが、日々の巣づくりを担うのは、せわしなく働くアリたちの基本的なやり取りなのだ。

以上のようなことから、こうした行動の一部は比較的簡単な数式で表わすことができる。自然界の物理学的、化学的、あるいは生物学的な系では多くの場合、何かと何かの関係を冪乗則で説明する。単純にいうと、アリの巣の体積などの測定値が、たとえばアリの数に（決まった指数で）比例して変化しているということだ。その場合、最も単純な数式は次のようになる。

$$y = kx^n$$

xは測定できる要素（巣の体積など）、yは求めたい要素（アリの数など）、nは両者の関係でスケールの役割を果たす数値（冪乗、だから「冪乗則」）。たとえばクロナガアリ属の一種（*Messor sancta*）の場合、nは〇・七五二となる。[4] kは任意のプロセスに使えるもう一つの比例定数。

冪乗則になるのは、測定対象の二つの要素のあいだに、もともと何らかのつながりがあるためだ。そのつながりは物理法則に根ざしている場合が多い。前述のアリを例にとると、作業するアリの数が多いほど、取り除ける砂や土の粒子は多くなる。取り除かれた三次元の粒子は実質的に小部屋全体の体積に相当するから、ほかの条件が変わらないとすれば、アリの数とつくられた巣の体積には何らかの関係があるということだ。

アリの世界に限ったことではない。冪乗則はスケールの大小を問わず生物に広く見られるし、自然界のほかの場所にも表われる。あちこちに見られるということが、生物にも規則性が存在することを示している。まったく異なる場所で、同じ数学的関係が見られる。アリの法則もまた、生物のほかの特徴と同じ数式で表わされる。

冪乗則で最もよく知られているのは、スイス生まれの生理学者マックス・クライバーにちなんで名づけられた「クライバーの法則」かもしれない。[5] 彼はさまざまな動物の活動を測定し、生物が消費するエネルギーを実質的に指す代謝率と生物の質量とのあいだに単純な関係があることを発見した。

$$代謝率 = 70 \times 質量^{0.75}$$

この数式から、大きな動物は小さな動物よりも代謝の必要性が大きいことがわかる。猫の代謝率はネズミのおよそ三〇倍だ。大きな動物のほうが維持しなければならない質量が大きいから、この関係は納得できる。とはいえ、冪乗則から、体のそれぞれの部位については、小さな動物のほうが大きな動物よりも代謝率が高いこともわかる。小さな動物は筋肉や脂肪の蓄えといった「構造」の割合が大きな動物よりも高い傾向にある。また、体積に対する表面積の割合も高いので、体温を奪われやすく、大きな動物より単位体重当たりのカロリー消費量も多い。

クライバーの法則に限らず、生物の大きさや生理作用、行動に関連した「アロメトリー」と呼ばれるその他多くの冪乗則を含めて、その正確な物理的基盤に対する理解が進んでいる。[6] それを「法則」と呼ぶことに対して、多くの物理学者が眉をひそめるだろう。こうした数学的な観察結果のほとんどがおおまかな関係であり、ニュートンの運動法則のような基礎的な法則を示しているわけではないからだ。しかし、生物学におけるほかの多くの冪乗則と同様、この密接なつながりは、生物界の基礎をなす秩序を伝えている。それはつまり、アリの個体群から生物の大きさや生理作用まで、究極的に物理法則そのものに従わなければならない特徴どうしの相互関係だ。動物の代謝率や寿命、大きさといった、冪乗則に従う特徴と特徴のあいだに確立された多くの関係は、ネットワークのようにつながった生命の性質によって説明できる。[7]

アリの巣の小部屋で起きる現象には、単純な法則によって生物の個体群からいかに複雑な行動が生まれるかを示す見事な事例がある。たくさんのアリを一カ所に集めて交流させれば、行ったり来たりのやり取りが決まったパターンの形成につながる。やり取りは根本では単純だが、それらが混じり合って調和すれば、多種多様な行動が生まれる。

アリから鳥まで、生物の個体群の入り組んだ複雑性をより扱いやすい物理法則で表わそうとする試みは、「アクティブマター」とも呼ばれる物理学の一分野に分類される。[8] この分野が突き止めようとしているのは、物質が平衡状態からほど遠いとき、つまり、不活発になりうる安定状態にいたっていないときにどのように振る舞うかだ。[9] ほとんどの人にとって、「平衡ではない状態」は無秩序や不均衡と同義である。しかし、物理学者はこう考える。系が安定した状態からほど遠いとき、無秩序ではなく、秩序立ったパターンが生じることがあり、この秩序が生物学的なプロセスを牽引できるのだと。

一九九五年、ハンガリーにあるエトヴェシュ・ロラーンド大学のヴィチェク・タマーシュがアクティブマター研究の先駆けの一つとなる画期的な論文を発表した。仮想の点が辺りを跳ね回り、ときどきぶつかり合う簡単なモデルを構築したところ、コンピューター画面上の点データで表わされたその仮想の生き物は密度が低いときにはランダムに行動することを、彼は発見した。密度が低すぎるために、目立った現象が起きなかったのだ。しかし、密度を十分に高くすると、その動きは隣り合った点の動きに影響を受けるようになる。点の相互作用によって、集団のパターンや行動が浮かび上がってくる。一つの状態から別の状態への変化、いわゆる相転移が一気に進むのだ。アクティブマターという分野の先駆けとなったこの研究で、簡素なデザインから大規模な現象が起きうる仕組みが明らかになった。その後、生物と無生物の系における自己組織化への関心が高まった。

生物は明らかに、アクティブマターでも特殊な要素の一つだ。生き物は来歴や固有の行動をもち、進化の気まぐれに左右され、箱に入った気体の原子のようにぶつかり合う単なる粒子よりも複雑で、ある程度の部分は予測できない存在である。こうした独特な性質があるにもかかわらず、個体群全体のスケールで見ると、生物界の多くの特徴はより明快な原理で表わすことができる。細菌の群集から鳥の群れまで、自然界で見られる行動の予測を助ける数式を導くことができるのだ。ヴィチェクのエレガントな論文は、進化の壮大な実験において個体群に物理的な基盤があることをほのめかしている。

アリの帝国の拡大を導くフィードバック・ループは、同じアリたちが食物にありつく方法をも左右する。アリの巣の外で、果汁たっぷりのおいしいオレンジが木の枝から落ちた場面を想像してみよう。太陽の熱で温められた果実は数日のうちに腐り始め、その甘い汁が周りににじみ出てくる。巣の周りを偵察していた一匹のアリが、触角を熱心に動かして、腐敗しつつある果実の香りを感知する。この掘り出し物を見つけると行動開始だ。オレンジの周りをちょこまか歩き回っているうちに、仲間の働きアリの一匹に出くわし、わずかのあいだ頭どうしを合わせると、巣に戻って仲間をもっと集めてくるように指示を出す。まもなく、巣までの小道ができ、甘い果汁を大顎にたっぷり蓄えたアリたちが、小道に沿ってせわしなく行き来するようになる。道を歩くそれぞれのアリが近くにいる仲間を誘い入れ、作業に加わるアリの数は一気に増えて、急ぎ足で往来するアリたちが連なったミニチュアの道路がまもなく出現する。

アリたちがオレンジに群がるようになると、それ以上の助っ人はたいして必要なくなる。たくさんのコックがキッチンにひしめいている状態だ。オレンジは巣からやって来たアリたちの大顎にむさぼられ、分解し尽くされた。オレンジの運搬に誘われるアリの数は減っていく。ほかのアリは、巣の食料を一つのオレンジに頼るわけにはいかないと、「撤退」のメッセージに反応する。コロニーの「はみ出し者」とでもいえそうなアリたちは、新しい食料を求めて、自発的に新たな方角へと歩き出す。やがてオレンジがすっかり干からびると、小道はなくなる。アリの小道の出現から消滅までの過程で、地図を片手に小部屋に座った女王アリが、新たな食料探しの計画を練り、地図に碁盤の目のような線を引いて、子分たちそれぞれに一つの区画で食料を徹底的に探すように指示していたわけではない。一匹の偵察アリが巣に戻ったことによって始まった単純なルールが、食料源にいたる数学的な活動につながったのだ。

アリの世界のほかの側面と同様、このシナリオ全体も数式で表わすことができる(10)。

$$p_1 = (x_1 + k)^\beta / [(x_1 + k)^\beta + (x_2 + k)^\beta]$$

p_1は一匹のアリが特定の小道を選ぶ確率。この確率を求めるために使う変数x_1は、仲間を引き寄せるフェロモンが小道に残った量で、小道をすでに歩いているアリの数で表わす。変数x_2は、気づかれていない小道に残ったフェロモンの量だ。なかにはこの小道を使うアリもいるかもしれない。変数kは気づかれていない小道に残ったフェロモンがアリを引き寄せる度合い。βはアリの非線形的な行動を考慮に入れる因子で、種によって異なる社会の複雑さや行動の一部に実質的に相当する。βの値が大きいほど、小道のフェロモンの量がわずかに多いだけでも、アリがその小道を通る確率が高くなる。

これが、食料を集めるアリの数式だ。これは実質的に、アリが食料を探す場所を予測する数式である。このエピソード全体を人間にたとえてみたい。ある職人のチーズケーキ店がエディンバラに新しくオープンしたと考えてみよう。街の人たちにとって、手づくりのおいしいチーズケーキは夏のランチに楽しみを添えてくれるものだ。そこにたまたま前を通りがかったディーリアという女性が、次の集まりのためにいくつか買った。集まりに来たゲストが喜んでくれたので、彼女はチーズケーキのことを友人のソフィアに話す。今度はディーリアもソフィアもそれぞれの友人に伝え、まもなく誰もがほかの人に話すようになる。チーズケーキ店は大人気になった。行っておくべき場所だと、エディンバラじゅうでチーズケーキ・ブームが起きた。しかし、まもなく噂は街中に伝わり、誰もがその店を知るようになる。その店、ブランツフィールド・チーズケーキに立ち寄る客の数は頭打ちになる。しかも、それに追い打ちをかけるように、チーズケーキの流行を終わらせる存在が現われた。ジョージ通りにおいしいスフレのお店が新しくオープンし、注目され始めたのだ。それを知った人たちが新しい流行にいち早く乗ろうと友人たちに話す。客が新たなトレンドに目を向けてチーズケーキ店に行かなくなり、店の客は減っていく。店はチーズケーキをつくる量を減らしたが、それがかえって需要の縮小に追い打ちをかけ、チーズケーキ店は開店休業の状態になった。

ディーリアがチーズケーキやスフレを気に入る現象は社会の複雑な仕組みを示しているようにも見えるが、実は単純な法則に従っているだけだ。ディーリアやその友人たちはチーズケーキとスフレのどちらを買うかについて、エディンバラの議会（あるいは女王直々）の命令に従っているわけではない。アリの世界では、人間のように社会的な慣習が絡み合った現実の複雑な事情があるわけではなく、こうした単純なフィードバック作用も食料源の移行を促している。

もちろん世界は一個のオレンジのように簡単なものではない。同じ木からいくつかのオレンジが落ちることだってあるだろう。どれか一つを選ばなければならない状況で、どのオレンジが最初に選ばれるかは、周りにいるアリの数のわずかな違いだけで決まることもありうる。確率は数式で求められるから、原理上はアリが通る小道を決定する法則を導くことも可能なのだが、数式がどのように表現されるかや、その効果が小道そのものにどのように働くかには予測できない部分もある。複雑な多様性が存在する自然界では、こうした小さな差異が行動を形づくるうえで計り知れないほど重要な役割を果たす。生物は無生物とは違ってもともと予測不可能なものであるとの印象をもたらすのもまた、こうした小さな差異だろう。

法則が見えにくくなる状況はほかにもある。とりわけ大規模なアリのコロニーでは個体数があまりにも多いため、アリたちが同時にたくさんのオレンジに群がり、あちこちで皮を食い破って食料を一心不乱に集める光景が繰り広げられる。このような状況では、繊細なフィードバック効果は脇へ追いやられるだけだ。しかも、環境自体もまた、エレガントな数式を台無しにする。オレンジの一つが地面の割れ目や難儀なやぶの下に落ちたりしたら、小道やフィードバック作用は一気に入り乱れて煩雑になる。とはいえ、こうした気まぐれな状況でも、アリの数式は変わりなく働き続けている。

アリの巣に働いているフィードバック・システムは、動物がもっているもう一つの謎めいた特徴を説明する一助となるかもしれない。それはシンクロニシティ（共時性）だ。この性質はアリだけでなく、シロアリや鳥などの動物にも見られる。アリは一対一でやり取りしているだけで、誰かの指示に従って動いているわけではない。それならばなぜ、ときどき静寂を破るように巣づくりや食料探しといった集団形成が見られるのか。たくさんの個体が同時に同じ行動をとるのはなぜだろうか？

高いレベルでの社会組織が存在する確かな証拠と見られるこの性質もまた、ある程度単純な法則に当てはめることができそうだ。シンクロニシティのなかには、アリの巣づくりに見られるようなフィードバック・ループによって生じるものもあると考えられている。数匹のアリが起こした行動が、互いにコミュニケーションをとるうちにコロニー全体に広がってゆく。突然の行動のあとに静寂の期間が自然に生じるのは休息期間のようなもので、多くの動物によく見られる。こうした自然に組み込まれた傾向を考慮すると、明確な行動のパターンは、個体群全体にすばやく広がることもあるように思える。このような現象はアリたちの統率や監視を行なう管理者を必要とせず、個体レベルでのコミュニケーションを通じた個体群の自己組織化行動から生じるのだ。

数式を用いてアリの行動を記述する私たちの能力を見ていくと、これですべてを表わしたと考えがちだ。しかし当然ながら、アリは単なる気体の原子ではない。アリは二五万個ほどのニューロン（神経細胞）をもっている。ニューロンは人間の脳だけでなく、ごく小さな昆虫も含めたほかの動物の神経系において電気信号で情報を伝える細胞だ。アリは超小型のコンピューターのようなもので、ほかの原子とぶつかり合う気体の小さな原子のような、周りの世界に身を任せるだけの存在ではない[11]。アリの行動は、その日に出会ったアリやいっしょにいたアリの数などの要素によって変わる。そうした行動に加え、新たな計算がひっきりなしに行なわれる。ある時間に行き当たるアリの数から、近くにほかのアリが何匹いるかを推定して、自分の行動を修正するのだ。さらに巣のどの場所でも、ほかのアリが吐き出した二酸化炭素の濃度からアリの密度がわかり、その情報を「ミニ計算機」に入力して、行動を変える。アリは自分に送られてくる数多くの合図に先を見越して反応して、新たな行動を起こすことができ、それが巣全体に伝わっていくのだ。この行動が微小なフィードバック・ループを増幅して、気体の原子であれば無視するような環境の変化を拡大する。

生息環境で起きた混乱に単に身を任せるのではなく、周りで起きている現象に反応する生き物の能力は、ある意味で生物と無生物を隔てる明確な違いの一つだ。とはいえ、こうした反応もまた生物を支配する物理的原理の範疇に入る。反応によって状況は複雑になるものの、だからといって、法則や原理が及ぶ範囲の外に生物が置かれるわけではない[12]。そうした原理は、実験や理論研究を十分に行なえば突き止められる。

物理学と生物学のこの融合は、昆虫の世界の外でも起きている。アリの地下帝国のはるか上方で、物理学者たちは鳥の謎を解き明かそうとしてきた。

人類は昔から、ガンの群れが組織化されているかのように整然と斜めやV字の隊列を組んで優雅に大空を舞う姿に魅せられてきた。それと同じくらい印象的で、さらに規模が大きいのは、ムクドリの群れだ。時には何千羽もが塊になって、夕暮れの空で波打つような動きを見せ、急に空を横切ったかと思うと急降下する光景が見られる。こうした集団の自己組織化は一九九〇年代に物理学者の関心を集めた。ひょっとしたら一抹の不安を抱えていたのかもしれないが、科学者たちは、自然界で最も複雑ともいえそうなこの現象を理解しようと取り組み始めた。

鳥たちが組織的な行動をとる仕組みを説明しようとするうえで妨げとなったのは、シミュレーションを実行するコンピューターの能力不足と実際のデータを入手する難しさだった[13]。何千羽もの鳥が押し合いへし合い方向を変える行動を三次元で追跡する作業は、一筋縄ではいかない。しかし、コンピューターの処理能力やカメラの性能、画像認識ソフトウェアが進歩したことで、鳥の群れに関する実際の情報を一部ながら入手できるようになった。もしかしたら何よりも意外なのは、コンピューターゲームの愛好者や映画製作者がこの取り組みに力を注いだことだ。支援というものは、時には思いがけない場所からもたらされるものである。映画で鳥の群れの映像が必要になった場合、なるべくリアルな映像が求められる。大ヒット映画でコンピューターグラフィックスが多くなるにつれて、鳥や魚、大移動するヌー、そしてディズニーのさまざまなスーパースターを正確に描く必要が出てきた。こうしてハリウッドとサイエンスが出合った。

鳥が群れる仕組みをシミュレーションする新たな試みで重要なのは、鳥たちの基本的な行動をいくつか想定することだ[14]。群れの行動について、いくつかの基本的な条件を定めなければならない。行動の条件の一つとして、鳥が互いに衝突を避けようとしていると想定するのは差し支えないだろう。そうでなければ、群れで行動するだけでけがをするし、大混乱が生じるからだ。鳥はまた、飛ぶ方向をそろえて、ひとまとまりの状態を維持しようとするだろう。そうしなければ、群れはばらばらになって、それぞれの鳥が勝手な方向へ飛んでいくことになる。必要なら、条件をもっと複雑にしてもよい。群れをひとまとまりに維持する方策の一環として、鳥は近くの鳥とスピードを合わせようとすると想定することもできる。

これらの条件をそろえてコンピューターに入力すると、鳥やほかの飛翔動物の群れについて、本物そっくりなシミュレーションが可能になる。映画『バットマン リターンズ』に登場したコウモリの群れは、こうした単純なアルゴリズムを用いてつくられている。

このようなモデルは近年、細部をめぐる議論や論争を通じていっそう複雑かつ緻密になってきた。重要な法則は各個体の周りの一定範囲に働かせるべきか、それとも、近くにいる鳥の数が重要なのか？鳥が衝突や反発を繰り返す粒子のように振る舞っているだけでなく、近くの仲間とぶつかりも離れもしない距離を保っていることを考えると、鳥と鳥のあいだに働く引力や斥力をどのように推定し、考慮すればいいのか？　こうした入り組んだ要素を決定するのは容易ではなく、この試み全体がいっそう困難になる。そもそも、鳥の頭の中で実際に何が起きているかはわかっていないのだ。鳥はどのような計算をしているのか？　モデルを使えば本物らしく再現できなくもないが、それは鳥が自然界で考えていることにもとづいているわけではない。鳥の気持ちがわかる科学者はなかなかいないのだ。

前述のアリのように、鳥もまた進化の圧力にさらされている。消費するエネルギーを最小限に抑えて、その分を繁殖に使いたいと考えているのかもしれない。捕食者の密度が高い地域にすんでいれば、捕まらないように急降下や方向転換をする傾向が強まることも考えられる。夜の闇が訪れて周りが見えにくくなると、鳥の行動は変わることもあるだろう。これらはほんの一例で、無数の環境要因や淘汰圧が群れに影響する。とはいえ、前述のアリのシミュレーションと同様、そうした影響は複雑に見えるのだが、その下では基本的な法則が鳥の行動パターンをつかさどっている。

アリを観察するように鳥の群れをじっくり見てみると、どれか一羽が群れを率いているに違いないと、安易に思い込んでしまいがちだ。仮にそれが人間のハイカーが多数集まった集団だとすると、リーダー不在の状態で山歩きに出かければ、たちまち混乱や見当違いといった問題が起きるだろう。昆虫の集団に対して行なったように、私たちは自分の社会構造を鳥に投影して、組織化されているかのような鳥の集団の行動には群れを統率する一羽が必要だと思い込んでしまう。そうした組織がまとめ役なしに成り立つと考えるのは直感に反し、監督がいなければ群れの統率が乱れるに違いないと感じるのだ。しかし、自己組織化によって、リーダー不在でも鳥の群れの行動に目を見張る複雑性が生じうることは、コンピュータ上でルールを適用した粒子が示している。[15]

生物の行動と、それを物理的原理として数式で表わす能力のあいだに横たわる溝は、狭まりつつある。自己組織化に関する知識がまだまだ少ない状況であっても、数式を用いて動物の群れの本物らしいシミュレーションを構築し、ムクドリの群れをコンピューター上に再現する試みはめざましい進歩を遂げている。そうしたモデルが洗練されるにつれて、再現の正確性は高まっていくだろう。[16] 物理学と生物学が、生物集団の行動を予測するといういうきわめて意欲的な取り組みに共通点を見いだしていけば、両分野のコラボレーションはいっそう深まっていくことだろう。

これまでの議論で、考えてこなかった側面が一つある。それは物理学では予測しづらいものの、数式が有効である理由を理解するうえできわめて重要な側面だ。鳥の群れをつかさどる原理からは、そもそもなぜ鳥が群れるのかがわからない。しかし、ムクドリの大群を実際に観察してみるとすぐに、その理由を考えてみたくなる。一見してわかるのは、ムクドリたちが捕食者を避けているということだ。大勢で集まれば安全だと考える典型例である。たとえば、腹をすかしたタカなどの捕食者は、何千羽もの鳥を目の前にして、そのなかから一羽を選ばなければならないが、それだけ数が多いと、個々の鳥が捕まる確率はきわめて小さくなる。

観察力の鋭い鳥類学者ならすぐにわかるだろうが、問題は鳥たちが毎日同じ時と場所で群れているように見えることだ。群れる姿をたいてい三〇分ほど見せると、鳥たちは夜のねぐらに落ち着く。当然ながら、数日経つと、この規則的な行動は捕食者を追い払うどころか、引きつけることとなる。毎日夕方、特定の場所に獲物になりそうな鳥が何千羽も集まることに気づくのだ。それに加えて、毎日夕方に群れる行動はエネルギーをあまりにも無駄に使っているように見える。

天敵に食べられるかどうか以外にも、鳥にとって重要なことがある。一つの群れにいる鳥の数は、ねぐらに使える場所の数と行き渡る食物の量に影響するのだ。夕方に群れでまとまって飛ぶことの利点として一つ考えられるのは、それぞれの鳥が群れの規模を見極めて本能的に単純な計算をし、必要に応じて繁殖行動を変えられることだ。産みたいひなの数は、手に入る食物の量やすみかに応じてうまく調整される。こうした計算を日常的にすることで、鳥は行動を修正して、子孫を残せる可能性を高めてゆく。子孫は、進化上の成功を決定づける究極の存在である。夕方に群れる行動に対するこの説明は、鳥が集団や種の存続のために行動しているとのもっともらしい主張を必要とせず、一個体の成功の可能性を高めるという考え方で展開できる。しかし、その説に対する証拠は弱い[17]。

ムクドリが群れる本当の目的が何なのかは、自然界の多くの現象と同様、いまだ謎に包まれたままで、答えは一つでないかもしれない。この謎めいた行動の利点は複数あるとも考えられる。ムクドリの行動の理由を解き明かすための知見は不足しているが、たとえそうであっても、それが起きる仕組みや、それを形づくる普遍的な法則を理解しようとする困難な取り組みの前進が妨げられることはない。

ムクドリの話題はここまでにして、今度はもっと大きい鳥、ガンについて考えてみよう。ガンが斜めの隊列を組んで、鳴きながら大空を優雅に旅する光景もまた、同じくらい美しくて魅力的だ。ムクドリの群れとは大きく異なるが、ガンの隊列についても物理学者は研究してきた。

コンピューターで仮想のガンを作成し、ムクドリに適用したものと同様のルールをいくつか入力する。すると、ガンは隣の鳥の近くにいると同時に、衝突を避けようとするほか、前方の視界がじゃまされない位置を保とうとするはずだ。また、ムクドリとは違い、それぞれの個体が、前方の鳥が起こした上向きの気流（アップウォッシュ）にとどまろうとするはずである。この後者のルールが重要であることがわかってきた。ガンのような鳥は、エネルギーの節約のために長く連なった隊列を組むという説があるからだ。前方を飛ぶ鳥の翼の先で発生する気流に身を置くことで、自分の翼の下から上昇してくる空気の渦を利用して、いくぶんかの揚力を得る。こうした架空の隊列が海や大陸を越える実際の長距離の渡りにおいて空気力学の面で効率的であるとの考え方は、鳥が隊列を組む理由を説明する有力な説の一つだ。これらのルールをコンピューター上のガンに適用すると、斜めやV字、J字の隊列といった、野生で見られるパターンを網羅した、驚くほど実物そっくりな鳥の群れを生成できる。

しかし、こんな疑問がつきまとう。エネルギーの節約はガンがそうした隊列を組む本当の理由なのだろうか？　これもまた科学者と映画製作者の偶然のつながりで（映画界はどうやら群れる鳥に引きつけられるようだ）、生態学者のアンリ・ヴァイマースキルチは、モモイロペリカンの群れを訓練している映画会社に偶然出合った。超軽量飛行機やモーターボートと並んで飛ぶように鳥をしつけて、空中の隊列をとらえた迫力映像を撮影している会社だ。ヴァイマースキルチは空気力学的な効率性を調べるよい機会だと考えた[18]。心拍数を測定する機器を鳥に取りつけて調べた結果、群れで飛んでいる鳥は単独で飛んでいる鳥よりも心拍数が一一％以上低いことがわかり、上向きの気流は飛翔に必要なエネルギーを十分に節約することが裏づけられた。節約効果は小さいかもしれないが、何百キロあるいは何千キロもの渡りのなかでは、この節約があるのとないのとでは大違いなのかもしれない。

ヴァイマースキルチの発見に対する説明として、ペリカンは社会性のある動物なので、単独で飛ぶ鳥はストレスを受けているとも考えられる。単独の鳥は仲間を失ったために、心拍数が急激に上昇するのかもしれない。だから、組織化された集団では、個々の鳥の受けるストレスが小さくなり、心拍数が下がったのだとも説明できそうだ。

しかし、それからおよそ一〇年後のオーストリアで、環境保護団体が超軽量飛行機を追うようにほかの鳥を訓練し始めた。今回は映画撮影が目的ではなく、ホオアカトキがヨーロッパに戻ってくるように渡りのルートを覚えさせる試みだ[19]。一度飛行機でいっしょに飛んでそのルートを教えれば、鳥はルートを覚えて、ヨーロッパへの渡りが復活するだろうというのが、同団体の狙いだった。

彼らが鳥に装着したデータロガーは心拍数にとどまらず、位置や速度、飛ぶ方向、一回一回の羽ばたきも記録できるものだ。この調査を行なったイギリスの王立獣医大学の研究チームが、ヴァイマースキルチの以前の研究結果を検証した結果、確かに鳥たちは隊列を組んで飛ぶことでエネルギーを節約していることがわかった。渡りの長旅で、鳥たちが起こした上向きの気流が互いに揚力を補い合っている。それだけでなく、鳥たちは単にばらばらに翼を動かして周りの空気を乱すのではなく、互いに動きを合わせて羽ばたいているように見える。どうやら、飛翔を妨げる下向きの気流(ダウンウォッシュ)ができるだけ発生しないようにしているようだ。

夏の太陽が沈みつつある夕暮れ時に隊列を組んで優雅に舞うガンの荘厳な美しさのなかに、私たちは物理的原理の働きを見いだした。空中にとどまる必要性、重力に逆らって鳥の体重を持ち上げる翼の空力的な揚力、飛翔のエネルギーを節約する隊列。鳥たちは隊列にまつわるごく単純なルールを見てとることで、こうした必須の条件に従っているようだ。

アリについて考えるときと同じように、鳥の個性、つまり個体の特質がこの営みにどう影響するのかとの疑問も出てくる。私は一八歳のとき、カナダ北部まで旅して、ホーン川のほとりにぽつんと立つ木造の小屋で一カ月過ごしたことがある。三人の同僚とともに湿地用のボートに乗り、アメリカの魚類野生生物局を通じてこの辺鄙な場所へ来たのは、北米大陸を縦断する渡りのルートを解明する一環として、カモを捕まえ、足環を付けるためだ。大陸の南部に住んでいる農家の人々にとって、カモは渡りの途中で舞い降りてコーンをついばむ害鳥である。渡りのルートと時期を詳しく把握すれば、農家の被害の軽減や保護活動の改善に役立つかもしれない。毎朝、私たちはホバークラフトのようなボートで湿地帯を渡り、張っておいた網にかかったカモに足環を付けて放す。

注目すべき知見というよりも楽しみとして、私が興味をもっていた点の一つは、カモの個体それぞれの特徴だった。カモを網から出すと、くちばしでつついてくるカモもいれば、おびえてまったく動かないカモもいる。なかには、やたらとガーガー鳴くカモもいたし、引っかいてくるカモもいる一方で、座って穏やかに鳴くカモもいた。それぞれが異なる行動を見せて、独特の個性をもっていた。私にとってなぜそれが意外だったかは定かでない。猫や犬にも個性はある。カモはどれも同じに見えて同じように振る舞うと考えるのは、ある種の動物に対する偏見かもしれない。

ここでカナダでの経験を振り返ったのは、カモが個性豊かであっても（ムクドリやペリカン、ホオアカトキもそうであるに違いない）、集団としてのカモの行動は予測可能であり、集団の動きやその裏にある物理法則を説明することはできるからだ。大陸を渡る長旅のあいだにエネルギー消費を最小限に抑えるというカモにとっての課題は、それぞれのカモの朝の気分やそれまでの経験にほとんど影響されない。エネルギー消費や揚力を計算した結果でしかないからだ。生命はきわめて予測しにくく、個体が変化する性質をもつから、気体の原子とは違うのだとの主張が出がちではあるのだが、そうした個性は生物の集団をまとめる基本様式を彩っている装飾でしかない。この同じ考え方は、生物の群集から、エネルギーをつくる亜粒子原子の生化学的な機構にまで当てはまる。物理法則は個性を凌駕するのだ。

アリや鳥に見られる並外れた自己組織化のパターンは、生命の階層のさらに下位にも見つけられる。私たちの目をとらえるのは、ふだん肉眼で目にする規模の規則的な構造だが、その原理はあらゆるレベルの組織で生命を一つにまとめている。物理法則が生命全体に働いていることを示す一例だ。

ここで話題をがらりと変えて、鳥の群れの行動から、人間や鳥たちをつくる細胞をまとめる微小な繊維の挙動を見てみたい。生命の階層を下っていく旅に出たばかりなのに、脱線して分子レベルの話題を持ち出すのはいささか気が早いかもしれないが、このちょっとした寄り道で、生物の予測可能性にまつわる一つの総合的なテーマとして、自己組織化の重要性が浮かび上がってくるだろう。

あなたの体を構成する単位である細胞の縁に沿って、「微小繊維」と呼ばれる細長い繊維が走っている。この繊維を構成するのは、アクチンと呼ばれる、らせん状に長く絡み合ったタンパク質の束だ。これがミクロの足場のような役割を果たして、「細胞骨格」という細胞の構造を形づくっている。

この細胞骨格には特別な能力があるようだ。ただのタンパク質の繊維でできた構造が、細胞でさまざまな機能を担っている。なぜそれが可能なのか？　直感で考えると、アリや鳥の場合と同じように、細胞骨格も制御されているという答えが出てくる。確かにある程度の部分はそうで、細胞骨格を形成する分子の情報は細胞のＤＮＡに組み込まれている。しかし、そうした繊維が物語っているのは、自己組織化の法則だ。アリや鳥が数多く集まったときに生じるのと同じ、見えない能力がこの繊維にもある。

この挙動は実験室で観察できる。繊維を操作するのは、鳥の群れよりは簡単だ。ドイツのミュンヘン工科大学のフォルカー・シャラーらが発表した重要な論文で、単純な実験例がいくつか報告されている。[20]ガラスの表面にアクチンの繊維とミオシン（アクチンと結合するタンパク質）を置き、そこにＡＴＰ（アデノシン三リン酸）の形で化学エネルギーを加えると、ミオシンが繊維に沿って歩き始めるのだ。実際の世界では、歩いたり腕を曲げたりしたときの筋肉の収縮は、ミオシンがアクチンの繊維に沿って移動することによって起きる。

アクチンの繊維の密度を小さいままにすると、ほとんど何も起きない。ガラスの表面をあっちへ行ったりこっちへ行ったり、でたらめに動き回るだけだ。しかし、密度を上げてアクチンの繊維が束になるようにすると、目を見張る変化が起きる。アクチンが互いに動きを合わせるようになるのだ。一本一本の繊維の動きが近くの繊維に影響を及ぼすにつれ、大きく波打って渦巻いた繊維が自然に自己組織化を始める。ぐるぐるとらせん状に絡み合うこうした構造は、繊維と繊維のあいだに働く短距離と長距離の相互作用が複雑に混じり合ったものだ。研究者がコンピューターモデルを作成して繊維の動きをシミュレーションしても、繊維の束が絡み合ってできたモザイクのような構造を完全には再現できない。

細胞骨格のほかの部分にも、これと同様の並外れた能力が見られる。アメリカ・マサチューセッツ州にあるブランダイス大学のティム・サンチェスは、共同研究者たちとともに、チューブリンというタンパク質の繊維を使った実験を試みた。[21] チューブリンの繊維は直径がおよそ二五ナノメートル[22]と、アクチンの四倍ほどあり、同じく細胞の骨格構造の一部を構成していて、細胞に不可欠な分子が運ばれる微小な経路となっている。細胞が分裂するときには、DNAが入った染色体の動きを制御する。研究チームがキネシンという分子の入った皿にチューブリンの繊維を加えると（キネシンはミオシンと同様、繊維に沿って移動できる）、やはり自己組織化のパターンが観察された。流れるように長く絡み合った繊維は、そばを移動する分子の活発な挙動に促されて折れ曲がった。

こうした目を見張る実験で、分子レベルであっても、生物の要素が影響し合って、秩序だった構造を自然に形成することがわかる。生命の中で組織化された挙動には必ず管理者が存在し、その管理がなくなると生命活動も停止するとの考え方は、これで消えてゆく。

細胞の繊維、アリ、鳥、さらには魚の群れやヌーの大移動で観察される法則や原理は、集団全体のスケールで生命の統率や形成を行なう物理的な作用の力を表わしている。[23] これらに共通する要素は、ある種の行動が別の行動に変わるときの数の役割と、ばらばらの小さな変動が生物の集団を新たな状態へ一気に導く場所だ。もちろん、こうした集合体に働く法則には、ほかにもさまざまな種類がある。空中では、アリには関係のない空気力学が、ガンの家族に大きな影響を及ぼしている。とはいえ、生物がそれぞれの環境で気をつけなければならないほかの物理法則の明確な影響を除いたとしたら、細胞内での分子の集合と、空を飛ぶムクドリの群れが似ていると考えるのは無茶なことだろうか？

自然界に見られる複雑な行動の大半（ムクドリの群れ、アリの地下王国、細胞の繊維の集合）が、物理現象とかけ離れた何かの産物だと考えるのはたやすい。[24] 夕暮れ時に外へ出て、何千羽ものムクドリの大群が急降下したり、うねったりして、空にオーロラのような形を描くのをじっと見てみるといい。予測できないその動き、そして、あまりにも美しい光景に心を奪われ、これは地球にすむ生物の天賦の才能であり、物理現象を超えた何か、組織のさらに高い次元に根ざした何かであると考えても、誰もが許される。とはいえ、こうした大規模な組織には単純な秩序や予測可能性、物理的原理が存在している。確かに、無秩序な行動が許される余地はある。一羽のムクドリが変な動きを見せたり、数羽がぶつかり合ったりすれば、群れ全体があさっての方向へ押し流されかねない。こうした小さな偶然の変化が群れ全体に波及する現象が、組織全体にも物理現象を超えた何かの存在を感じさせてしまう。

異世界を旅してアリのような生き物——化学物質を使って互いにコミュニケーションをとる単純な生物——を観察したとすれば、秩序だった共同体を生む同じフィードバック作用を目にすることだろう。

遠い惑星の空を舞うもっと大きな生き物にも、それは見られるはずだ。もちろん飛び方は種によって異なるかもしれないが、その根幹の部分には、飛翔する生き物を導く物理的原理、つまり生き物の社会や集団を秩序正しく形成する数式が存在する。生命の自己組織化は、目を見張る多様性が根本的な法則の上に成り立っていることを示している。その法則はおそらく普遍的なものだと合理的に結論づけられるのではないだろうか。[25]

第3章　テントウムシの物理学

私がいる学部では、学部生に「チーム・プロジェクト」という選択科目を提供している。かいつまんでいうと、学生に何か興味深い研究テーマを見つけてあげ、一学期かけて一つのテーマに取り組ませ、願わくばその過程で何か新しいことを学んでもらおうというわけだ。

生物の個体群から個体へと階層を一段下るなかで、個体レベルで生命を形づくる法則や数式のうち、プロジェクトとして何らかのメリットがあるのはどれなのかと、漠然と考えていた。そして二〇一六年冬、私は学生グループに単純な目標を一つ与えた。[1] 数カ月かけてテントウムシの物理学を研究すること、というものだ。頭の中でテントウムシの部位を一つひとつ分解し、その日常のあらゆる側面を考慮に入れる。メドウズ公園で空中を飛び回る、葉っぱの上を歩き回る、呼吸するといった側面のほか、体を守る翅鞘の強度も考えよ。この小さな昆虫を形成し、日常の営みで主要な役割を果たしている法則や数式を書き出せ。テントウムシの仕組みを理解するための物理学について、必要な情報をすべて挙げよ。これは決して簡単な課題ではない。第一回のミーティングのために学生たちが研究室に来る前から、おそらく設定した課題には膨大な知識が必要になることが、私にはわかっていた。空気力学、拡散作用、運動、熱慣性——ちょっと考えただけでも、何らかの役割を担っている物理現象として多様な分野が思いつく。思っていたとおり、魅惑的な旅に出た学生たちは物理的原理が生命を形づくる例をいくつも見つけてきた。

とっかかりとしてよいのは、テントウムシの脚だ。生き物の付属肢には興味深い物理法則がいくつも詰まっている。昆虫の小さな脚にはそれぞれ三つの関節があるから、あらゆる種類の興味深いねじり方が可能だ。操れる幅が広いので、単なる足の置き方だけでもテントウムシには複数の選択肢がある。(2) 頭の中で計算を働かせて、それらの選択肢から一つを選んでいるのだ。風速、不規則な表面、葉っぱのかけらなどなど、無数の小さな条件が、とびきり融通が利く六本の脚のそれぞれをどう動かすかの判断材料になるのだろう。(3)

行楽客の手の上を垂直に這いのぼるときなど、テントウムシは一歩一歩踏みしめるように足場を確かめながら歩みを進める。足をすべらせれば、落ちてしまうからだ。クモやトカゲ、ほかの甲虫と同じように、テントウムシの足先にも「剛毛」という小さな毛で覆われた「褥盤(じょくばん)」と呼ばれる部位がある。垂直な表面に張りつくことができるのは、こうした毛のおかげだ。(4) このときテントウムシが解決しなければならない問題は、褥盤を物体の表面にしっかりと張りつけることである。この作業をすばやく行なうために、テントウムシは液体の極薄の層を利用する。昆虫のような小さなスケールでは、足先に液体を薄く分泌すれば、毛細管現象と液体の粘性で強力な粘着力が生じるのだ。このように液体を分泌することで表面の凹凸を埋め、表面が平らであるかのごとく振る舞うようになる。分泌液の層は薄いが、十分な摩擦が生じるので、テントウムシが垂直面からすべり落ちることはない。

テントウムシの足と分泌液の挙動に関して見いだしたこれらすべての知識を組み合わせると、テントウムシの足で生じる全体的な粘着力の数式を書くこともできる。数式を使えば、その小さな世界を形づくる生息環境を支配する能力を予測できる[5]。注目すべきその数式が、これだ。

$$F_{(adhesion)} = 2\pi\gamma R + \pi\gamma(2\cos\theta / h - 1 / R)R^2 + dh / dt 3\pi\eta R^4 / 2h^3$$

$F_{(adhesion)}$は粘着力。γは足の下の分泌液の表面張力。rは足を単純な円盤と考えたときの半径（もっと複雑にして実際の形に近づけることも可能）。値ηは足の下の分泌液の粘性。hは足と物体の表面との距離、つまり液体層の厚さだ。tは時間。第一項は表面張力、第二項はラプラス内圧[6]、最後の項は粘性力となる。

しかし、変化に富んだ予測不可能な環境を歩いていると、テントウムシは小さな問題に突き当たる。脚は堅固でなければ体を支えられないのだが、不規則な表面上を自在に移動できる柔軟性も必要だ。これを実現するため、脚には「レシリン」というタンパク質が含まれている[7]。レシリンは弾性のある生体高分子（バイオポリマー）の一種で、ノミが跳びはねたり、ほかの昆虫が必要に応じて体をねじったりするのに役立っている。テントウムシの脚の付け根から足先までを見ていくと、レシリンの量が徐々に変化していることがわかる[8]。弾性が必要な足先に近いほど量が多く、剛性が求められる脚の付け根に近づくにつれて少なくなる。脚の上部は、昆虫のほかの外骨格の主成分である硬い物質、キチンを多く含み、物質の剛性を示すヤング率（縦弾性係数）が大きくなる。このように物質の性質は、テントウムシの暮らしのなかで歩き回る必要性に合わせて進化した。その物理学がここに表われている。

足を地面に付着させる力には目を見張るが、足はくっつけるだけでなく、地面から引き離す必要もある。そうしないと、昆虫は一カ所に釘づけになったまま、物理法則に逆らって脚を引っ張り上げようともがき続けることになるからだ。粘着力に逆らって脚を引き上げるのに必要なエネルギー（W）もまた、単純な数式で表わすことができる[9]。

$$W = F^2 N_A l g(\theta) / 2\pi r^2 E$$

N_Aは足に生えた剛毛の密度、lは剛毛の長さ、Eは剛毛のヤング率（変形のしやすさの指標）、rは剛毛の半径。項$g(\theta)$は表面に対する剛毛の角度で、$g(\theta) = \sin\theta[4/3(l/r)^2\cos^2\theta + \sin^2\theta]$によって求められる。

話はまだ終わりでない。昆虫が表面にしっかりくっつくためには足に多数の剛毛が必要だが、多すぎてもだめなのだ。剛毛が多すぎると、毛が互いにくっついてしまうからである。毛と毛は互いの引力が大きくなりすぎない程度に離れていなければならないが、足の毛の数が最大になるよう、互いの距離を十分に近づける必要もある。剛毛の密度として理論上の最大値は、次の数式で求められる。

$$\mathit{maximum}\ N_A \leq 9\pi^2 r^8 E^2 / 64F^2 l^6$$

Fは一本の剛毛の粘着力。

剛毛をびっしりと生やすために、進化で何らかの修正を加えるという選択肢もある。剛毛の片面だけに粘着性をもたせれば、毛と毛がくっつき合う可能性を最小限に抑えられる。足に出っぱりやこぶがあれば、さらに毛どうしが離れやすくなる。

テントウムシが足を踏みしめる動作と引き上げる動作を繰り返して地面を歩き回るためには、前述の数式から求められる解が最適になるように進化しなければならない。足に生えた剛毛はまさに、数式で表わせる単純な物理的原理によって磨き抜かれた生物の体を示す絶好の例だ。だとすれば、昆虫の褥盤がまったく独立して進化を繰り返してきたとしても不思議ではない。そうした物理的な制約はどうやっても変えられず、生物が選べる解決策は限られていて、昆虫ではいくつかの単純な結果に行き着くことになる。生物の形態が物理的原理に決定づけられた類似の結果に導かれるというのは、紛れもない「収斂（しゅうれん）進化」だ。すべての昆虫がいくつかの関係に収斂する。全体としては複雑で魅惑的だが、それでも理解可能な単純性を見いだすことができる。

壁を垂直に登ったり、葉の裏や天井を逆さまに歩いたりしている小さな昆虫がこれほど巧みな手段を使っているなどというのは、すぐには思いつかない。自分の足に薄く水をつけて家の外壁を垂直に歩こうとしても、すぐに心の底からがっかりすることになるだろう。人間のスケールでは重力の影響が大きくて、壁に足を一歩かけただけで無残にも壁からずり落ちてしまうのだ。一方、体重が人間のおよそ七万五〇〇〇分の一しかないテントウムシのスケールでは、表面張力、毛細管現象、ファンデルワールス力といった分子の力が物をいう。分子をまとめるこれらすべての力がテントウムシの世界を形づくり、その分子の力を利用して壁に張りつくちょっとした芸当を必然的に生み出す。テントウムシが重力の影響を受けないわけではない。葉っぱや壁から落ちれば、人間と同じように落下するが、そのスピードは遅く、落下のダメージも小さい。重力からは逃れられない。しかし、大半の昆虫のスケールでは分子の力が幅を利かし、重力は目立たなくなる。[10]

だが、物事にはよい面と悪い面がある。テントウムシにとって液体の薄い層は壁を登るときには役立つのだが、その同じ分子の力や法則は不都合な点ももたらす。人間やほかの大型動物は、体を洗う必要が生じたとき、シャワーを浴びたり、風呂につかったり、近くの水場や池に行ったりする。水浴びを終えると、体についた水のほとんどは重力の作用で流れ落ち、体には水のごく薄い層や数滴のしずくが残るだけだ。犬ならば体をぶるっと振るわせて水を振り払い、人間ならタオルを使うだろう。どちらもできなければ、水が蒸発するのを待つことになる。

しかし、テントウムシはもっと慎重にならなければならない。その小さくて力強い足をもってしても、水が一滴しつこく残っただけで、その表面張力が大きすぎて水を振り払うことができなくなるからだ。アリのようにさらに小さな生き物は水滴の中に入ってしまうと、水滴の表面に存在する水分子のあいだに働く引力で、檻のようになった水の中に閉じ込められる。まるで表面張力がつくった牢屋だ。こうした理由から、小型の昆虫をはじめとする多くの昆虫は、水がかからないように注意しながら、体に付いた泥や塵をその強固な脚でこすり取って、体を「ドライクリーニング」する。

テントウムシは垂直な壁を歩いて登れるのに、人間は登れないなどという観察結果はあまりにも明白で、日常生活で当たり前の現象になっていて、注目するようなことではないと考える人もいるだろう。しかし、この現象は二つの世界を明確に表わしている。テントウムシの領域に働いている物理法則と、人間が従わなければならない物理法則だ。どちらも物理法則ではあるが、それぞれの領域を支配している力は異なる。とはいえ、その物理法則はスケールが異なる世界にすむ生き物の姿形について数多くのことを説明してくれる。テントウムシの脚や体の洗い方、人間やガゼルの移動様式の制約は、決してささいな事柄ではない。そうした制約や可能性を解き明かそうとするとき、偶発性、つまり進化の過程はやり直すたびに大きく異なることもあるという、生物進化の歴史的な気まぐれを追い求めてもうまくいかない[11]。生物の営みをつかさどる根本的な物理法則を探究して初めて、限界や可能性を解き明かせるのだ。

障害物を歩いて乗り越える以外にも、テントウムシには多くの能力がある。

テントウムシがもつ数々の能力のなかでも目を引くのが、翅鞘に収められた小さな翅だ。厚さは〇・五ミクロン（マイクロメートル＝μm）ときわめて薄く、巧みに三つ折りにされて、ぴかぴかの硬い翅鞘に守られている。天敵に襲われたり、エディンバラの行楽客に驚かされたりすると、翅は〇・五秒も経たないうちに広がって関節がつながった状態になり、その小さな体を大空へと運ぶ[12]。その気になれば一キロあまり上空まで飛べるし、そのスピードは時速六〇キロに達することもある。

テントウムシの翅は飛行機の翼とは違って、固定された単純な構造ではない。ぱたぱたと動かせる器官であり、目いっぱい開くとその長さは体長の四倍にもなる。胴体には蝶番で接続され、前後に動く。胴体の筋肉と翅の翅脈がてこのように働いて、翅が空気を押すように動き、そこから生じた揚力で体を大空へと運ぶ。翅の前部に沿って走る強い翅脈は、雨粒その他の予想外の物体とぶつかったときに強度と安定性をもたらす。

テントウムシの翅は柔軟性が高いものの、蝶番の筋肉と翅脈のおかげで、空気のパターンや風の変化に応じて、翅の形を変えたり翅をねじったりすることができる。しかし、ぱっと見ただけでは、こうした目を見張る構造でさえも小さな丸い体を空中で支えられるようには思えない。

昆虫の飛翔の仕組みを解き明かそうと、これまで数多くの昆虫学者が懸命に取り組んできた。コンピューターを使ったモデリング技術が急速に進歩したほか、動いている昆虫を高速度で撮影できる技術の発達もあって、空気力学的な物理現象がもたらす細かな可能性を余すことなく利用する昆虫の卓越した工夫を研究できるようになったのだ[13]。

昆虫の翅はあらゆる技を巧みに駆使して揚力を生むことができる。一心不乱に翅を動かしているだけに見える動作にも、「クラップ・アンド・フリング」という謎めいた名前で呼ばれる、複雑に調整された変化がある。後方へ押しやられた左右の翅がぴたりと閉じ、翅と翅のあいだにあった空気が押し出されると、テントウムシが前へ進む。翅と翅が開いて前方への羽ばたきが始まると、翅と翅のあいだに空気が一気に流れ込んで翅の表面の気流を強め、揚力が増す。クラップ・アンド・フリングには問題があり、とくにこれだけ激しくすばやい動きをすれば翅が損傷しやすい。その代わり、翅を長くしたり、羽ばたきの回数を増やしたりすることで得られる揚力も大きくなる。

当然ながら、この知識を得たことで、テントウムシの翅を数式で表現して、翅が生み出す揚力や力を計算できるようになる。翅の周りの力や角速度、慣性モーメントを考慮することによって、テントウムシの翅(はね)が飛翔時に生み出す力を簡単な数値で表わすことができる。およそ三〇ワット毎キログラムだ。

テントウムシは着地すると、翅を覆って保護しなければならない。翅は内側に折り畳まれ、硬い翅鞘の下へと収められて、損傷から守られる。繊細な翅を隠している二つの外殻は、床板を組み合わせるときのように「さねはぎ」の方式で背中の中央でぴったりはまるように、巧みな進化を遂げた。

昆虫の体をつくるためには、その原料となる物質が自然界には必要だ。翅鞘をつくっているのは「キチン」という堅固な糖類で、強さは鉄の一〇分の一ほどしかないが、それでも髪の毛をつくるケラチン(タンパク質でできた物質)よりもおよそ一〇倍強い[14]。クモの糸のように目を見張る強さはないが、そこまで特別な耐久性も必要ない。翅や頭部といった、テントウムシの弱い部位を保護する役割を果たせればよいのだ。

テントウムシの外骨格全体に、キチンが編み込まれている。触角や脚など、部位によってはある程度の柔軟性をもたせるためにレシリンが混じっている。

テントウムシの生涯には強打や衝突がつきものだ。そうした衝突に耐えられる個体は、翅を失うことなく無事に生殖年齢に達する。衝突の激しさは、頭部傷害基準（ＨＩＣ）などの数式を使って計算できる。[15] ＨＩＣは自転車などのヘルメットが頭部を保護する性能を調べるために使われる実用的な数式で、次のように表わされる。

$$\mathrm{HIC} = (t_2 - t_1)\left[1 / (t_2 - t_1) \int_{t_1}^{t_2} \mathrm{a(t)}\, dt\right]^{2.5}$$

t_2とt_1は時間、a(t)は衝突における加速度。

あちらこちらへすばしこく動くテントウムシではもっと複雑ではあるものの、翅を傷から守るためには、キチンの強度と翅鞘の厚さが衝突の加速度に耐えられなければならない。そうした耐久力は究極的には物理的性質によって生まれる。

翅鞘は翅を覆う以外にも、いくつかの機能を果たさなければならない。そう、交尾の相手を引きつけたり、天敵を寄せつけないようにしたりすることも重要だ。翅鞘をつくるキチンは半透明で、もともとは目立たない物質である。そうした地味な翅鞘を彩っているのが、赤や黒、黄色だ。多種多様な色が見つかる昆虫界のパレットでは、ごく一部の色にすぎない。[16]

翅鞘の配色には何かしら筋が通っていなければならない。光沢や斑点がランダムに付いた模様はアート好きにはたまらないかもしれないが、テントウムシなどの昆虫の場合は、特定の場所に模様や点がほしい。昆虫の点模様を含め、動物の体に見られる模様は、カムフラージュや、天敵からの攻撃防止、交尾相手の誘惑といったさまざまな役割を果たしている。

こうした配色の役割について初めて提唱したのは、数学者で天才的なコンピューター科学者のアラン・チューリングだ[17]。新たに生まれたテントウムシの体内で、カラフルな色素をつくる細胞を考えてみよう。少し離れたところでは、別の細胞が色素の生成を防ぐ抑制物質をつくっているかもしれない。こうした色素やその抑制物質が成長中の昆虫の細胞へ拡散していくと、「勾配」という概念に行き着く。ちょうど正しい位置で色素が生成されれば、小さな黒い点が現われることになるだろう。ほかの場所では色素が抑制され、赤色になる。色素のさまざまな活性化物質や抑制物質の分布範囲を変えることによって、最終的に多種多様な模様をつくり出すことができる[18]。こうした単純なルールを通して、テントウムシの点模様やヒョウの斑点模様、魚の縞模様、ダルメシアンのような模様が生まれる。こうした勾配は、たとえば以下のような数式で表わすことができる。

$$\delta a/\delta t = F(a,h) - d_a a + D_a \Delta a$$
$$\delta h/\delta t = G(a,h) - d_h h + D_h \Delta h$$

tは時間、aとhはそれぞれ活性化物質と抑制物質の濃度。第一項は化学物質の生成、第二項は分解による損失、最後の項は物質の拡散を表わす。こうした数式には数多くの種類がある。

この「チューリング・パターン」は自然界によく見られるが、もちろん現実の模様は、いくつかの細胞から活性化物質と抑制物質が拡散していっただけの模様よりもはるかに入り組んでいる。複数の化学物質が関与するうえ、ほかの代謝の相互作用の影響も受けて、最終的な模様は複雑になる。多くの動物では、胚の発達において化学物質の単純な濃度勾配よりも、遺伝子による制御や調整の影響が大きくなるからだ。とはいえ、化学物質の濃度勾配の相互作用が模様を生み出す仕組みについてチューリングが提唱した重要な概念は、テントウムシに点模様ができた仕組みを理解するうえで優れた基盤となる。[19]これまでチューリングの単純なモデルはもっと複雑な遺伝学の知識に取って代わられることが多かったが、彼の研究は複雑な生物学的現象を単純な物理的原理で説明しようとする果敢な取り組みであり、物理学者と生物学者を結びつけようとする試みの先駆けだった。

テントウムシは点模様のついた体で天敵を追い払ったり、交尾相手を見つけたりするだけでなく、空中へ飛び立つ必要もある。メドウズ公園で行楽客の体から飛び立つには、翅を動かせるくらい十分に体が温まっていなければならない。人間は内温動物（恒温動物）で、みずから体温を調整できるが、テントウムシは外温動物（変温動物）で、体温の大半を自分の代謝作用ではなく周りの環境から得ている。テントウムシは外から熱をもらわなければ体温を保てず、体温が一三℃を下回ると、寒さで動けなくなる。このため、日なたぼっこはテントウムシの暮らしで欠かせない営みの一つだ。働いているとき体に必要だからという名目で日なたぼっこできたらいいな、と思っている人はきっと多いのではないか。

翅鞘を太陽に向けてじっとすることで、テントウムシはキチン質の覆いを通して太陽放射を吸収でき、体温を上げられる。太陽放射の一部は体の表面から反射される。明るい色は交尾相手を引きつける反面、体を温めるのに必要な太陽放射そのものを反射しやすい。実際、暗い色のテントウムシは明るい色のテントウムシに比べて、貴重な太陽エネルギーを効率よく集められることが知られている。[20]

人間の体では、汗の蒸発によって体温の一部が奪われる。汗に含まれている水分が、肌の表面から蒸発するときにエネルギーを運び去るからだ。発汗の目的はまさにそこにあり、体温が必要以上に上がるのを防ぐことである。さいわいテントウムシの場合、厚い翅鞘に守られて水分の蒸発はほとんど起きないので、体温が不必要に奪われることはない。とはいえ、ある程度の体温は空気中へと逃げてしまう。

帳簿をつけるときのように慎重かつ系統的に、テントウムシにおける熱の収支をすべて記録してみよう。太陽エネルギーの入射量や反射量、そして、テントウムシの代謝作用で生じるわずかな熱や、体から外へ逃げてゆく熱の量も考慮に入れることが可能だ。体と翅鞘のあいだに存在する空気の薄い層（断熱効果があり、熱の損失を遅くする層）を計算に入れてもいいだろう。テントウムシの頭上で吹いて熱の一部を奪う風の影響を考慮に入れることもできる。

複雑に出入りする熱のさまざまな要素を加減乗除すると、テントウムシの体温（T_b）を表わす数式を導くことができる。次の小さな数式は、テントウムシの生と死を分ける条件を表わしている。[21]

$$T_b = T_r + tQ_sR_b(R_r - R_b) / kR_r$$

T_r は翅鞘の温度、t は翅鞘の透過率、Q_s はテントウムシが受ける入射エネルギー、R_b はテントウムシの胴体の半径、R_r は外殻の半径、k は胴体と翅鞘のあいだの熱伝導率。

メドウズ公園を照らしていた太陽が傾いて黄昏時になり、あるいは、冬の寒さが到来して、町の住民や行楽客が家やカフェへ去っていっても、小さなテントウムシには暖をとれる場所がない。T_b は下がって危険領域に入る。しかしテントウムシには秘策がある。人間にはほとんど見えないが、体を震わすことができるのだ。そうやってエネルギーの消費量を増やして熱をつくり、外殻から逃げてゆく熱を補って、動き回れるように体温を保つ[22]。

とはいえ、しばらくすると、どれだけ体を震わしても冬の寒さには勝てなくなり、冬眠しなければならなくなる。エディンバラのテントウムシは、年によっては九カ月間も冬眠を余儀なくされる。寒くなると、街中の仲間たちといっしょになって枯れ葉や土、苔など、熱が逃げにくそうな場所を見つけ、みんなで集まって寒さに身をゆだね、身体活動を一時休止する。歩き回ったり飛んだりすることは難しいので、仲間たちと身を寄せ合って、動きが緩慢になった状態でも天敵から身を守れるようにする。

長い眠りが最も深くなる真冬に、体温が氷点下まで下がると、テントウムシは新たな問題に直面する。寒いだけならまだしも、体内の水分が凍りつき、とがった氷の結晶が容赦なく細胞膜を突き破るような事態になれば、致命傷を負うことになるからだ。

テントウムシは、次のような新たな数式を駆使しなければならない。

$$\Delta T_f = K_f m$$

塩など、不凍剤の役割を果たす物質を体内に取り込むことで、水の凝固点を下げることができる。凝固点降下の大きさ[23]（ΔT_f）は、化学物質の凝固点降下定数（K_f）と溶液の重量モル濃度（m）の積によって簡単に求められる。

一グラムのグリセリンを二グラムの水に加えると、その溶液の凝固点はマイナス一〇℃ほどとなる。血中でこうした化合物を合成することで、テントウムシは体内の水分の氷結を防ぎ、体温の急激な低下にも耐えて、春になると何事もなかったかのように冬眠から目覚める。

これらの数式から、生物が決して避けられない冷徹な物理的原理にどう対処しなければならないか、そして、さまざまな数式で表わされる自然現象をいかに自分の強みとして取り込んで進化してきたかがわかる。テントウムシの体温は、体に出入りする熱の項として数式に盛り込まれた複数の項が相互作用で入り混じった結果だ。日が落ちると、テントウムシは避けられない現実に直面する。体が冷え始めるのだ。体を震わせれば、熱の消失にある程度は対処できる。食物から取り込んだエネルギーを消費するという単純なやり方で、冷えた体を少しは温められる。創意工夫に富んだ虫ならば、ほかにもできることがある。運動や空気力学の数式で表わされる脚と翅を活用すれば、もっと効果の高いやり方も可能だ。落ち葉の下に潜り込んだり、空中を飛んで隠れ場所を探したりすることもできる。落ち葉に隠れた場合には、物理法則に身を委ねて休眠状態に入らざるをえないということであり、それができるように適応しなければならない。しかし、ただ状況に身を委ねているだけでは進化できない。

突然変異に促された進化の実験を通じて、解決策として使えそうな物理的原理が取捨選択され、その結果、生殖に適した能力をもつ個体が現われる。この個体から、さらに屈強で多くの子孫を残せる個体群がやがて形成される。昆虫の歴史を見ると、凝固点を下げるグリセリンなどの化合物の生成が、凝固点降下の数式が活用された適応の一例であり、その結果、テントウムシがとりうる体温の幅が広がった。体液の凝固点を下げて、ふつうなら凍ってしまう環境に適応したのだ。

凝固点降下に関する数式には、一つの個体群で変異した子孫が、祖先の体にはなかった新しい物理的関係を探る過程が見事に表われている。変異した新しい個体が遭遇した物理的原理のうち、繁殖の可能性を高めるものが選ばれ、次世代へと受け継がれる。生命はこのように、数式で表わされる物理的原理の世界を探究し、それを体の中に取り入れる。

単純な物理的関係は、動作や体温調節だけでなく、動物の生存に必要な気体においても一つの役割を果たしている。テントウムシが動いたり、自分で体を温めたり、子孫を残したりできるのは、ある気体を体内に取り込む能力があるからにほかならない。ほとんどの動物にとって生存に欠かせないその気体とは、酸素だ。人間は肺がポンプのような役割を果たして、空気の取り入れと不要な気体の排出を行なうことで、絶え間なく酸素を体内に取り込んでいる。水中にすむ魚の場合は水をえらに通すことで、エネルギーの生成に欠かせない酸素を手に入れる。魚も人間と同じように、酸素を使って食物である有機物を燃やしているのだ。

テントウムシを含めて、すべての昆虫には肺がない。その代わり、「気管」と呼ばれる管が張りめぐらされている。(24) 気管はさらに細い「毛細気管」につながって体の隅々まで達し、その管の中を空気が移動して、昆虫の体内に酸素が行きわたるようになっている。気管のネットワークは、酸素が必要な場所にミクロのレベルで到達できるほど細部にまで広がっている。しかし、酸素の輸送には「拡散」という受動的な作用が必要だ。原子や分子が濃度の高い場所から低い場所へ移動する現象である。

比較的単純な昆虫の呼吸は、この拡散作用に関する簡単な数式で表わすことができる。一つの分子がある距離（x）を移動するのにかかる時間（t）は、次のような数式で表現できる。

$$t = x^2 / 2D$$

Dは拡散係数（分子が決まった媒体中を移動できる速さの尺度）。

この単純な数式から、気体の分子が一定の距離を移動するのにかかる時間は、移動距離の二乗に関連していることがわかる。酸素を運ぶ距離を二倍にすると、それにかかる時間は単に二倍になるのではなく、四倍になるということだ。距離が長くなればなるほど、条件は悪くなる。だから昆虫は、結局のところ拡散作用に制約されることになる。

テントウムシの体内に入った気体が拡散する速さは、体内での気体の濃度によって異なる。拡散の研究に取り組んだ先駆けの一人に、一九世紀の生理学者アドルフ・フィックがいる。フィックは拡散に関する現在の知識の大半をもたらした人物で、なかでも、酸素などの気体が一定の時間に流れる量を示した「フィックの第一法則」は有名だ。その数式は次のとおり。

$$J = -D\,dC/dx$$

Jは流束、Dは前出の拡散係数、dC/dx は一定の距離で気体の濃度が変化する割合。この数式から、昆虫の体内にどれだけの量の酸素が入るかを求められる。

これらの数式を昆虫に当てはめてみると、ごく単純な事実がわかってくる。昆虫は大きさに限りがあるということだ。体が大きくなりすぎると、かなり入り組んだ気管のネットワークがなければ、妥当な時間内に体の奥深くまで酸素を十分に届けられない。問題は拡散の距離だけではない。酸素が拡散するにつれ、体の奥へ行きわたる前に消費されてしまうのだ。ゾウほど大きいアリや甲虫がいない理由に対する説明の一つとして、この点が挙げられる。

昆虫がとりうる最大の大きさを求めるのは難しい。私たちの分析はまだ初期段階にあるが、分析を複雑化するのがまた難しいからだ。なかには、腹部をポンプのように動かすことで空気の取り込みと排出を自発的にできる昆虫もいる。これは「対流」という、圧力の勾配に沿って空気が移動する現象を効果的に起こしやすくなるため、ゴキブリなどの大型の昆虫をはじめ、多くの昆虫が自発的に酸素を取り込む手段として利用している。しかし、こうした助けがあっても、気管の単純なネットワークを通じて呼吸できる体の大きさには限りがある。

昆虫は大きくなりうるが、最大の哺乳類や、絶滅した恐竜と比べると、かなり見劣りする。これまでに記録された最大の昆虫は、ニュージーランドにすむコオロギに似た体重七一グラムの昆虫、ウェタの一種（*Deinacrida heteracantha*）だ。この巨大昆虫と肩を並べる昆虫として、五〇グラムを超えることが多いゴライアスオオツノハナムグリもいる。しかし、これら昆虫界の「ゴジラ」も、体重一四トンのシロナガスクジラとは比べものにならない。

ここで時をさかのぼってみると、何とも奇妙な光景に出合うことになる。およそ三億年前には、今よりもはるかに大きな昆虫が地球上にすんでいた。石炭紀の豊かな森林（広大な湿原を覆っていた木々で、今は石炭となっている）の上空をブーンという羽音を立てて飛んでいたのは、メガネウラ（オオトンボ）という巨大なトンボたちだ。すでに絶滅してしまったが、両方の翅を広げた長さはゆうに五〇センチを超えていた。森の下生えを這い回っていたのは、全長二・五メートルを超すこともあった何とも恐ろしいヤスデの仲間、アースロプレウラだ。なぜこの時代に、これほど大きな生き物たちがいたのか？　昆虫を含めた節足動物を巨大化する進化の試行錯誤が繰り広げられていたかのようだ。じつは当時、大気中の酸素濃度が三五％ほどまで上昇していた。現在の二一％と比べるとはるかに高いこの酸素濃度が、巨大な昆虫を生む一因となったことは十分に考えられる。酸素濃度が上がったことで、大きな昆虫の体内に効率よく拡散する酸素が増え、昆虫が体を大型化できるようになったのだ。

しかし、あらゆるアイデアと同じように、きれいにまとまったストーリーが厳然たる事実によってばらばらに崩壊してしまうことがある。酸素は拡散によって生き物の体を大きくする仕組みに影響するだけでなく、生命においてははるかに複雑な役割を担っている[25]。酸素濃度が高いと、フリーラジカル（遊離基）と呼ばれる有害な物質が体内に生じることがあるのだ。この物質を抑制しないと、体にとって重要な分子が攻撃されてしまう。昆虫は体内に拡散される酸素の量を減らして、酸素による悪い影響を最小限に抑えるために、体を大きく進化させたと考えることもできそうだ。体が大きくなればなったでほかの問題もあり、必要な食物が増えるし、外骨格が破損するおそれも出てくる[26]。こうした要素もまた、昆虫の大きさに対する制約となる。

とはいえ、太古の昆虫や大気の状態に関する知識がどれだけ不足していたとしても、昆虫の形態とその最大の大きさに多大な影響を及ぼしているのは物理的原理であると考えなければならない。したがって究極的には、昆虫を爬虫類や哺乳類と比較することで、動物の構造がどれだけ厳しく制約されているかがわかってくるだろう。昆虫の細部を形づくるうえで偶発性が果たす役割について議論することはできるが、究極的な制約がもたらす困難が立ちはだかったとき、私たちは基本的な物理学に立ち戻らなければならない。

テントウムシはメドウズ公園の落ち葉や苔の下で身を守っている仲間たちを見つけるために、周りの世界を感じる能力を備える必要がある。その頭部には、まさにそのためのきわめて複雑なセンサーが載っている。テントウムシには目が二つある。あなたや私の目は一つの大きな水晶体で光をとらえ、その下にある数多くの受容体に送る構造になっているが、テントウムシを含めたあらゆる昆虫はそうではなく、「複眼」と呼ばれる目をもっている。「個眼」と呼ばれる微小な水晶体が数多く集まった構造をしていて、それぞれの個眼が空の異なる領域から来た光をとらえる。これらの微小な水晶体の大きさには限りがある。当然ながら、テントウムシはできるだけ多くの個眼がほしい。個眼の数が多いほど、とらえた像の解像度が高くなる、つまり、周りの世界をより詳細に見ることができるようになるからだ。角ばったそれぞれの水晶体の大きさ（θ）は次のような簡単な数式で表わされる。[27]

$$\theta = a d / r$$

aは一列の水晶体の角ばった視野、dは個々の水晶体の直径、rは水晶体の一列の長さ。

水晶体を小さくして複眼に詰め込む個眼の数を増やせば、周りの世界から得られる情報も多くなるのは確かだ。しかし、そうすると新たな問題が出てくる。小さな水晶体は回折（光がわずかに曲がってゆがむ現象）を起こしやすくなり、干渉が起きて、目が役に立たなくなるのだ。こうした影響でテントウムシの視力が妨害され始める角度（θ_d）は光の波長（λ）を使って、次のように求められる。

$$\theta_d = 1.2\lambda / d$$

ここにもまた、物理的原理どうしが進化の試行錯誤のなかでぶつかり合い、妥協点を探っていく過程が見られる。個々の水晶体を小さくすれば、複眼の中に収められる水晶体の数が増え、周りの世界をよりくっきりと見られる。しかし、水晶体を小さくしすぎると、光の物理的な挙動が原因で目が使い物にならなくなる。進化の過程は交錯する複数の原理によって制約される。そうやって生まれた生物は原理によって余計な部分がそぎ落とされ、予測可能な限られた形態になる。

昆虫が目で光や色をどのように受容しているかを探ること自体が、一つの研究分野になる。(28) 個眼がもっている受容体はさまざまで、青や緑の受容体もあるし、多くの昆虫は紫外線の受容体も備えていて、あなたや私が見られない電磁スペクトルの領域を見ることができる。飛翔する昆虫のなかには、紫外線と青に適応した受容体を空のほうへ選択的に向けているものもあるが、これはひょっとしたら移動の方向を知るのに役立っているのかもしれない。昆虫だけでなく、あらゆる動物の視覚能力は、電磁スペクトルの異なる領域を物理的に検知する必要性によって形成されるのだ。

ここまでのテントウムシの研究で、進化と物理的な作用のあいだにある密接なつながりを探究したのは、一例だけだ。数カ月に及んだ研究で、テントウムシの物理学を研究する課題を与えた学生グループは四〇ページ以上に及ぶレポートを提出したが、そのなかで彼らが調べた原理は数個にすぎない。感覚子がたっぷり詰まった触角でさえも手つかずだった。触角は化学物質を検知し、周りの環境を物理的に感じ、飛翔中に空気が流れる速さを知るほか、一部の昆虫では音をとらえるためにも使われる。それぞれの能力について一組の数式を挙げ、詳しく探究することができる。触角だけでなく、大顎や口器の力学についてもまだ論じていない。(29) 葉を切り取ったり、食物を細かく砕いたりする過程自体に、一連の数式と力がかかわる。テントウムシはそれらを一つに収斂して生き長らえていかなければならない。食物の消化と吸収について考え出すと、拡散、浸透、摩擦といった現象すべてがほかの力と絡み合う世界に足を踏み入れることになる。昆虫が成長や繁殖に必要なエネルギーや栄養をどれだけうまく得られるかが、そこに表われてくるのだ。昆虫にとっての血液である「血リンパ」についてはどうだろう。血リンパは、昆虫の微小な血管を循環して、生命に欠かせない栄養を細胞に運び、老廃物を取り除く役割を果たしている。ほかにも、筋肉の機能、エネルギーの貯蔵、昆虫の体を覆う外被の細部の物理学はどうか。

テントウムシの繁殖にまつわる物理学もある。卵、その発達、そして幼虫時代についてはどうだろうか。[30]こうしたテーマをきちんと論じるには三年かそれ以上の研究が必要になるだろう。[31]これらの疑問にすべて答えようと思ったら本書の取り扱う範囲を超えてしまうのだが、この短い探究に費やしたわずかな努力だけからも、はっきりした結論が見えてくる。

テントウムシは驚くほど複雑な生き物だ。太陽の質量からすれば限りなくゼロに近いと言ってもいいほど小さな体に、恒星の構造や進化を表わす原理の数よりもはるかに多い物理的原理がぎっしり詰まっている。

そうした物理的原理はそれ自体が単独で作用するのではなく、すべてが互いに絡み合っている。進化の過程では、それぞれの生き物に自然淘汰が働いて、体に表われた原理のモザイクが繁殖の達成に十分適していない個体は淘汰されてゆく。[32]

極薄の翅がちぎれたり傷ついたりするような衝突を受けても生存できるように、テントウムシは厚い翅鞘を発達させせて、野外生活で遭遇する予測不可能な出来事を乗り切らなければならない。しかし、翅鞘があまりにも分厚いと、体重が重くなって飛翔能力が落ちるうえ、天敵から逃れるときにすばやく翅を広げられなくなる。この難問では、素材として選ばれたキチンのヤング率（縦弾性係数）が、テントウムシの行動で空気力学的な要素を表わす数式と真正面から向き合わなければならない。キチンの強さを記述する関係式自体が、その素材による熱の吸収の仕方を変え、テントウムシの体温に関する数式と、衝突を生き延びる効果の度合いが結びつく。

大きな紙に何百もの数式が書かれ、そのあいだを曲がりくねった矢印が縦横に走って、数式の項や解がどのように影響を及ぼし合っているかが示されている。そんな光景を思い浮かべてもいい。数式の巨大なネットワークが変容するなかで、フィードバック作用も頻繁に起きる。一つの数式に加わったわずかな変更が、スタジアムを埋め尽くした観客のウェーブのように、ほかの数式に広がってゆく。これが生命というものだ。突然変異が起きればいくつかの数式の解が変わり、数式の追加や削除が起きる。自然淘汰では、複雑に絡み合ったあまたの数式が総動員され、環境に委ねられる。うまく子孫を残したテントウムシに表われた物理法則のタペストリーは、新たな実験に臨む。子孫を残さなかったものは消え去っていく。

数式で表わせる物理的原理をできるだけ多く集め、コンピューター上でテントウムシをつくり出してみるのは、かなり興味深い試みになるだろう。外見だけに着目した本書の試みの範囲を越えるが、遺伝暗号のレベルまで調査を掘り下げて、暗号に変異や欠陥を加えてみてもいい。あるいは、もっと大きな視点で、テントウムシの個体群をコンピューター上で再現し、寒い環境で集団をつくる行動をシミュレーションすることもできるだろう。多細胞の動物全体を数式として物理的原理で表わす可能性を突きつめる研究もよいが、生命体を形づくるさまざまな力や可能性を理解する努力を深めることも大いに望ましい。こうした努力を始めると、科学の根本的な特徴の一つである予測能力の領域に深く足を踏み入れることになる。[33]

生物を数式で表現するのは、遺伝学と物理学を効果的に結びつけられる手段になるかもしれない。たとえば、テントウムシの体温。体温を求める数式のそれぞれの項が、一つまたは一組の遺伝子によって、あるいは数多くの遺伝子がつくり出した形質によって制御されていると考えることもできる。昆虫の表面で失われる太陽放射は反射する量によって異なる。反射量を左右する表面の明るさは、翅鞘の表面の特徴を決める遺伝子と発生経路が生んだものだ。表面が粗いと太陽放射の一部が拡散する。これもまた、翅鞘の形成の仕方に影響を及ぼす遺伝子に制御されている。テントウムシの体から失われる太陽放射の量を左右する翅鞘の厚さもまた、その発達を制御する遺伝子によって決まる。

気をつけたいのは、数式を具体化しないようにすることだ。数式は実体をもっているわけではなく、さまざまな変数の関係を表わしているにすぎないからである。とはいえ、熱平衡など、生殖年齢への到達を助けることがわかっている特徴を定義する数式は、生物のさまざまな物理的特徴を融合する手段と考えることができる。そうした特徴のそれぞれが数式の項となり、特定の一つまたは一組の遺伝子、あるいはそれらの相互作用に関連づけられるかもしれない。

数式の項の変化を遺伝子やその最終的な経路に結びつければ（単純にいうと、たとえば、熱平衡の数式にある厚さの項を、テントウムシの翅鞘の厚さを決定する遺伝子に置き換えられる）、遺伝子の作用の観点で数式の変数を表わすことさえできるだろう。これにより、巨視的な世界における物理的な関係や性質と、ゲノムやそれによって生じる経路の真の統合が実現する。

さまざまな環境が一つの生物の遺伝経路に及ぼす影響を新たな変数として数式に加え、環境が解に及ぼす影響を指定することもできそうだ。したがって、生物の構造を内から外へ決定する遺伝子の役割だけでなく、外から内へ働く作用も組み込むことになる。実質的に数式は、システム全体として考えるべき生物の特徴を特定するための有用な手段となる。数式に含まれる項が一つになって、生殖年齢に達する能力にかかわる重要な性質に影響を及ぼすということだ。多くの遺伝子は複数の作用にかかわっている。[34] 発生過程が複雑なことを考えれば、遺伝学をこうした形で物理学と結びつけるのが向こう見ずな野望であることはわかる。難しいのは、多くの作用に関して、一つの遺伝子と一つの表現形質を単純に結びつけられるわけではないという事実だ。とはいえ、「進化物理学」や「物理遺伝学」とでも呼べそうなこのアプローチは、適応や進化を通じた変化を、物理的に制約された定量的な項で要約するために便利な手段の一つとなるだろう。[35]

難問が次々に立ちはだかるこの探究の旅を通じて、収斂進化が起きる共通の理由、つまり生物のあいだに類似した構造が見られる理由を垣間見ることもできた。「収斂進化」という言い方は、物理法則によって生じる類似性を手っ取り早く指すのによく使われる。[36] 物体の表面にくっつきやすい毛の生えた足、翅の形、翅鞘の厚さと色を通じて、テントウムシは、その曲線美を形づくった簡潔な数式や数学的関係があらゆる昆虫に影響していることを示してくれた。数式どうしが複雑に絡み合っているために、一つの変化が必ず別の変化を引き起こす。翅が大きくなったかと思ったら、その変化が波及して、翅鞘や脚の大きさに影響が及ぶのだ。甲虫の色が変わったら、その体温調節や冬眠の習慣に影響が及ぶ。捕食者や食物、生息地の影響で昆虫にいくつもの小さな変化が加わることによって、地球上に多種多様な昆虫が出現した。とはいえ、こうした細かな変化を通じて、生命の不朽の数式は進化の幅を狭めている。数式は生命の現象のなかに豊富にあり、美しく、大きな力をもっている。

第4章　大小さまざまな生き物の体

テントウムシの物理学を探究したことで、生き物が今の姿形になった理由について多くを知ることができた。しかし、テントウムシは昆虫の一種にすぎない。地球上のほかの生物についてはどうなのだろうか。ダーウィンが画期的な知見を発表して以来、進化生物学では鳥のフィンチから魚まで、生物の身体に高い関心が寄せられてきた。テントウムシと同じように、大きなものから小さなものまであらゆる生き物が何らかの物理法則を示しているのか。そして、テントウムシは進化生物学と物理学のつながりについて、より広く理解するための礎をもたらしてくれるのだろうか。この章では、生物の身体が形成される仕組みを引き続き見ていくなかで、この惑星の「動物園」にいるほかの生き物について物理学が何を教えてくれるかを探っていきたい。

進化生物学と物理学は一見、瓜二つではない。しかし、テントウムシが示したように、物理法則が生命のとりうる形態の幅を狭めているという考え方と、形態をつくるうえでの進化や発生の役割に対する現代の見方とのあいだには矛盾がないように見える。物理学は生物が今のような形態をしている理由について多くを教えてくれ、進化生物学はどのようにして今の形になったかについて多くを説明してくれる。両分野を合わせれば、生物の全体像が見えてくるのだ。物理学と進化の全体的な調和を身体のスケールで明らかにするには、引き続き収斂(しゅうれん)進化の探究を続けるのが美しい方法である。

収斂進化はテントウムシなどの昆虫の構造に限らず、生物圏に豊富に見られる。[1] ここでは、私がなぜか好きな動物の一つ、モグラについて見ていこう。

どこの地域にすんでいるにしろ、モグラの暮らしの目的はいたってシンプルだ。地下で穴を掘り、巣をつくって、子を産むことである。地下生活にはいくつか基本的な体の特徴が必要であり、それらの多くは物理学の簡単な数式にもとづいている。圧力（P）は力（F）を面積（A）で割ったものに等しい、というものだ。

$$P=F/A$$

モグラはトンネルや巣をつくる作業を進めるために、目の前にある土を十分な圧力で掘っていかなければならない。この数式に詳しい説明は不要で、単位面積当たりに加える力を強めれば、加えられる圧力も大きくなることを示している。モグラにとって、その結果はきわめてわかりやすい。圧力が掘り進めようとする土の凝集力よりも大きければ、目の前の土を押しのけることができるし、圧力が小さければ掘れないということだ。来る日も来る日も、不十分な圧力しか加えられなければ、モグラは穴を掘れないか、生き埋めになってしまう。いずれにしろ、そのようなモグラの遺伝子は子に受け継がれない。$P=F/A$はモグラにとって重要な数式だ。

したがって、土砂をかき分けて地下に巣をつくるために、モグラには強力な淘汰圧が常につきまとい、その淘汰圧がある種の予測可能な特徴を生む。モグラの前足は短くて幅広く、掘る断面が最小限に抑えられるようになっていて、結果的に目の前の土に加わる圧力が最大になる。そうしたオールのような形の足は同時に、たくさんの土をかき分けるのにも役立つ。じゃまになって掘る断面が大きくなる足と、目の前の土をたくさんかき分けられる大きさの足のあいだで妥協した産物だ。

短くて力強い足の先には頑健な爪を備え、モグラが土を掘る能力を一段と高めている。モグラには親指がもう一本付いていて、それもまた土砂の掘削を助けている。前進する動きの効率を高めるために、モグラは細長い体をしている。体が四角くてまるまる太った大きな動物は、ほかの条件がすべて等しいとすれば、前進するための力がより大きな範囲に拡散するため、土にかけられる圧力が小さくなる。

ここまでいくぶん単純化して説明したのだが、モグラの地下生活にはほかの適応も見られる。呼吸に伴って地下の環境に蓄積する二酸化炭素への耐性が高いのも、その一つだ。モグラの血中で酸素と結びついてそれを全身に届けるヘモグロビンの一種は、酸素との親和性がきわめて高いので、人間ならば窒息してしまう二酸化炭素濃度でもモグラは生きていける。だから$P = F/A$がすべてではない。そうしたほかの適応はほかの法則によって導かれたものなのだが、さしあたりここでは取り上げないことにする。

モグラの体は、土の効率的な移動に必要な妥協を受け入れるために、狭い範囲にかける力を最大化するという工学的な解決策の賜物だ。$P = F/A$が有機体として具現化したのがモグラである。

この法則がもたらした進化の結果として、モグラの体はその原産地にかかわらず同じように見える。その証拠に、オーストラリアにすむフクロモグラはカンガルーやコアラにより近いにもかかわらず、ヨーロッパや北アメリカ、アジアにすむモグラと似ているように見える。「モグラらしさ」は物理法則の産物であり、エディンバラの土を掘っている毛皮をまとった小さな哺乳類であっても、砂ぼこりが舞うオーストラリアの奥地の平原で地面を掘っている動物であっても、$P = F/A$ の縛りによって見た目は似通ってしまうのだ。

ここでモグラを選んだのは、土を掘らなければならないという独特な暮らしが、一つの物理法則を生存にとって最重要の位置にもたらしたからだ。モグラの暮らし方から、進化でとりうる可能性、この場合は穴を掘る小動物の形態の選択肢が、収斂進化の過程で利用できる解決策を大幅に絞り込んでいることがわかる。穴を掘るほかの多くの動物も、だいたい同じ形をしている。

たとえ二種類の動物が生息環境の物理的な特徴ではなく、ほかの生物の影響（捕食者から逃れるためになめらかで細長い体が適しているなど）で同じ形態に収斂したように見えるとしても、そうした類似性の根本には物理的原理がある。加速を高めるために筋肉が大きくなった動物もいるだろうし、捕食者を見つけるために光をより効率的に集められる目を備えた動物もいるかもしれない。

収斂進化は決して謎めいた現象でも異様な現象でもなく、たとえるならば、液体のリチウムも水も熱すると気体になるという事実がいくぶん不思議に感じられるようなものだ。リチウムや水が気体になる現象は、奇妙かつ壮大な偶然の一致というわけではない。これは単なる物理的な作用であり、液体の分子や原子にエネルギーが加わった結果、それぞれの分子や原子が引きつけ合う力に打ち勝って気体として拡散したということだ。収斂進化についても同じことである。[2] 異なる生命体に働いた類似の物理的原理がそれらの形態を似通ったものにしたときに、収斂進化が起きることが多い。

しばしば収斂進化では、複数の法則が作用して、単純な数式の特定が難しくなる。テントウムシにしろ、モグラにしろ、生き物の営みを十分に探究すると、彼らの生存にかかわる法則がいくつも見つかるはずだ。一つの生物を生物学や生態学の観点で包括的に理解しなければ、関連する法則を特定することさえできないだろう。生物に対して作用したり、生物に表われたりする複数の法則への解決策は、一つではないこともある。しかし、収斂進化は生物圏のあちらこちらで見られ、数多くの例があることから、解決策は無限にあるわけではなく、たいていはむしろ少ないことがわかる。

生物が膨大な数の可能性を探って一つの解決策にたどり着く明らかな能力を、奇妙に感じる人もいるかもしれない。だが、イギリスにすむモグラがオーストラリアのモグラと似ているなんて、驚くべきことではないか？　生物に与えられた膨大な数の可能性のなかから、モグラたちはどうやって同じ解決策を見つけたのだろうか？

地球にすむすべての生命、宇宙に存在するであろうあらゆる生命が $P = F/A$ の法則に従っている。これに関して、生命に選択の余地はない。この法則が生物に対していつ作用するにしろ、穴を掘るモグラであるにしろ、湿った土の中を進もうとするミミズであるにしろ、海底の砂地の中をそっと這い進むイカナゴであるにしろ、すべての生物がこの法則に従わざるをえないのだ。この法則を利用するために生物に備わった解決策は、最初からそれに従っている。生命がその解決策にたどり着くわけではない。肝心なのは、この法則を利用した解決策によって、生物が生殖年齢まで生存できるかどうかである。体が球状のモグラや前脚のないモグラは、地中で長生きできない。太りすぎて砂を掘れないイカナゴは大きな魚に食べられて、進化の競争で敗北することになるだろう。

$P = F/A$ が主要な役割を果たすことになったモグラの場合、この数式を最適化する生物学的な解決策として広く受け入れられたのはただ一つ、ショベルのような形をした短い前脚をもつ小型の動物だ。モグラは可能性を求めて広大な世界を探し回ったわけではない。モグラは法則に従わなければならなかった。モグラのように地下で穴を掘る最初の動物から突然変異を通じて現われた解決策が、捕食者からの逃避、地下での食料探し、崩れた穴からの脱出を最も効果的に行なえるように、この数式の利用法を最適化したのだ。

体が球形やずんぐりした四角形になるような遺伝子変異をもつモグラは、同種のほかの仲間よりも穴を掘る効率が低い。最終的に、こうした個体は $P = F/A$ をより効率的に適用した個体よりも、すみかや食物をめぐる競争で勝ち残りにくい。しかし、環境が変われば、そうした変異が役立つようになる場合もある。仮にそうしたモグラが、センザンコウのように丘を転がって捕食者から逃げるのが最も効果的な逃走法である環境にすめば、穴掘り暮らしでは生存競争に不利だったまるまる太った球形の体が、つまり外周を $2\pi r$ でうまく表わせる丸い体が、丘を転がり落ちる必要性を満たす際には有利になる。そうなると、$2\pi r$ という関係式で記述できる外周が、転がるモグラに影響を与えたことになる。この架空の例では、多種多様な法則が働く複数の環境が並んだチェス盤の上を移動するかのように、生物が一組の条件から異なる条件へと移り、そうした法則を生かしたり、法則により効率的に従ったりすることで生殖年齢まで生き延びる。

限られた簡単な組み合わせの物理法則だけでも、目を見張る多様性を観察できる。祖先が脚をもっていた穴を掘る動物で $P = F/A$ の重要性を高めれば、モグラのような動物が生まれる。また、脚のない無脊椎動物に対して同じことを行なえば、ミミズのような生き物が現われる。ミミズは細長いが、四肢をもたない無脊椎動物であるため、モグラのような屈強な短い脚を使って穴を掘るわけではなく、筋肉を伸び縮みさせて地中を進む。若いミミズは体重の五〇〇倍以上もある土を押しのけて、地中を移動することができる。同じ法則が作用しても表われる結果に違いが出るのは、その生物がもともとたどってきた来歴が異なるからではあるが、異なる系統にある生物どうしでも収斂によって似通ってくる。脊椎動物と無脊椎動物という異なる分類群のあいだでも、モグラとミミズは、体が円筒形で細長く、顔部がとがっているという同じ特徴をもっている。

　物理学を使えば生物の目に見える特徴の多くを説明できるが、目に見えない特徴についてはどうだろうか。それは、生物学者どうしがコーヒーやビールを飲みながら話す話題の一つだ。一見、それは内輪だけの会話のようで、奇怪な感じさえする。しかし、彼らが投げかける疑問は本書で取り上げるあらゆるテーマの核心にある。その話題とは、なぜモグラのような動物は車輪を備えていないのか、というものだ[3]。

　身の回りで移動に関連するものを手当たりしだいに見ていくと、この疑問がそれほど奇怪でないことがわかってくる。自動車、列車、自転車、馬車にはすべて車輪が付いている。空を飛ぶ飛行機でさえも、離着陸のときには車輪を使う。こうした移動様式では、ほかの多くの例も含めて、単純な円形の装置が使われている。それではなぜ、自然界には車輪がまったく見られないのだろうか[4]？

　車輪は道路や線路、平らな面ではきわめて役に立つのだが、世界のほとんどの場所は丘や溝といった不規則な障害物が入り混じった無秩序な場所だ。そんな環境では、車輪は役に立たない。車輪はその半径よりも高い垂直の障害物を乗り越えられず、そこに激突して止まってしまうだけだ。もちろん、買い物カートを押している人が前輪を持ち上げて縁石に乗せれば、障害物を乗り越えることはできる。買い物カートと縁石の例のような複雑さを省けば、この単純な問題は、車輪を押して障害物を越えるための力をFとして、次のような数式で表わすことができる。

$$F = \sqrt{(2rh - h^2)}\, mg/(r - h)$$

hは障害物の高さ、rは車輪の半径、mは車輪の質量、gは重力加速度（地球上では九・八メートル毎秒毎秒［m/s²］）。

この数式で障害物の高さを車輪の半径と同じにすると、力は無限大になり、にっちもさっちも行かなくなってしまう。

この惑星の環境は不規則なものであふれ、体が小さくなればなるほど障害物が増える。アリやテントウムシが車輪を備えているとすれば、たとえ「四輪駆動」であっても、砂粒や土の粒子を乗り越えるのに四苦八苦することだろう。

車輪付きの動物はほかの問題にも悩まされる。ぬかるんだ土や砂など、車輪の回転を妨げるものがあれば、進みは遅くなる。イギリスの野原でウサギが車輪を空回りさせて泥をまき散らし、身動きがとれなくなったのを見つけたら、腹をすかせた四本脚のキツネは大喜びで跳びはねてくることだろう。

生き物は脚をもつことで、右へ左へジグザグに移動できるし、簡単に方向転換して捕食者から逃げたり、ぬかるみを避けたりすることもできる。生息環境を移動するうえで、きわめて重要な能力を手に入れたのだ。幅が数センチしかない高所の岩棚に張りついているシロイワヤギなど、極限環境にすむ動物にとって、ごつごつした表面に不規則に散らばった足場を利用して巧みに移動できるのは、脚があるおかげだ。車輪よりも脚のほうが有利なのは一目瞭然である。

車輪をもつ生き物がいないのは、あらゆる陸上動物の祖先の姿を反映しているだけだろうと考えてしまいそうになる。陸上動物は四肢の関節がそもそも車輪をもつのに適しておらず、祖先から受け継いだ特徴の制約を受けているにすぎないのかもしれないが、それは根本的な障害ではないように思える。魚が上陸して初めて陸地にすみ始めたとき、人間が腕をぐるぐる回すように、初期のひれを回している光景を思い浮かべてもいい。回転の速度を高め、四肢を強くすれば移動の効率は高まるだろう。最終的にその構造はある種の車輪のようなものに進化して、回転中に神経や血管がひどく絡まってしまう問題が解決される。

車輪のような工夫は、進化において確かに試されている。南極大陸を除くすべての大陸では、フンコロガシが動物の糞を集めて球状にし、それを熱心に転がしながら巣へ運んで、食物にしたり、その中に卵を産んだりする。フンコロガシは天の川の位置から方位を把握しながら（これは視覚の進化がもたらした見事な能力）、体重の一〇倍から一〇〇〇倍という大きな球を転がすことができる。こうした球状の糞の存在から、乾いた平らな土地では、進化の過程で回転運動が試されてきたことがわかる。回転運動は地面が平らであると予測される地域では役に立つ。

同様に、地球上の砂漠では「回転草」と呼ばれる雑草が転がる光景が見られる。成長した植物から球に近い形の部分がちぎれて、風に吹き飛ばされ、遠くまで転がって新たな土地に根づく。ちぎれて転がる部分はほとんど枯れているものの、回転草が移動をやめると、そこから種子が土に落ちて芽生えるのだ。一〇を超える科の植物が回転草になるが、どの植物もステップのような世界の乾燥地帯に育つ。見渡す限り平らな土地では、何にもじゃまされずに転がることができるのだ。

こうした事例は厳密にいえば車輪ではないが、説明しがたい何らかの理由で、進化が環境の中で何かを移動させる解決策として円形を無視しなかったことを物語っている。しかし、円形がこれ以上発展することはなかった。

この議論を発展させて、もう一つの疑問を提示してみたい。地上は不規則なものばかりだとすれば、動物たちは道路を築いたり、あるいは少なくとも道路に似た平坦な道をつくったりはしないのだろうか？　進化生物学者のリチャード・ドーキンスは、道路づくりはそれほど利己的ではないとの興味深い見解を示している。[5] 道路をつくった場合、その労力の結晶を他者が横取りして、道路づくりに注いだエネルギーが無駄になることもある。人間社会では、道路は政府が住民の代わりに建設したものだ。たとえ使わなくても、住民が払った税金が道路の建設費用になる。私道の場合は、住民が建設会社に費用を支払わなければならない。経済の仕組みをもたない動物には難しい取引だ。この議論は説得力があるものの、もっと簡単な回答があるとすれば、動物で道路づくりが進化するには体にもともと車輪が備わっているか、車輪の発達によって道路づくりを選択する圧力が働かなければならないということだろう。しかし、前述のように、そもそも生物は付属肢として車輪を発達させようとしたこともなかった。道路づくりへの圧力は存在しないのだ。[6]

ウサギに車輪がない理由に思いをめぐらす人々は、魚にプロペラ（いわゆるスクリュー）が備わっていない理由を考える人と同類であることが多い。やや奇想天外な発想ではあるものの、興味深さは車輪に引けをとらない。プロペラは大小の船だけでなく、行楽地で乗るような小さな足こぎ式ボートにさえも備わっている。モグラが円筒形の小さな体にオールのような前足を備えた形態に収斂したのとは異なり、魚がプロペラで水中を進む形態に収斂しなかったのは、なぜだろうか？

プロペラはそれほど効率が高くない。プロペラの回転が速すぎると、その周りの流れがばらばらになるのだ。プロペラの先端では、水に泡ができて空洞が生じたような状態になり、船を前に進める力が小さくなる。船舶の場合、プロペラの効率はせいぜい六〇～七〇％ほどしかないのがふつうだ。これと、多くの魚の泳ぎ方を比べてみよう。[7] 体を曲げて波動を次々に伝えていく。この運動の効率は九五％を超えることもある。体をくねらせて海を泳ぐのは、捕食者から逃げたり食物をめぐってほかの魚と競争したりするうえで、実は効率のよい方法なのだ。

直感的に見て可能性がなさそうだという理由でプロペラを切り捨てる前に（魚にプロペラが付いた姿を想像しておもしろがる人はいるだろうが）、液体中で生物を移動させる回転構造の例を見てみよう。人間の腸にすむ微生物でよく研究されている大腸菌など、微生物のなかには体の横や末端に「鞭毛（べんもう）」という、鞭（むち）のような付属肢を備えているものがいる。[8] 鞭毛が一秒間におよそ一〇〇回転という驚異的なスピードで回転し、この微生物は最大で秒速六〇〇ミクロン、時速にして二メートルの速さで液体中を移動することができる。たいしたことはないと思うかもしれないが、見方を変えると、一秒間に体長の六〇〇倍の距離を進むということだ。これを人間に置き換えて、身長の六〇〇倍の距離を進むと考えると、時速およそ三〇キロとなる。これは足の速い人が走るスピードだ。

鞭毛は進化で生まれた逸品である。長さおよそ一ミクロンしかない微生物の細胞内のタンパク質に埋め込まれた微小なモーターが、鞭毛を構成する長いタンパク質群を回す。鞭毛の数は微生物によってさまざまで、一本だけのものもいれば、数多くもつものもいる。なかには、一カ所にとどまるか、有毒物質からの逃避や食物の探索のために移動するかに応じて、鞭毛を自在に生やせる微生物もいる。鞭毛の回転を短時間だけ逆にすることで、体を宙返りさせ、進行方向を変えて、成長に最適な条件を探すこともできる。

船のプロペラと微生物の鞭毛が似ているように見えることから、なぜ魚は同じ仕組みを移動に取り入れなかったのかと考える人もいるだろうが、微生物の生息環境と魚の生息環境には大きな違いがある。[9]

ここで、オリンピック競技用のプールで泳ぐようにいわれたと考えてみよう。ただし、プールの中身は水ではなく、糖蜜だ。ねばねばしたプールに入って、身を沈むに任せる。全身が沈んだところで、腕を力いっぱい後ろへかいてみる。前へ進むことは進むが、その距離はわずか数センチだ。糖蜜の中でかいた腕を前へ戻して、次のストロークに備えようとすると、腕を前に持っていく動きで体は同じ距離だけ後退する。ねばねばした液体に必死で抵抗してどれだけ腕を前後に動かし続けても、微々たる距離を行ったり来たりするだけで、体の位置は変わらない。

水中を泳ぐ微生物のスケールで考えると、これこそが微生物の日常だ。水は粘性の高い液体のように振る舞う。このスケールだと従来の船のプロペラは役に立たない。プロペラは水を後ろへ押し出して前方への推進力を生み出すが、それは糖蜜のような液体では実質的に不可能だからだ。したがって、プロペラと鞭毛を比較すると誤解を生む。鞭毛は、プロペラのように後方の水に運動量を与えることで何かを前に進めるのではなく、微生物をらせん状に前進させる手段として考えたほうがよい。

鞭毛の効率は一％ほどときわめて悪く、一般的な船のプロペラよりはるかに低い。微生物に見られるのは、自然界でプロペラが利用されている例ではなく、物理学者が「低レイノルズ数」と呼ぶ糖蜜のような領域において、小さなスケールで何かを動かすための装置の一つだ。鞭毛は移動しようとする小さな生物に特有の解決策ではあるが、それはまた、流体中で物体を推進させる効率の低い回転構造が自然界に見られることも示している。「高レイノルズ数」と呼ばれる領域、つまりもっと大きなスケールでは、水の粘性はそれほど大きな問題ではなくなり、流体の振る舞いは水泳プールの水に近くなるので、プロペラは有効な手段となるものの、水中をすべるように泳ぐ魚に比べたら効率は悪い。

車輪やプロペラのことを考えると何らかの壁に突き当たる。車輪を備えたウサギやプロペラ駆動の魚が進化しうる状況を想像することはできるものの、そうした生物が現実にいない理由が発生の壁にあるのかどうか、つまり、生命の「ツールキット」の用途が広くないために車輪やプロペラが生まれなかったのかどうかは、まだわからない。すでに存在する何かで実験したり、その進化の軌跡をたどったりするほうがはるかに簡単だ。とはいえ、車輪やプロペラにいたる発生の経路があったとしても、生命は陸上を脚ではなく車輪で移動したり、水中で体をくねらせて波を起こす代わりにプロペラで前進したりすることは避けるだろう。それに対する、説得力のある物理的な理由は見つかっている[10]。

科学者たちは、数学や物理学の簡単な原理で生物がとりうる形態やとりえない形態を特定できる可能性に以前から気づいていた。一九一七年には、スコットランドの優れた数学者ダーシー・ウェントワース・トムソンが『生物のかたち』という物議をかもす書籍を出版した[11]。じつに内容が濃く興味深いこの本でトムソンは、生命には数学的な関係やスケーリングが無数に見つかることを実証した。巻き貝から絶滅したアンモナイトまで、貝殻の形を特徴づける規則的な「等角らせん」について考察したほか、角や歯の形、植物の成長における数学的関係[12]を探究し、さらには、格子模様の上に魚を描き、その格子をさまざまな方向にゆがめてできた奇抜な形が自然界の多くの種と似ていることを示している。トムソンが伝えていることは単純で、生物は数学によって記述でき、あらゆる生き物はスケーリングの単純なパターンと、さまざまな大きさどうしの相互関係に従うということだ。この本が出版された当時はダーウィニズムへの興味が高まっていた頃で、トムソンの主張はかなり過激と受け止められた。現代でも、世間の評価はどちらかというと定まっていない。

トムソンの著書を支えている理論は、本書の大部分を支えている理論と同じだ。物理法則は疑う余地がなく避けられないもので、生命に作用している。脚を使って移動している生物は何らかの方法で重力の法則に逆らって成長しなければならないし、それは樹木についても同じである。魚の形は流体力学に支配されている。巻き貝の規則的ならせん形はどの部分においても常に、ある種の自己相似のパターンに従っている。確かに、生物の形態を測定してみると、似たような特徴が繰り返し見られることがわかる。一方、トムソンが行なわなかったことが二つある。自分の観察結果がなぜ生命に適用されるのかをはっきりと説明していないのが一つ。もう一つは、生物を変形させたり回転したりした興味深い図は描いているものの、それらがどのように生じたのかを示す現実的な機構を提唱していないことだ。

　とはいえトムソンは、そうした関係の多くが生物の生息環境によって生じると、著書全体を通じて説明している。植物の成長は重力、および成長を通じて経験する力に対抗する動きへの反応であるといったことだ。トムソンはそうした関係が進化と物理的原理の密接な関係から生じたことを効果的に説明するにはいたっていないものの、彼の著書は生命における数学的な規則性を本格的に実証しようとした初の試みである。

　これらがどのように生じたかにまつわる二つ目の疑問について、トムソンはまったく触れておらず、それが物議をかもしてきた。なぜこの疑問に触れなかったのかは定かでないが、それと同時に、トムソンにはそこまでする必要もなかったのではないかと尋ねることもできよう。彼の関心は、対称的かつ予測可能な形態がどう進化してきたかを実証するところにあった。この話題を論じれば、おそらく一冊の書籍としては十分だ。ＤＮＡが発見される前の一九一〇年代に、そうした形態がどのように生じたかを推測しようとすれば、空想の領域に足を踏み入れなければならなかっただろう。

　とはいえ、トムソンの著書が出版されて以降、この議論の欠落は彼が自然淘汰を暗に否定していることを示しているとの批判が出た。数学を用いて生物を評価する彼の議論にはダーウィン主義的な進化の過程や、目を見張る形態を探る過程が入り込む余地がないように見えたのだ。なかには、トムソンの著作は「生気論」を支持していると主張する人さえもいた。これは、生物は活力をもたらす成分として、無生物とは異なるある種の力や物質をもっているという説だ。無生物では、岩石が金属棒に変わるといったような、ほかの無生物に変わる不可解な現象は起きないという考え方である。したがってトムソンが、生命は数学的な関係が有機体にまとまったものでしかないと考えていて、自然淘汰を引き合いに出していないとすれば、生命にはほかの力、つまり、一つの生命体が異なる生命体に変容できる生命の力があると言っているに違いないというのだ。

この批判はおそらく論点がずれている。トムソンの分析にはそうした主張はいっさいない。どのような仕組みにしろ、進化の核心にどんな作用があるにしろ、生命は予測可能な形をもった体になるということを指摘しているにすぎないのだ。トムソンは、生命は何にも縛られていないわけではなく、法則によって厳密に縛られていると考えた。法則は生物にはっきり見られる対称性やパターンの説明にも、収斂進化の事例の説明にもなる。生物圏に特定の特徴が見られないことの説明に役立つ場合もあるだろう。とはいえ、現代の生物学がもたらした分子や遺伝子にまつわる知見を活用して、そのような形態が生じうる仕組みを問う価値はある。私たちは新たな知見を得て、物理法則が生命を形成する仕組みをはるかに理解しやすくなった。

こうした驚くべき変容は進化の過程でどのように進んでいったのか。一世紀ほど前にこの質問を誰かに投げかけたとしたら、いかにもダーウィン主義的な答えが返ってきたことだろう。生命に含まれる情報には、暗号の読み取りエラーや、有害な化学物質などによる環境破壊が原因で突然変異が起きる。そうした小さな突然変異が異なる子孫を生む。そのなかでほかの個体よりも環境にうまく適応できた個体は生き延びて子孫を残し、適応できなかった個体は死ぬ。この淘汰の作用が積み重なって、生命は風変わりな新しい形態へと変わってゆく。

　現代ではそのメカニズムに対する理解と洗練が進んだにせよ、このダーウィン主義的な総合説は、根本的には的確であり続けている。とはいえ、そのメカニズムに対する理解は過去数十年で動植物の発生過程、いわゆる「進化発生生物学」に関する知識が増えたことで、かなり細部にいたるまで深まった。進化発生生物学は英語の「エボリューショナリー・デベロップメンタル・バイオロジー」を縮めて「エボデボ」と呼ばれることもあるのだが、私はこの今風の略し方はひどいと思っている。

　発生の過程で遺伝子のスイッチのオンとオフが切り換えられる仕組みや胚を研究することで、生物学者たちは生命が単純なモジュールで構成されていること、つまり基本の構成単位が多様な形態へと変化できることを示した。この研究の核心にあるパラダイムシフトは、生命は単にＤＮＡの長大な情報を端から端まで読み込んで生じた何百万もの小片がひとりでに集まって形成されるものではないという気づきである。ダーウィニズムでは、遺伝暗号の一部分が長大な時間をかけて変化する必要はない。小さな変化の積み重ねなど起こりそうにないように思えるのだ。その代わり、たくさんの調節遺伝子によって遺伝子のオンとオフが切り替わる。これによって、きわめて似通った二組のＤＮＡから、互いにまったく異なる形態が生じうるのだ。

　人間とチンパンジーの違いは、ＤＮＡ暗号の四％の相違だけにあるのではなく、ほかの九六％の区間の読み取られ方にもかかわっている。

　進化発生生物学ではさらに多くのことが明らかになった。生命は同じＤＮＡ暗号の異なる部分を読み取るような優れた芸当が可能なだけでなく、生命の「指示書」が構造化されて大きな階層を形成していることも見いだされた。遺伝子によっては小さな相違を生み出すものもあれば、発生の様式全体を制御するものもある。なかでも目を見張る役割をもつのが、ホメオボックス遺伝子だ。この遺伝子はイエバエから人類まであらゆる動物に存在し、ハエでは脚、魚ではひれ、人間では手足というように、四肢の発生を制御している。

いくつかの単純な遺伝子の変化が生物の構造全体を変える驚くべき能力を見ると、生物を構成する数多くの重要なピースが幅広い用途をもっていることがわかってくる。動物でそれがとりわけ明確に表われているのが、四肢だ。ショーン・キャロルはその名著『シマウマの縞 蝶の模様』のなかで、付属肢は共通のデザインにおける一定のモジュール（指）の数と形が変化したものにすぎないと考え、そうなる仕組みを探っている。[13]ひょろ長い指を三本生やせばツルの足になるが、それらを翼の先端にもってくれば、急降下して獲物を襲うハヤブサの翼を支えるものになる。平らなひれに埋め込めば、ウミガメが大海原を横断できるようになり、数を二本に減らして硬い外被で覆えばラクダの足になって、アラビア砂漠の焼けつく地面を歩けるようになる。こうした特徴の発生は、ホメオボックス遺伝子のわずかな変化によってもたらされた。遺伝子が発現する数とタイミングの違いによって、動物がもつ四肢が変わるのだ。

進化発生生物学は発生と進化を結びつける役目を果たしてきたが、それだけでなく、進化の仕組みの理解を深めるきっかけにもなった。ハリウッド映画に出てくる「トランスフォーマー」のように、反復モジュール（指や脊椎、さらには特定の組織を形成する細胞など）から生命を構築することにより、生物がすみかを移して異なる環境を利用するなかで、モジュールの変化が著しい再編成をもたらすことがある。生物が水中、陸上、空中のどこにすんでいようとも、モジュールは突然変異によって再構成され、それまでの生息域とはまったく異なる環境でも生存できる構造を生み出すことができるのだ。

しかし、これらすべてが物理法則とどう関連しているのか？

進化発生生物学には、進化と物理法則の調和に向けた土台がある。一例として、モグラのことを考えてみよう。ヨーロッパとオーストラリアのモグラが物理法則に導かれて、$P=F/A$を最適化する問題に同じ解決策を採用したと主張すると、「いったいどのように？」という疑問が出てくる。トガリネズミやイタチと近縁のモグラが、カンガルーやコアラと近縁のモグラとこれほどはっきり似ているのはなぜなのか？　不可解ではないのか？　変化の積み重ねでどのようにこの類似が起きうるのか？　動物がいったんトガリネズミやカンガルーに似てしまったら、元には戻れないのか？　この二つの系統は、類似の形態への収斂に必要な変化をどのようにもたらしたのだろうか？

古い形態から生じた新しい形態に物理法則が絶え間なく働くなか、生命のデザインがモジュール式になっていれば、変化の際にデザインを一新する必要がない。四肢の基本単位としてすでに存在するツールキットを利用すれば、脚をより強く幅広くすることができ、生命の基本単位に変化を加えることなく、穴を掘るモグラという動物のデザインを生み出せる。なかには大きな変異なしに特定の遺伝子の発現を切り換えるだけで可能になる変化もあるが、進化発生生物学の研究から、より根本的な変化の可能性もあることがわかった[14]。研究はさらに、生物はかつて考えられていたほど初期の発生に強く縛られていないことや、モジュールの再構成が継承した遺伝子の制約の回避に役立つ可能性があることも示唆している。こうした柔軟性は物理法則が忍び込む機会を増やし、進化で何が可能で何が不可能かを明確にすることもある。進化の実験で試されなかった形態は単なる発生の壁として説明できるとは限らず、物理的原理の観点から実際のところあまり適応的でないこともある。

生物の身体の進化にまつわるストーリーには、生命が形態を変える挙動をめぐる謎がほかにもある。

そのなかでも目を引くのが、一つの環境で特定の法則群の影響を受けている生物が、いかに祖先から分岐して、ほかの環境に移っていくかという疑問だ。それまでとは異なる法則群の影響が強い環境で、いかに動物は進化の大混乱のなかでお粗末な結果に陥ることなく適応していくのだろうか？

何よりも見事な移行は、陸上進出だ。物理的な必要条件が異なる二つの環境のあいだで起きた明確な移行の例として、水中から陸上への移行はとりわけわかりやすい[15]。生物がいかに一組の物理条件から別の条件へ移行したのか。その全体像は進化発生生物学の研究で徐々に明らかになってきた。

水中の環境から陸上の新たな生息地へ移動すると、生物はみずからの存在にかかわる物理条件において非常に大きな変化を経験することになる。その中間に当たる移行期を過ごせる場所はある。陸地でもぬかるんだ池や潮間帯では、水中と陸上の中間の生活を送ることはできる。とはいえ、陸上動物のように海底を歩く魚であっても、水中から陸上への完全移行は一筋縄ではいかない[16]。

動物が陸上へ移動するときに経験する顕著な相違の一つに、重力場の大きな力が水の浮力で軽減されなくなる点がある。九・八メートル毎秒毎秒という重力をまともに受けながら、生き物は水からどうにか出て、ぬかるんだ岸辺を越える。宇宙ステーションから帰還したばかりの宇宙飛行士は、しばらくのあいだ座席にもたれかかって休んでいないと、歩くときに自分の体重に慣れずに転んでしまうというが、まさにそのようなことを、陸上に進出した生き物は経験する。この重力の大きさがまだわかりにくいというのなら、腕立て伏せを片腕で二五〇〇回やってみるといい。そう、それが九・八メートル毎秒毎秒の重力に逆らって体を持ち上げる苦労だ。

陸上に進出する前に、水中で魚が受ける全体の力は次の数式で求められる。

$$F = mg - \rho Vg$$

質量と重力の積の項（mg）は、生物に下方向にかかる体重を示す。そのほかに、魚にかかる浮力もある。この上向きの力があるおかげで、体重の下向きの力が打ち消され、魚はひれを動かすだけで海の中を泳げるようになる。浮力の項（ρVg）は流体の密度（ρ）と、魚が押しのける水の体積（V）、重力加速度（g）の積だ。浮力が重力の影響をいくぶん和らげてくれることは、夏休みに水泳プールや海でのんびり浮かんでいるときに実感する。いったん陸地に上がれば、ρVgはすっかり消えてしまう。比較的薄い大気のなかでは、動物にかかる浮力は当てにできない。残ったのは、重力の下向きの力mg、陸上で移動しようともがく哀れな生き物の体重だ。ρVgの助けがなくなったいま、自力で地面を移動しなければならない。

これまでの生息環境とは異なる法則群が働く環境への移行ほど、困難なものはない。ここで難題に突き当たる。生命は二つの環境の物理条件にどのように対応して、異なる進化の道すじをたどっていったのか。どうすれば移行できるのだろうか？

その答えは小さな変異にあるとも、劇的な変化にあるとも考えられる。進化発生生物学の研究で、モジュール式の生命のデザイン（四肢などの生物の部位全体が、一個または数個の遺伝単位の変化を利用して変わりうるというデザイン）は、大きく異なる環境への移行に十分適していることが示されている。

研究者たちは魚類が初期の四肢動物にどのように移行したかを探るために、驚くべき実験をした。四肢の発生を制御するホメオボックス遺伝子は、そのスイッチのオンとオフの時期を指示する一組の調節遺伝子によって制御されている。これらの制御領域にはＤＮＡ鎖があり、発達中の胚で付属肢の発生に影響を及ぼすホルモンの生産を巧みに制御している。研究者たちは *CsB* 遺伝子などの特定の遺伝子をゼブラフィッシュからマウスへ移植して、四肢の発生を進められることを発見した。[17] さらに、その遺伝子は自脚（四肢において指を生み出す部分で、陸上を歩くために脚に欠かせない）における遺伝子のさらなる発現を制御することも見いだした。逆の実験では、マウスのエンハンサーを魚に移植して、ひれの発生を進めることもできる。

ちょっと気味が悪いにしても、こうした見事な実験から、ひれや四肢を制御する遺伝子は類似していて、その起源はきわめて古いことがわかる。進化の歴史の奥深くで、動物の付属肢の発生で全体的な構造を制御するように進化した基本的な遺伝子が、ひれや脚といった四肢の発生を制御し続けているということだ。

ここで読者から驚きの声が聞こえてきてもおかしくない。初期の動物は、ひれを制御する遺伝子が、陸地を歩くための四肢の形成にやがて必要になると、どのように知ったのか？　生まれた環境とはまったく異なる物理的環境に進出する際にいつか活用される遺伝暗号の用途の広さは、初期の動物にどのように組み込まれたのだろうか？　「内在性」と呼ばれることもあるこの性質は、進化がまだ見ぬ困難を見越して備えていたように見えて興味深い。さらに大きな意図が存在するのではないかと、図らずも考えてしまう人がいるのではないか。

ひれを四肢に変えた芸当は見事だと思ってしまうだろうが、あまり感嘆しすぎてもよくないかもしれない。海にすんでいた生き物に、何百万倍もの重力がかかる中性子星の表面で生きるように求めている わけではないのだ。海から陸への移行で要求されている物理条件はそれほど極端ではない。多細胞生物を構成しているモジュールにとって不利でない環境だとすれば（極端に暑くも寒くもなく、酸性が強くもないなど）、動物を構成している基本要素は多くの環境で優勢な法則に合うように変化できる。水中から陸上への移行では、ひれをつくるように進化した遺伝子は、骨を明確な指に分け、力の数式に含まれている浮力の項ρVgが無意味になった環境に耐えるために指を太くするように求められている。この移行に困難が伴うことは確かだ。しかし、まったく異質な環境に移るわけではない。数式で一つの項が取り除かれて、生物の体重（mg）が際立つようになるものの、それは進化の始まりから存在していたものだ。

魚がいったん上陸すると、骨と筋肉が強くなった子孫はより効率的に地上を移動できるようになり、体を引きずるようにして、食物や日中の日差しから逃れられる場所を見つけに行けるようになった。

魚が泳ぐことから歩くことへの移行を成し遂げた過程については、依然としていくらかの議論がある。現代でもトビハゼや干潟にすむ生き物のなかには、その中間の移動様式が見られる。たとえば、魚は尾びれを地面に強く打ちつけることで、体を横向きにして、ぎこちなく空中に跳びはねることができる。もう少し優美な方法としては、腹部を下向きにしたふだんの状態で、尾びれを使って前方へ跳びはねる魚もいる[18]。この方法だと、少なくとも向かう方向が見えるし、目が付いている側で着地することもない。一方、フサアンコウ属の魚のなかには、まるで陸上動物のように海底を歩くものもいる。この芸当を見れば、魚は上陸する前にすでに歩く方法を身につけていたと考えることもできそうだ。

つまるところ、根本的な身体変化として必要だったのは、ひれから四肢への移行であり、その四肢は重力に逆らって動物の体を持ち上げられ、かつ歩行できる柔軟性を備えているという条件を満たしていなければならない。いったん生物が原始的な四肢で陸上を移動できるようになると、ここからの動物の大きさの変化は、持ち上げなければならない体重（mg）を決める生物の質量と、それを支える骨の太さおよび筋肉の力のあいだの単純なスケーリングとなる。これが、トムソンが詳細に観察したスケーリング則だ。

とはいえ、動物の歴史では、陸上に進出した数々の脊椎動物のなかで、人類につながるのは一つの系統だけである[19]。進化を詳しく見ていくと、水中から陸上への移行はありふれた出来事ではないことがわかる。海洋生物の初期の進化では、陸上に移行できる能力はもともと備わっていなかった。水中と陸上の環境に働いている法則は大きく異なり、淘汰圧も非常に大きいので、この移行には乗り越えなければならない壁がいくつかあったと考えられる。

動物の異なる環境への移行が物理的制約によって妨げられるという考え方は、根拠のない憶測などではない。地球上だけを見ても、ニュージーランドのロトルアで煮えたぎる火山性の湖から、スペインのティント川という酸性の川まで、動物がすめない環境はいくつもある。こうした場所で数を増やせるのは、微生物だけだ。この事実は、動物が進化できないほど極端な物理条件が存在することを示している。進化の内在性は目を見張る性質だが、決して制約がないわけではない。

水中生活から脱却する際に突き当たる難題は、陸上での移動を定義する数式から浮力の項がなくなるという物理的変化に対処するだけではない。歩行が困難だということ以外にも、問題はある。照りつける日差しの下で、陸上に現われた新参者のうろこに覆われた体から、水分が容赦なく蒸発してしまうのだ。液体の水を水蒸気に変えるために必要なエネルギーである蒸発潜熱は一キログラム当たり二二五七キロジュールと、ほかの多くの液体よりも一〇倍ほど高い。とはいえ、太陽のエネルギーは水分を蒸発させてあまりあるほど大きい。夏に泳いだあと、太陽の下にいると体がどんどん乾いていった経験がある読者もいるだろう。水を飲まないと、脱水症状に陥ってしまう。豊かな水に守られた環境を離れようと決めた生き物が、体の乾燥を防ぐために豊富な水のそばにとどまらなければならないというのは、皮肉なパラドックスだ。物理法則の影響はほかにもある。体の表面から水分が蒸発すると、エネルギーが奪われ、体が冷えてしまうのだ。体温が下がりすぎて動けなくならないよう、気をつける必要も出てくる。

日差しが容赦なく照りつける地獄のような環境で、生き物はバランスを取らなければならない。体を温めるためには太陽が必要だが、水分を失うと脱水症状に陥る。水分の喪失を遅らせるような、厚くて乾燥しにくい皮膚を発達させなければならない。こうした革新的な変化は、皮膚細胞の発生を制御する遺伝子モジュールを変えることで可能になる。それまでの整然として予測可能な三次元の水中世界とはまるで異なる環境をくまなく移動しようとするなかで、初期の四肢動物は奇妙な初体験の数々に直面する。

かつて広大な水中世界でぼやけた点のような存在だった動物は今や、空で輝く恒星を目にして戸惑いながら、紫外線を浴びている。沿岸海域の暗い水中には届かなかった短い波長の光だ。その目に入る決して逃れられない光は、次の数式で冷酷に表わされる。

$$E = hc / \lambda$$

この数式が記述するのは光のエネルギーだ。生命は陸上に進出したことで、光の影響をかつてなく受けるようになった。光のエネルギー（E）はプランク定数（h）と光速（c）の積を光の波長（λ）で割って求められる。この数式から、紫外線のように波長が短い光は、波長が長い光よりもエネルギーが高いことがわかる。今や紫外線が魚の体の表面にエネルギーを与え、あなたや私におなじみの日焼けのほか、がんといった、放射線によるダメージをもたらすようになったのだ。

放射線がもたらすダメージというものは厳格な物理法則である。短い波長の光は長い波長の光よりもエネルギーが高く、分子に及ぼしうるダメージも大きい。この理屈は陸上生活に不慣れな新参者だけでなく、宇宙全体のあらゆる生物に当てはまる。紫外線が強い陸上に進出するなかで、動物はみずからの身を守る色素を増やすように変異することがある。いち早く陸上にすんだ生物がどのような色素をもっていたのかは不明だが、メラニンのような化学物質が利用された可能性はある。人間の皮膚にも含まれているこの色素は、動物だけでなく菌類にいたるまで、多様な生物で放射線によるダメージを和らげる役目を果たしている。日焼けの肌や、アフリカやアジアなど、日差しが強い地域に暮らす人々の生まれつき褐色の肌は、メラニンの黒っぽい色によるものだ。炭素の環や鎖が複雑に連なったメラニンの化学構造はおそらく、チロシンなどのアミノ酸の過剰な合成によって早くから発達したものだろう。この経路はタンパク質自体の形成ほど古くからある。ここでもまた、既存の遺伝子構造が変化した証拠が見られる。古い生化学的な経路が新しい役割を与えられ、新しい環境での困難に対処する。しかし、その環境は著しく異なるわけではなく、物理法則に支配されている点は変わらない。

紫外線を遮る化合物の起源がどこにあるにしろ、その化学構造や色がどんなものであるにしろ、それらすべては進化のなかで、$E = hc/\lambda$ が表わす単純な関係に操られている[20]。意外なことではないが、そうした化合物は起源にかかわらず、いくつか共通の性質をもっている。ほとんどは炭素原子の長鎖か環構造をもち、紫外線の波長域を吸収する。これは炭素結合で定められた化学構造で、最も効率的に紫外線を吸収でき、非局在化電子をもっている。これは化学物質のレベルで見られる収斂進化であり、究極的には環境で大型動物が放射線にさらされることによって生じる。

陸上生活にうまく適応するために、ゼロから何かをつくる必要はない。紫外線を遮る化合物はもともと備わっていた生化学的特徴からできた。多くの海洋生物はある程度の紫外線にさらされているものだ。遮るものが何もない海では水中の深くまで紫外線が届き、深海にすむ海洋生物を除いて、多くの海洋生物はある程度の紫外線を浴びている。陸上で働いているさまざまな物理法則は海にも存在する。たいてい法則の規模や一部の構成要素が変わるだけだ。

初めて直面したように思える問題であっても、とっぴなものとは限らない。乾燥を防ぐ皮膚は陸上で初めて生まれたように思えるが、じつはそうでもなく、魚も内臓が海に流れ出ないように防ぐ皮膚をもっている。魚の内臓と外の世界のあいだに堅固な障壁をつくる淘汰圧はもともと存在していた。陸地の乾燥した環境ではその障壁を強めればよい。

上陸したあとも、生物のモジュールによる適応能力が引き続き刺激的な手法での進化を約束してくれる。フロリダ大学の研究チームがニシキヘビの胚で遺伝子の発現を追跡する実験を行なったところ、四肢をつくるホメオボックス遺伝子がこのヘビのDNAに依然として残っていることがわかった[21]。ニシキヘビでは、ソニック・ヘッジホッグ（SHH〔ゲームのキャラクターから名づけられたものだが、生物学者が遺伝子を命名するセンスというのはかなり変だ〕）と呼ばれる四肢のエンハンサーの生成が生まれつき抑制されることで、四肢が形成されないようになっている。遺伝子の発現をこのように比較的単純に変化させることで、四肢動物からヘビが生まれ、四肢にじゃまされることなく、体をくねらせながら草むらを這い回り、木に登り、砂地や土の上を移動できるようになった。四肢をもつヘビの化石が発見されていることも、生物に潜んだホメオボックス遺伝子で説明できそうだ。とっくの昔に絶滅したこのヘビはおそらく、現在では休眠状態にあるこの能力を発現させただけで四肢を獲得したのだろう。

クジラのホメオボックス遺伝子を調べれば、陸から海へ戻るという、驚くべき移行の秘密を部分的に解き明かせるはずだ[22]。このライフスタイルの変化では、浮力の項ρVgが復活して暮らしに影響し始めるため、四肢から再びひれを形成しなければならない。

異なる環境へ移動すると、そこで働いている一組の法則が束になって生活構造の変革を迫ってくる。生物がいかにわずかな基本デザインの調整だけでそうした移行を成し遂げてきたかが、進化発生生物学の研究を通じて明らかになってきた。この仕組みのおかげで新天地に進出することができたのだ。とはいえ、それらの環境は、物理的な性質は異なるものの、全体としてみればそれほどかけ離れたものではなく、この小さな惑星を特徴づける同じ重力や大気、海を共有している。

チャールズ・ダーウィンは著書『自然淘汰による種の起源——生存闘争における有利な品種の保存』(このヴィクトリア朝風の大げさな正式書名を引用しないのは、この書物にとって不公平だ)を、このような見解で締めくくっている[23]。

> 生命はそのあまたの力とともに、最初わずかのものあるいはただ一個のものに、吹きこまれたとするこの見かた、そして、この惑星が確固たる重力法則に従って回転するあいだに、かくも単純な発端からきわめて美しくきわめて驚嘆すべき無限の形態が生じ、いまも生じつつあるというこの見かたのなかには、壮大なものがある。——八杉龍一訳『種の起原』(岩波文庫)より

ここでダーウィンは二つの重要な推論を示している。一つは、地球が重力の法則という一つの法則をもって始まり、この単純な発端からより複雑なものへ移り変わっていったとする明快な見方だ。おそら

くダーウィンにその意図はなかっただろうが、物理学と生物学を暗に隔てる遺産として残っている。

二つ目は、単純な発端から「無限の形態」が生じたとする見解で、これもまた物理学から暗に離れるものだ。この見解はあら探しがしやすい。ダーウィンはときどき文学的な表現で文章を飾り立てることがある（優れた書き手であるということだが）。そしてある意味でダーウィンは正しい。細部を見れば、無限の形態が生じる可能性はある。チョウの翅だけを見ても、鱗粉の一つひとつが異なる陰影や色合いをもち、微妙に異なるタペストリーを織りなす可能性はあり、色の組み合わせはおそらく無限になりうる。

しかし、ダーウィンと私で見解が異なるのは、彼の結論のおおまかな趣旨だ。重力の法則のような平凡で単純なものから世界が始まり、怒濤のごとく無限の形態の生物が生まれたという考え方は芸術としては魅力的なのだが、科学的には混乱を招きかねない。ダーウィンが根本的な物理法則として重力を選んだのは皮肉だ。重力は動物の大きさのスケーリングから樹木の構造まで、大きなスケールで生命の形成に多大な役割を果たす法則であり、生命がまさに始まった瞬間から現在にいたるまでしつこく進化につきまとい、その形に決して消えない痕跡を残してきた。それは、生物が海から這い出て陸地を制覇するなかでその特徴の変化をつかさどり、地球上の生命が決して無限ではなく制約に縛られることを決定づける法則である。

物理法則は引き続き生物を形づくってゆく。細部は無限だが、形態は制限される。

第5章　生命の袋

あまりにも大きな数を目にしたとき、それを頭の中で理解できないことがある。エディンバラのブランツフィールドにある私の家の外で三匹のプードルがキャンキャン鳴いていると書けば、毛がふわふわの騒々しい生き物が、玉砂利の上で地面のにおいを嗅ぎながらよちよち歩いている姿をすぐに思い浮かべられるだろう。しかし、あなたの体に三兆七〇〇〇億個の細胞があると言われたら、[1]その数はぼんやりとしか想像できず、意味のない数字でしかない。ものすごい量というだけで、それだけの数が集まった状態を思い浮かべられないのだ。

しかし、生命体は何からできていて、どのような単位で構成されているかと問いかければ、こうした世界に足を踏み入れることになる。一匹のテントウムシやモグラ、アリの世界から、細胞が支配する世界に入る。それは家にとってのれんがであり、生命の階層でその構造に秩序を見いだせる一段下のレベルにあるものだ。このレベルでも、かつてきわめて複雑だと思われていた世界が、理解しやすい物理的原理にその秘密をさらけ出した証拠が見られる。それを数式で表わすことによって、細胞の世界が予測しやすくなり、偶発性の役割がかすんでゆく。

一六六〇年代にイギリスのロバート・フックが乾いたコルクを顕微鏡で観察したとき、どんな光景が見られると期待していたのか、今となっては知りようがない。レンズをのぞき込んだフックは、いくつもの穴がびっしりと並び、何列もの規則的な構造を形成している姿を目にした。それはまるで、修道院の小さな部屋のようだった。まさにその光景が彼の頭に浮かんだのだろう。フックは目の当たりにしたその小さな穴を、英語で cell（細胞）と呼んだ。その語源となったラテン語の cella は、小部屋という意味である。フックはこれらの構造の重要性には思いがいたらなかったものの、一六六五年に出版された著書『ミクログラフィア』に有名なノミの図とともに、細胞の図版を掲載した。[2]とはいえ当時、その重要性に気づいた者は誰もいなかった。

その頃、顕微鏡で生命を観察していたのはフックだけでない。北海を渡ったオランダにもアントニ・ファン・レーウェンフックという好奇心旺盛な科学者がいた。商人をしていた彼はガラスのビーズから携帯型の顕微鏡を製作し、池の水から歯石までさまざまなものにそのレンズを向けて、好奇心を満たしていた。それまで誰も見たことがなかったそのミクロコスモスに彼が発見したのは、「極微動物」と呼ばれた生き物で、その多くは動いているように見えた。[3]ファン・レーウェンフックはまた、そうした生き物を殺す方法まで調べた。酢にさらすことによって、動きを止めたのである。彼はその発見を記録して、イギリスの王立協会に何通もの書簡として送った。フックの発見の場合と同じく、ファン・レーウェンフックの観察結果の重要性を理解するには創造的な思考が必要だった。多くの人にとって、微小な生き物たちは生物の小宇宙が存在することの証拠であることは明らかだったものの、そうした思いつきの空想や驚嘆のほかに表明できることはほとんどなかったのだ。

細胞の世界の重要性が認識されるようになったのは、それから二世紀もあとのことだ。そのときようやく、フックが観察した小さな穴や、ファン・レーウェンフックが記録した微小な生物が小さな「生命の袋」、つまり構造の単位から形成されているという同じ現象の表われであることが理解された。フックが観察したのは乾燥して空になったコルクの内部の輪郭だったが、ファン・レーウェンフックは生きた生物を個別に観察した。このオランダ人の観察結果はきわめて重要で、彼が微生物を観察して以降、ロベルト・コッホやルイ・パスツールの研究をはじめとする数々の研究から、微生物が病気の原因であり、またビールやワインを醸造するミクロの工場であることが明らかになった。

生命の世界の観察がさらに進むと、このミクロの領域が表舞台に登場することになる。一八三九年、テオドール・シュワンとマティアス・ヤーコプ・シュライデンという二人のドイツ人科学者が「細胞説」を唱えた。それまで互いに異質なものとされていた複数の観察結果をまとめたエレガントな説だ。すべての生物は一つ以上の細胞からなり、細胞はすべての生物を構成する基本単位で、生物のあらゆる機能の源であり、何らかの繁殖方法によって既存の細胞から生じるというものである。ただし、こうした推論全体を成り立たせるメカニズムはまだ実証されていなかったため、当時としては過激な説だったが、現代ではごく当たり前の考え方となっている。私たちはあとから振り返って、こうした観察結果を細胞説だと言っているが、生命は細胞からなるという事実を観察しているにすぎないのだろう。細胞説は生物学で受け入れられている事実でしかない。細胞生物学という分野全体を下支えする観察結果だ。

それからおよそ一五〇年もの研究のおかげで、この最も基本的な生命の単位をつかさどる原理が明らかになった。私たちはそこに働く物理的・生物学的な原理、そして進化の歴史で偶発的な出来事が物をいう場面がどこなのかを理解している。

とはいえまず、理由を知ったほうがいいだろう。フックやファン・レーウェンフック、そして彼らに続いて微小な世界を旅した人々を魅了した、不思議な生命のパッケージがどうやって形成されるのだろうか。一つの単純な原因として、「希釈」と呼ばれる基本的な物理的原理がある。浴槽にためた水に入浴剤を入れると、その分子が水と交じり合って分散し、入浴剤のもともとの色が消えてゆく。初期の地球でもこれと同じように、分子が海や川に広く希釈されたのだろう。散らばった分子が岩石の内部のようにきわめて特殊な場所に密閉されると、ほかの分子と反応してより複雑な化学機構を形成する。そうした自己複製が可能な初期の機構が最終的に小さな入れ物の中に入り、凝集した状態を保っているだけでなく、その世界で思いのままに振る舞えるようになった。分子のケージを備えたことで、海など、希釈されやすい過酷な環境にも進出することができた。

簡単にいえば、細胞とは希釈に対処する解決策であり、もともと分散されやすい傾向をもつ豊かな水中世界に生命が進出できるようにした新機軸だ。このような区画化の普遍性は生命の明確な特徴であり、繁殖と進化とともにあらゆる生命体の基礎とされる。

もちろん細胞だけで、生物圏で起きていること全体を表わせるわけではない。地球上には、細胞構造をもたない生物学的な実体もある。たとえば、ウイルスはタンパク質の殻に覆われた感染性の核酸をもつ微小な構造体で、人間で風邪などの病気を引き起こすほか、微生物にも損傷を与える[4]。とはいえ、生物圏を荒らす小さなごろつきたちも、増殖するためには水で満たされた細胞という宿主が必要だ。ウイルスは細胞生物がいなければ増殖できないことから、生物に含めるべきか、それとも「粒子」や「実体」といった味気ない言葉で呼ぶべきかという議論もある。一方で、プリオンという存在もある。これは誤った構造に折り畳まれた異常なタンパク質で、ほかのタンパク質に異常な折り畳み構造を連鎖反応のように伝播し、それが牛海綿状脳症（いわゆる狂牛病）などの恐ろしい感染症につながる。プリオンもウイルスのように細胞生物を大混乱に陥れるが、それ自身は細胞をもっていない。細胞がなければ何もできず、ただの異常なタンパク質でしかない。少なくとも私たちの世界では、細胞をもつことが生物の特徴の一つだというのは、避けられない見方になりそうだ。

細胞が生命の現象で中心的な役割を果たしていることは、単純な思考実験を通じて容易に理解できる。ここで、有機物の破片などをたっぷり含んだ庭の池を想像してみよう。たまたま風に乗って池に吹かれてきた物質が、ほかの要素と相まって代謝作用を発達させた。池に含まれていた物質が分解して、エネルギーを放出し始める。さらに驚くのは、この池の中で核酸（ＤＮＡ）が情報の複製システムへと進化したことだ！　誰かの家の打ち捨てられた裏庭で、細胞の原型のようなものが生まれた！　この庭の池が大きな可能性を秘めているにもかかわらず、それはこの地面のくぼみの中に閉じ込められたままで、どこにも行かない。複製する可能性も、新たなエネルギー資源や栄養分を求めて移動する可能性もない。「細胞」は身動きがとれない。

庭の池で行き場をなくした「細胞」は、海岸に転がった岩石の隙間や熱水噴出孔の謎めいた穴など、物理的な空間に閉じ込められた複雑な生化学反応の比喩だ。初期の細胞にたまたま閉じ込められた生化学反応は、池から解き放たれ、地球規模で分布範囲を広げ始めた。この出来事が起きると、複製する分子は否が応でも豊富に存在するようになり、地球上のさまざまな環境にさらされる。そうした環境の作用に促されて、分子はさらに種類を増やし、さらに多くの生命が生まれる。細胞をもつことで、凝集された機構が生まれただけでなく、進化において多種多様な淘汰が起こりうるようになった。その意味で、細胞と進化は切っても切れない関係にある。

ここでどうしても尋ねたくなるのは、最初の細胞がどのように生まれたかという問いだ。分子が集まる小さなケージから、自己複製できる機構がどうやって形成されたのだろうか？　それは生命の歴史において一つの偶発的な出来事だったのか、それとも物理的に避けられないようなものだったのか？　この問いに答えるには、そのケージが何からどのように形成されたかを知る必要がある。

それぞれの細胞の縁とその周辺を見てみよう。自己複製できる地球上のあらゆる生命体には膜がある。それは内容物すべてを収める袋の役割を果たしている。この膜は単なるシート状の化合物ではなく、ちっぽけな買い物袋のようなものだ。膜を構成している分子は驚くべき性質をもち、美しい単純性を備えている。

その膜の内部に収まっているのが、頭と尻尾をもった分子だ。二つの異なる部分をもっていることが、細胞の巧みな化学的能力の秘密である。尻尾は炭素原子が互いに連なった長鎖で、それらの炭素原子は水に溶けない「疎水性」という性質をもっている。親水性になる電荷をもっておらず、油が水と混じり合わないのと同じで、水の浸入をしっかり防いでいる。これらの尻尾についている頭は性質が異なり、リン脂質と呼ばれる電荷をもった物質でできている。これは膜に豊富に含まれる分子の一つで、リン原子に負の電荷をもった酸素原子がいくつか結合したものだ。この頭は親水性で、水に溶けやすい。つまり、一つの分子の一端が疎水性でもう一端が親水性という、両極端の性質を併せもっていることになる。いったいこの分子の役割は何だろうか？

この分子を水に加えると、驚くべき現象が起きる。異なる分子の尻尾どうしが向かい合わせになり、頭が水のほうを向くのだ。これらの分子がつくる二層構造は自発的に形成され、中央でひしめき合った尻尾がその性質どおり水を避ける一方で、水のほうへ向いた頭は水に対するその親和性を発揮する。

この脂質の膜にはほかにも目を見張る特徴がある。無限に続くシートを形成して水の中を漂うのではなく、雨粒が球を形成してエネルギー、つまり表面張力を最小限に抑えるように、この脂質の層もカーブをつくって球を形成するのだ。膜は外から何らかの刺激を受けたわけではなく自然に球になり、内部に液体を閉じ込めた。こうして、細胞の一つの区画が現われた。脂質の配列、そして脂質が球を形成しやすい性質の裏には、分子間に働くイオン相互作用という物理的原理と、エネルギーを最小限に抑える傾向があり、それが長い分子の鎖を細胞の袋へと導いたのだ。

およそ四〇億年前、このように自発的に形成された微小な球が、複製できる分子を閉じ込めた。小部屋の中に落ち着いたことで、こうした分子の反応による生成物が凝集される。生成物は初期の細胞の中に蓄積され、やがて多様な反応ができる濃度に達する。ゆっくりと、そして着実に、現代の細胞に見られる代謝の複雑性が認められるようになった。こうしたいわゆる原始細胞にいち早く閉じ込められた分子としては、DNAと同類の分子であるリボ核酸（RNA）の活性型が考えられる。遺伝暗号の先駆けだ。[5]

ひとたび細胞が誕生すると、庭の池の中で個々に漂っている遺伝情報の断片だけでなく、初期の「生命の袋」に対しても、進化が作用し始めた。今や細胞自身は、環境条件によって進化が促される対象の単位となった。

しかし、こう言う読者もいるだろう。これって憶測でしかないのでは？

一九八〇年代に、カリフォルニア大学サンタクルーズ校のデイヴィッド・ディーマーが、太古の隕石から抽出した単純な化学物質から膜が形成されるかどうかを研究し始めた。[6] 細胞構造の形成（希釈という物理的な問題に対する解決策）は偶然の出来事なのか、それとも、物理的に避けられない現象でもあったのか？　ディーマーが実験対象として選んだのは、隕石だ。宇宙から長旅の末に地球の大気圏に突入し、閃光を放って大空を横切り、地上に落下した岩石である。そうした岩石は太陽系で最も原始的な物質を含んでいることもある。その一つが、「炭素質コンドライト」と呼ばれる黒い岩石で、炭素化合物を含んでいることが知られている。一九六九年にオーストラリアのヴィクトリア州に落下した「マーチソン隕石」がその一例だ。これは初期の太陽系で渦巻いていた物質からできた隕石で、タンパク質をつくる化学的な単位であるアミノ酸を含むことがわかっていて、生命の構成要素の起源を探りたい宇宙生物学者が長年大きな関心を寄せてきた。しかし、この隕石に眠っているお宝はほかにも数多くあった。

ディーマーが抽出したのは、カルボン酸という脂質に似た単純な分子だ。脂質と同様、電荷をもった頭部と疎水性の尻尾を備えているが、現代の細胞に含まれている脂質よりも単純で、概して鎖も短い。ディーマーが隕石からその分子を集め、水に加えたところ、分子は自然に集まって袋状の構造を形成した。

この実験から、膜が自然に形成されうること、その形は物理学的な予測や研究を行ないやすいことが明らかになった[7]。それだけでなく、細胞の区画をつくっている分子は炭素が豊富な岩石に含まれた形で太陽系に拡散された。初期の太陽の周りに凝集した渦巻くガスからできた太古の物質が、細胞をつくる分子そのものを形成したのだ。

太陽系に存在するガスやほかの物質が偶然できた混合物でないとすれば、どのような原始雲でも、細胞を構成する分子が形成されると期待できそうだ[8]。液体の水をなみなみとたたえて待ち受ける惑星の表面に、原始細胞の原料が届くのではないか。

ディーマーが実験した隕石中の炭素化合物以外にも、そうした分子が見つかる場所はある。分子をつくる手段はいくつもあることが実験でわかっている。生命が出現する前の地球でさえ、化学反応によって膜が形成された可能性はある。単純な有機化合物であるピルビン酸は熱や圧力を加えると、膜の原料をつくることがわかっている。[9]どうやら地球には、初期の細胞の原料が豊富に存在していたようだ。

こうした比較的単純かつ独創的な実験で細胞膜がどのように形成されうるかはわかったものの、初期の地球上のどこでそれが起きたのかは議論が続いている。[10]

深い海の底、プレートの拡大境界となっている海嶺には、熱水噴出孔がある。そこから噴き出す熱水には金属などの化学物質が豊富に含まれていて、冷たい海水と接すると、溶けていた成分が鉱物となって噴出孔の周囲に降り積もり、やがて煙突状の構造を形成する。熱水は数百℃にもなるが、高い圧力を受けているために依然として液体のままで、煙突の内部では熱水が鉱物にできた間隙や大きな穴から噴出して、極限環境での化学反応を進めている。

岩石中の間隙で化学物質の濃度が変化する状況を生かし、こうした環境で生命を形成する初期の化学反応が始まったと考える科学者もいる。[11]やがて、鉱物の豊富な表面で生じた最初の代謝作用が整うと、その代謝作用を閉じ込めた膜が表面からはがれて、広い世界へと旅立つ。

熱水噴出孔ではなく、潮の満ち干で一時的な水たまりや磯に新しい分子が流れ込み、海岸で生命が始まったと考える人もいる。ほかには、隕石などの衝突によってできた「衝突クレーター」のほうが生命の起源である可能性が高いとの見方もある。宇宙から落下してきた岩石が地上に激突して強烈な熱を発し、生命にとって理想的な暖かさと水の循環を生んだという説だ。[12]ダーウィンが「暖かい小さな池」と呼んだ、陸地の火山の麓にできた水たまりが生命の起源だった可能性もある。[13]

自己複製する最初の分子やそれを閉じ込めた細胞がどこか特別な場所で生まれたのか、それとも、この現象がさまざまな場所で起きたのかは、まだ解き明かされていない。しかし、ディーマーの実験から、化学反応の区画化から細胞構造が生まれる現象は、歴史の気まぐれで起きた偶発的な出来事ではなく、水を好む性質と嫌う性質を兼ね備えた[14]分子が地球のどこかで自然に集まった可能性がきわめて高いことを示唆している。

　袋状の膜にいくつかの分子が閉じ込められるだけでは、たいしたことは起きない。そうした細胞の登場とともに遺伝暗号が発達するにつれて、細胞を機能させる代謝経路が確立されたに違いない。細胞の区画の中で、生命の構成要素を生産する「生命の経路」が複雑さを増し、現在の典型的な細胞のように、多種多様な生命の構成要素を合成する、途方もない数の経路が生まれることとなった。細胞膜が整ったいま、こんな疑問が湧く。最初の代謝経路そのものは偶然の数奇な出来事として生まれたのか、それとも、ここにもまた予測可能な物理的原理が存在したのだろうか。

　インターネットで細胞の代謝経路の図解をざっと見てみると、化学反応による何百もの中間生成物や最終生成物をつなぐ、おびただしい数の曲線や直線を目にすることだろう。代謝経路では、タンパク質を構成するアミノ酸や複合糖質、遺伝暗号の構成要素、摂取した食物が分解されてできる各種の分子など、ありとあらゆるものが生成される。果たして、この入り組んだ経路は、膜で囲まれた細胞とは性質が異なるものだろうか？　多様な生成物どうしをつなぐ無数の線が絡み合ったこの迷宮に、歴史の気まぐれが起こした偶発的な出来事が力を発揮する余地はあるだろうか？

　この百花繚乱の複雑な世界には、驚くべきミニマリズムがある。ほかの数々の経路の起点となる基本的な物質を生成する「逆クエン酸回路」など、細胞で見つかる最も古い代謝経路のいくつかは、初期の地球にあったとみられる化合物を利用している。これらの経路の単純性や、それにかかわる化学物質、経路のエネルギー特性から、こうした反応も普遍的であるのではないかとの見方は多い[15]。この経路が幅広い種類の生物に存在することを考えれば、最初の細胞にたまたま組み込まれただけではなさそうだ。

入り組んだ代謝経路のほかの部分を調べた研究によって、普遍性の痕跡が残る経路がいくつか発見され、前述の結論がさらに重要性を帯びてきた。一例として、細胞内の糖の一種、グルコースを分解する「解糖」と、それとは逆にグルコースを生成する「糖新生」は、糖の生成と分解を行なう古くから変化の少ない経路であり、細胞の形成とエネルギーの収集に欠かせない。エディンバラ大学の研究チームは、ほかに考えられる何千もの分子や経路を検証して、生物の体内で実際に利用されている経路が、あらゆる選択肢のなかで最多の化合物を生成することを示した[16]。

これらの研究が物語るのは、地球上で最初期の細胞に生じた代謝の変化が単なる偶然ではないということだ[17]。細胞内に含まれた情報やその構造には祖先から受け継いだ特徴の痕跡が残っていることもあるだろうが、代謝の変化は物理法則によって生じたということを、研究は示している。こうした結論は、代謝経路が初期の生物に偶然生じたあと、まったく変わらなかったことを裏づけているわけではない[18]。実際にはそれとはまったく逆で、代謝経路はかなり柔軟性が高く、経路のなかには数種類の突然変異が起きただけで利用される化学物質が変わって、異なる経路に変化する可能性もある。生物が成長するために既存の経路の多くを阻害する制約を避けたい場合、おそらく経路は変化するだろう。

一方で、細胞内の多くの代謝作用は最適化されていて、そこには深い意味が隠されている[19]。地球以外の宇宙のどこかで生命が誕生したとすれば、地球の生命と同じか、あるいはきわめて類似したネットワークに行き着く可能性があること、そして、そうしたネットワークがどのようなものかを演繹的に予測できることが示唆される。

動物が誕生するまで三〇億年以上にもわたって、代謝経路を伴った単細胞の微生物だけが地球を支配していた。しかし、その外側では物理的なプロセスが徐々にではあるが、その不可避な力を発揮して生物の形態を形づくり、やがてモグラなどの複雑な生物を形成していくことになる。

微生物について誰かに話をすると、聞き手はあくびをかみ殺すしぐさを見せることもあるだろう。それはもっともなことで、微生物などたいして調べる価値はないと、よく知らないほとんどの人は考えるものだ。しかし、そのミクロの世界では、微生物は驚くほど多様な形を見せてくれる。世界には、球状、棒状、らせん状、繊維状、さらには豆や星の形、正方形をした微生物が存在するのだ。

最初の細胞が生まれた場所から外の世界へ旅立ったときにも、その形は法則によってつくられた[20]。物理法則に忠実に従うその姿は、のちにより複雑な動物も避けられない法則によって形成されることをいち早く知らせるものだ。生命を代表する新しい大使に環境がまず働かせる不可避の作用の一つに、細胞を小さく抑えることがあった[21]。ほとんどの細胞はどんな形であっても、サイズがきわめて小さい。それは今も変わらない。なぜだろうか？

細胞が微小なのには数多くの理由がある[22]。袋状の構造は大きくなると重力の影響を受けて崩れやすい[23]。小さければ小さいほど、細胞は重力を受けてもゆがみにくく、かつ内容物が沈殿しにくくなる。この観察結果から、重力の影響を見てとれる。

細胞が対処しなければならなかった難題はほかにもある。細胞も栄養分を摂取し、老廃物を排出する必要があるというのもその一つだ。球状の細胞を考えてみよう。細胞の半径をrとすると、その表面積は$4\pi r^2$で求められる。一方で体積は$\frac{4\pi r^3}{3}$となるから、半径が大きくなるに従って表面積は二乗の割合で増えるのに対し、体積は三乗の割合で増えることになる。細胞が大きくなるほど、表面積の増加率よりも体積の増加率が高くなる、つまり、細胞の単位体積当たりにすると、栄養分の摂取と老廃物の排出に使える表面積が小さくなるということだ。細胞が小さくなれば、単位体積当たりで、生命維持に欠かせない物質交換に使える表面積は大きくなる。表面積の問題に加え、細胞内部の拡散の問題もある。細胞が大きくなるほど、栄養分が細胞全体に浸透する、言い換えれば、細胞の隅々にまで行き渡る時間が長くなる。[24] だから、小さいままのほうがよい。

小さくとどまる理由はほかにもあるだろうが、主な利点を二つ挙げるとすれば、形が崩れないようにすることと、細胞壁を通じて効率的に物質を交換する手段を確保することとなる。これら二つの結果が生じた背景には単純な物理的原理がある。ここで出てくるのは、細胞がとりうる最小の大きさがどれくらいかという疑問だ。あまりにも小さすぎると、ＤＮＡや生存に不可欠なその他の機構が収まりきらなくなる。理論上の最小サイズはおよそ〇・二～〇・三ミクロンだ。[25] これは何らかの遺伝物質とそれに付随するタンパク質がちょうど収まる大きさで、数種類の代謝経路が入る余地もある。この推定値は自然界で見つかる最小の細菌にうまく当てはまる。その一つでペラギバクテル・ウビークウェとよばれる微小な細菌は、幅が〇・一二～〇・二〇ミクロン、長さがおよそ〇・九ミクロンしかない。[26]

小さいことは重要ではあるが、問題もいくつかある。栄養分が欠乏して、周りの栄養分をもっとたくさん取り込むために表面積を大きくしたいとしたら、どうすればよいか？　単に大きく成長するのも一案だが、先ほど触れたように、球の半径が大きくなるほど、体積に対する表面積の割合が小さくなるという問題が重くのしかかる。細胞にはこの問題を回避する手段が必要だ。そこで細胞は単に球を大きくするのではなく、本体を細長くすることにした。

半径が一ミクロンで、長さが五ミクロンの円筒状の微生物がいるとする。長さを一〇ミクロンにすると、体積に対する表面積の割合は二・四から二・二に下がり、八・三％の減少となる。一定の体積が利用できる表面積は、わずかに小さくなるということだ。ここで比較のために、長さ五ミクロンの円筒状の微生物と同じ表面積をもつ球状の微生物を考えてみよう。その半径が、長さ一〇ミクロンの微生物と同じ表面積になるまで大きくなったとすると、体積に対する表面積の割合は一・七三から一・二八に下がる。これは二六％の減少だ。大きくなった球状の微生物が任意の体積で利用できる表面積は、円筒状の微生物よりもはるかに小さくなり、体積に対する表面積の割合の下落幅も大きい。表面積を増やしたい場合、本体を球状に太らせるよりも、細長い円筒状になったほうがよいのだ。

これは単なる物理学の幻想などではない。実験室や自然界で微生物を研究すると、栄養不足に陥った微生物が繊維状になる行動をよく目にする。この形態を変化させる行動は基礎的な数学で説明できる。物理法則が細長い微生物をつくったということだ。

ただし、これは微生物が大きく成長できないと言っているわけでも、微生物が必ず細長い形になると言っているわけでもない。小さいと言っても、あくまで相対的な話であり、人間からすればあらゆる微生物が小さく見えても、微生物の世界では大きいものもある[27]。ニザダイの腸にすむエプロピスキウム・フィシェルソニという大型細菌は幅が〇・六ミリと、肉眼で見えるほど大きい。細菌はできるだけ小さくなる必要があると、先ほどまで言っていたが、この小さな生き物はその話と完全に矛盾している。とはいえ、詳しく調べてみると、物理法則に反していないことがわかる。この細菌は消化された食物の栄養が豊富な腸内にすんでいて、たとえ体積に対する表面積の割合が低くても、細胞は栄養分を十分に取り込める。細胞膜全体にはひだがあり、有効な表面積をさらに大きく増やしている。これもまた、表面積の問題を回避する改良点だ。

進化で形づくられた形態のなかには、目を見張るものがある。曲線美が特徴の細菌もその一つだ。その形態になった理由は長年謎に包まれてきたが、どうやらその細菌は、物体の表面に付着してフィルムを形成でき、水が流れる環境でも流されないようだ。こうした微生物に働く物理的原理は、液体の挙動と、それが剪断応力（σ）を働かせる仕組みから導かれる。剪断応力が高いと、液体の流れで微生物は表面から引きはがされてしまう。その力を表わす剪断応力の数式は次のようなものだ。

$$\sigma = 6Q\mu/h^2w$$

剪断応力（σ）は流量（Q）と微生物の周りの液体の粘性（μ）、微生物が位置する水路の幅（w）、水路の高さ（h）から求められる。

ここでは栄養分の必要性ではなく、流体力学が生命と対峙し、顕微鏡のスケールで細胞の形や組織に影響を与えている[28]。

多様な環境が存在する惑星では、ほかの物理的な性質が流体の流れと同じくらい、あるいはそれよりも大きな影響を与えることもある。細菌にとっては水でさえもねばねばだが、それよりさらに粘性が高い液体の中にすむ細菌も多い。あなたの家の裏庭で干上がった池の有機質の泥や、動物の腸内といった流体の粘性がとりわけ高い環境では、微生物が川の中のようには自由に動けない場所がたくさんある。このような場所では、微生物はらせん状の形態をとってねばねばの世界を進むほうが動きやすそうだ[29]。ここでもまた、粘性の高い流体における粒子の挙動という単純な法則が幅を利かせている。

モグラやテントウムシと同じように、微生物界の単細胞生物も単純な物理法則によって限られた形態に収斂してゆく。その形態はもっと複雑な多細胞生物に比べれば絞り込みや区別が容易であり、最終的に行き着く形態は明確に予測可能である。

こうした形態について、ここまで触れてこなかった細部が一つある。それは、これらの微生物を構成する細胞膜の脂質がもともと柔軟だということだ。球形、あるいはひしゃげた不定形になりやすい。この問題を解決するため、生命はもう一つの重要な発明を成し遂げなければならなかった。それは、たいていの微生物の細胞膜を取り囲んでいる細胞壁だ。ペプチドグリカンと呼ばれる物質でできていて、糖とアミノ酸が金網のようにつながったものである。この細胞壁によって細胞がしっかりと形を保ち、さまざまな形態をとれるようになった。

これまで見てきた多様な形態から、細胞壁が生まれた過程をうまく説明できる。金網のような囲いができたことで、最初に現われた不定形の微生物が形を得た。形を一定に保てなくても、生きていくことはできるだろうが、環境の中を当てもなくさまようことになるだろう。細胞膜を硬くする物質を生成できる細胞は、突然変異や淘汰圧によって球状や繊維状、あるいは曲線を描いた形を得て、物体の表面への付着や栄養分の摂取、粘性の高い環境での移動を効率的に行なえるようになった。細胞壁は適応の一つと考えることができる。それによって生命は拡散や流体力学、粘性といった多様な物理的原理で形づくられ、生存や繁殖の可能性を最大限に高められるようになった。異なる微生物の形について、数式で物理的原理を表現して、その原理がさまざまな環境で異なる形の微生物の行動と成功の可能性にどのような影響を及ぼすかを数学モデルで示すことができる。

テントウムシなどのもっと大きな生物もそうだが、物理的原理は生物の中に表われる。一方で、進化はまた、突然変異を通じて生殖年齢に到達できる可能性も提供してくれる。物理的原理は生物が存在するうえで避けられない条件の一つであると同時に、生存の可能性を高める適応のレパートリーを広げる手段でもあるのだ。物理法則は発明を生む新たな余地をもたらしてくれる。[30] 細胞壁は異なる形態をとれる道を切り開き、それぞれの形が異なる原理を利用して生殖の可能性を高めた。

こうした多種多様な微生物の中に、偶然の出来事が作用した痕跡は認められるだろうか？[31] 進化を最初からやり直した場合に、地球上で見られるすべての形態が試されるかどうかを明言することはできない。大型細菌のエプロピスキウム・フィシェルソニは動物の腸内でしか生きられないが、動物は地質学的な時間スケールで最近になるまで地球に現われなかった。テントウムシやモグラの場合と同様、偶発性はさまざまな細部や修正の探究を可能にする。これによって、小さなスケールで生物に豊かな多様性がもたらされるのだ。しかし、形態の範囲は無限ではなく、現存している生物は何らかの基本的な物理法則に導かれているように見え、私たちに予測できる道を与えてくれる。地球の外の世界でも細胞は小さく、栄養分が欠乏したときには棒状あるいは繊維状に成長するのが問題を回避する主要な手段の一つになるだろうと予測できるのだ。大きい細胞が存在するとすれば、少なくとも栄養分を能動的に取り込むか、ひだを設けてできるだけ表面積を大きくする必要がある。

偶発性を見つけられるとすれば、細胞膜自体の構造だろう。生命が誕生して以来、おびただしい数の細胞が生まれてきた。そのなかでいくつもの形が表われ、多様な細胞膜の可能性が探究されてきた。

単純な膜の周りを細胞壁で取り囲むというのは、グラム陽性菌が選んだ方策だ。この名前の由来となったデンマークの細菌学者クリスチャン・グラムは、異なる種類の細菌を細胞膜の相違に従って染色する手法を発見した人物だ。この染色法によって顕微鏡での細菌の観察が容易になった。グラム陽性菌の一例としては、皮膚の感染症や食中毒を起こすことがあるブドウ球菌属という細菌のグループがある。

一方、グラム陰性菌はもっと複雑な細胞膜をもち、二層の細胞膜が細胞壁を挟む構造をしている。

二層の細胞膜をもつ細菌はありふれていて、よく知られたサルモネラ菌もその一つだ。科学者たちは長年、この奇妙な二重膜に大きな関心を寄せてきた。どうやってこの構造にたどり着いたのか？　一つの可能性として考えられるのは、細菌が地球を支配していた頃、まだ新しかった惑星で試行錯誤するなかで、一つの細菌が別の細菌に取り込まれたという説だ。相手を殺さずに丸のみすることによって、宿主となった細菌は取り込んだ細菌が生成するであろう栄養分を摂取できるメリットを得た。一方、取り込まれた細菌は安全なすみかを得たのに加え、宿主からほかの栄養分を得ることもあるだろう。取り込まれた側からすると、宿主の細胞膜に囲まれている状況は、自分の膜と飢えた宿主の細胞膜で二重に覆われていることと同じだ。こうして二重膜の細菌が生まれることとなった。[32]

このストーリーはすっきりしているものの、なかにはこの説を受け入れず、二重膜は抗生物質に対抗する巧みな防御機構だと考える人もいる。自然界では多くの細菌がこうした戦いのなかで化合物を生成しているし、資源をめぐる戦いでライバルを殺したり動けなくしたりすることはよくあると考えられている。[33]細胞膜を一層しかもっていないグラム陽性菌は防御が手薄で、概して抗生物質の影響を受けやすいことから、膜を二重にすれば抗生物質を寄せつけにくくなるという考え方は一理あるように思える。

膜脂質そのものでは、微生物の世界が目もくらむような多様性を見せてくれる。極限環境や土壌、海にすむ微生物の一群である古細菌（アーキア）では、膜脂質が細菌の細胞膜とは化学的に異なる。[34]なかには、脂質が膜の中央でつながっている古細菌もある。この位置でつながることで、膜がより堅固になり、高温にも強くなると考えられている。

細胞膜で見つかるタンパク質やそれに付着する糖、そして、細胞膜が物体の表面に固着したりほかの細胞とやり取りしたりする機能をくまなく見ていくときりがなく、取り留めもない話になってしまいそうだ。たとえば、細胞膜そのものは粘液や網状の糖の構造に覆われていることが多く、それが外界からの保護に役立っている。また、細胞膜は水分を保持して細菌の乾燥を防ぐ役割を果たすこともあり、灼熱の砂漠の岩場にすむ細菌にとって大切な存在となっている。単純な膜の内部や周辺では、生化学的な創意工夫や多様性が花開いているのだ。

この百花繚乱の世界を目の当たりにして、このように考えるのも一理あるのではないだろうか。細胞膜の外枠（細胞の構成要素を取り囲み、凝集させ、外界とのやり取りの経路となる壁）がいったん構築されると、細胞膜の細部で偶然が果たす役割がはるかに大きくなるのではないか、と。二重膜や、脂質と粘液層の連結など、数々の特徴が現われては、細胞構造の周囲で実験される。こうした特徴のなかには、物理的な必要条件だけに導かれたわけではなく、進化が偶然とった経路の結果として生じたものもあるだろう。

細胞壁でさえも、進化を通じた偶然の変化の産物であるかもしれない。細胞壁の成分は特定のアミノ酸と糖でなければならないのだろうか？　その成分が進化の過程で起きた単なる偶然の出来事の結果かどうかはわからない。細胞壁の材料として選ばれた化学物質が、たまたま防壁や硬い外被の役割をまず果たすことになっただけの可能性もある。そうした役割を得たあとに、生物の中で定着していった。このテーマについてはほかの可能性も考えられそうだ。

遠い宇宙のどこかにいるはずの生命を考えるとき、二重膜の生命体や細胞壁の構造が見られると、自信をもって予測できるだろうか？　そうした適応の多くの生化学的な起源について理解が進めば、一部の適応は必然的に起こりうる新機軸のように思えてくるのではないか。それ以外の適応は、特定の環境に適応するうえで役に立つ進化の気まぐれかもしれない。その気まぐれはいったん見いだされると、生物に必要な機能を果たす。ほかの惑星で進化を再び最初から実行したとしたら、細胞膜に付随した多くの特徴は生化学的な詳細においては異なるかもしれない。しかし、生命の基本構造としての細胞膜は、ほかの惑星でも見られるだろう。

こうした多くの微生物が数十億年にわたって地球を支配していた。しかしこの時代に、多くの細胞は地球上で個別に自分のなすべきことだけをやっていたわけではなかった。一つの細胞から排出された老廃物は、ほかの細胞の栄養分になる。食物の欠乏から天敵の回避まで、数え切れない種類の淘汰圧を受けるなかで、細胞どうしが協力し合って、多細胞の集合体を形成した。この見事な分業体制の好例が、異なる微生物の層からなる微生物マットだ。茶色やオレンジ色、緑色をした泥のような厚いマット状の構造をしていて、火山活動でできた煮えたぎる池の周囲に発達することが多い。これより規模は小さいが、古い建物の壁面にも緑色のフィルム状の微生物マットが見られることがある。

たいていフィルムの最上部にいるのは、光合成をする緑色の微生物だ。太陽光を取り込み、そのエネルギーを利用して二酸化炭素を糖に変える。この美味なる有機化合物はさらに下の層へと移動し、暗黒の地下世界で太陽の光や熱を避けるほかの微生物によって、ほかの化合物に変わる。こうして老廃物や栄養分は、それぞれの微生物が独自の役割をもつこの小さな世界で、ギブ・アンド・テイクのサイクルに取り込まれていく。

惑星の表層や内部の過酷な環境で生きようとするなかで生まれたこの協力関係から、都市のような微生物の群集が誕生した[35]。微生物と、動植物のマクロの世界を区別する人は少なくない。後者は「多細胞」の構造を形成している。とはいえ、微生物も単独で生きる個体はめったにおらず、ほかの単細胞生物と共生していることが多い。アリや鳥の場合と同じように、微生物が集まれば、自己組織化された複雑な行動が生まれ、そのパターンや動きが全体として秩序をもたらす。パターンや秩序がとりわけ顕著に表われるのが微生物だ[36]。物体の表面に集まり、動きを合わせて栄養分を探し求める姿は、さながらミクロのオオカミの群れのようである。単細胞生物の調和した行動は数式を利用して予測することができる[37]。こうした細胞の協力関係に、よくある物理的原理の作用が見られる。

細胞の協力関係は単なる偶然の出来事が定着したものではなく、一つの惑星にすむ多くの細胞にとって避けられない結果だ。それぞれの細胞が異なる栄養源やエネルギー源に頼るようになると、ある微生物の老廃物がほかの微生物に利用されるようになるのは自然な進展である。こうして一つの関係が生まれる。糖を食べる微生物にとって、光合成をする微生物がつくった糖と密接な関係を築くことは生存に有利になる。この貪欲な小さい細胞の生物量は、糖の不足した池に単独ですむよりも大きくなるだろう。監督者のような存在がいなくても、微生物どうしは集まり、さまざまな協力関係や相互作用をつくり出す。こうした種類の微生物をすべて一つの世界に置くだけで、それぞれの微生物が有利な条件を求めた結果として協力関係が生まれるのだ。この自己組織化は数式を用いてモデル化や予測、証明ができる。生物の進化が確立されたあらゆる惑星で、協力関係や集合体が――微生物マットでさえも――現われると期待される。

細胞の主要な特徴と、微生物どうしが協力する世界をもたらした相互作用は、必然的に生じたように見える。細胞の主要な生理機能も同じだ。微生物の細胞レベルでは、細胞膜やその分子の外被（細胞壁）に多様性が認められるものの、一つの存在としての細胞や、それを自己複製と代謝が可能な形に変えた生化学的な作用はおそらく普遍的で、物理法則に縛られたものだろう。

生命の細胞性の根底にある原理を探る旅を終える前に、最後にもう一つだけ問いを投げかけてみたい。これまでの問いよりさらに複雑で未知の部分や議論が多いが、物理的原理によって狭められてきたように見える生命の性質を探る問いだ。それは、微生物がどのようにして、動物や植物と呼ばれる複雑な多細胞の集合体になるとてつもない変化を遂げたのか、というものである。それは物理法則に促された必然的な変化だったのだろうか？

動物や植物を構成する細胞は、大半の微生物の細胞と大きく異なる。より大きな生物の細胞は「真核細胞」として集まっていることが多く、細胞核と呼ばれる細胞小器官にＤＮＡが収まっているのが大きな特徴だ。一方、これまで説明してきた細胞の大半は「原核細胞」で、細胞核をもっていない。

真核生物ドメインには、動物や植物のほかに、藻類などの単細胞生物も含まれる[38]。これは細胞の世界で起きた革命のようなものだ。真核細胞は原核細胞よりはるかにサイズが大きい傾向がある。真核細胞と大半の原核細胞のあいだで細胞核の次に大きな違いは、真核細胞がほかの細胞小器官をもっていることだ。その一つが、人間も含めた大半の真核細胞で発電所のような役割を果たすミトコンドリアである。ミトコンドリアは、あなたがランチで食べたサンドイッチに含まれる分子などの有機化合物と酸素を結合してエネルギーをつくる。

真核細胞は生命の歴史における奇妙な関係から生まれたものだ[39]。栄養分を摂取したい細菌にでものみ込まれたのか、細胞に取り込まれたほうの微生物がミトコンドリアになったのだろう。内部共生と呼ばれるこの関係は、取り込まれた細菌とその宿主が互いに何かを与え合うことで、興味深い協定を結んだ結果だ。取り込まれた細菌は栄養分と心地よい環境を得られ、宿主は新しい間借り人から提供される酸素を使って、エネルギーを生むための呼吸（好気呼吸、酸素呼吸）を効率化できる。一つの都市に発電所がいくつもあるようなもので、一つの細胞で何百個あるいは何千個ものミトコンドリアがエネルギーを生成することもある。まさにエネルギー革命だ。[40] この協力関係によって、限られたエネルギーしかない原核生物の制約から生命が解き放たれた。これに加え、真核細胞のゲノムサイズの増大とゲノムの複雑化によって、自然淘汰が作用できる生化学的なネットワークがさらに入り組んでいく。[41]

以上のように、動物の出現にいたるまでには、三つの特別な出来事が連続して起きなければならなかった。まず、大気中の酸素濃度が上昇して、酸素呼吸でエネルギーを生成する能力が生まれた。あなたや私も使っているエネルギー生産法だ。次に、内部共生の関係が生まれなければならない。細菌が細胞に取り込まれると、発電所の役割を果たすミトコンドリアの出現が可能になる。ミトコンドリアは新たなエネルギー源を生かすために、単一の大きな細胞内でエネルギーを生成する能力を高めていく。そして最後に、そうした細胞が寄り集まって一つの「マシン」とならなければならない。各種の臓器に分化すると同時に、一つにまとまって機能する何かを生み出すよう不可逆的な変化を遂げるのだ。

生物圏が原核生物だけの世界から発展していくうえで、謎めいた一連の偶発性が役立っているように見える。しかし、そうした出来事の奥深くに、ひとすじの必然性はなかったのだろうか?

物理的な原因は簡単に見つかる。酸素濃度の上昇は酸素呼吸の能力を解き放つために必要だった。酸素呼吸により、酸素のない環境でエネルギーを生成するより何倍も多くのエネルギーを生成できるようになった。酸素を利用する新たな動物たちはさらに多くのエネルギーと力をつくり出す。酸素濃度の上昇そのものは光合成の廃棄物が蓄積した結果だ。太陽のエネルギーを取り込み、水に含まれる電子を利用して光合成ができる微生物は、地球上である程度日が当たる水中の環境をすぐに利用できるようになった。[42] その結果として酸素を生成する。そうした能力を手に入れたことによって生じる物理的な必要性や、得られる利点はある。酸素濃度の上昇は、一つの惑星で利用可能な熱力学的に望ましいエネルギー生成反応を探る進化の必然的な結果だったと、もっともらしく考えることもできそうだ。

細胞をミトコンドリアで満たしてエネルギーを生成することは、まさに物理学だ。発電所をもっとたくさん寄せ集めることで単位体積当たりのエネルギー生成量を増やせば、細胞やより複雑な構造をつくるために投入できるエネルギーを増やすことができる。多くのミトコンドリアを収められるように進化した細胞は、さらに多くのエネルギーを成長や分裂に利用できる。この変化もまた必然であるように思えるかもしれない。内部共生の事例は地球の生命の歴史で数多く起きてきた[43]。

そうなると、異なる姿に成長する細胞どうしの協力関係はどうなのか。それぞれの細胞が特殊化し、実行する作業に特化した複雑性と効率性を生み出せるような協力関係だ。その効率性と見事な分業を、細胞の集合である生き物が生息環境で生き残るための生存競争と考えれば容易に理解できる。たとえば、変形菌（粘菌）と呼ばれる生き物はふだんはひっそりと暮らしているのだが、栄養分が必要になると、細胞が寄り集まり、いっせいに移動し始める[44]。その姿は鮮やかな黄色をした網の目であることが多く、血管のような構造をつくりながら、栄養分を探して森の地面を這い回る。真核生物の帝国の片隅に九〇〇種以上の変形菌が存在するということは、結束して生存確率を高める多細胞的な行動が生物圏で決してまれではないことを示している。単細胞の自律性を再び得られる可能性を捨てて、不可逆的に特定の役割を果たすように細胞を導いた出来事そのものはわかっていないが、結束や協力関係を促す圧力は現代でも生物圏全体で見られる[45]。細胞が資源や生息環境をめぐって競争するどの惑星でも、多細胞的な行動が独立した多細胞生物の出現に行き着く可能性は十分にある。物理的原理は原動力をもたらし、細胞構造やそれに付随する遺伝経路は手段を提供する。

簡単に言うと、多細胞性の出現、つまり動物や植物がつくる複雑な生物圏の出現は、単純な物理的原理にもとづいているということだ[46]。細胞が協力し合ってより多くのエネルギーを利用するようになった理由は理解できる。この現象は競争によって進んだのだろう。大型の動物はより優れた捕食者になる。狙われる獲物のほうも大きくなって捕食されにくくなるように進化した。生物の軍拡競争によって、マシンにさらなる効率化や、時には大型化が求められるようになった[47]。いったん動物が出現すると、多細胞生物に対する進化の実験できわめて豊かな多様性をもたらす未来が確実になった。

物理的原理が生物の階層のあらゆるレベルで形態を予測可能な構造に厳しく制約しているとの主張（本書でこれまで主に繰り広げてきた主張）と、進化による主要な変化は物理的原理がもたらした必然的な結果であるとの主張のあいだには、重要な違いが一つある。それは、後者の主張がまだテストされていないという点だ[48]。とはいえ、生命が単細胞の微生物から多細胞の複雑な生命に変化した理由と、生命がその経路をとれる（あるいはそう促される）物理的な利点や可能性とを区別することはできる。しかし今のところ、ここまで議論してきたすべての過程を一組の数式に落とし込むのは、かなりの難題だ。微生物から動物への移行を明確に記述する数式を書くのは、たとえばテントウムシの体温を一つの数式にまとめるよりもはるかに野心的な作業である。

この壮大な移行の必然性を考えると、ほかの惑星で生命の進化に十分な時間があるとすれば、生命は分子を包み込んだ脂質から始まって巨大な生物にいたるという同じ旅に出ると考えても、的外れな推測ではないかもしれない[49]。生命の形態がどの段階まで到達しようとも、その一部始終を操るのは、細胞の内部で働く物理的原理だろう。

第6章　生命の限界

ヴィクトリア時代の面影を色濃く残すイングランド北東部の美しい海辺の町、ウィットビーで、一人の訪問者がそよ風に吹かれながら桟橋に立ち、夏の観光客がビーチに落としたパンやポテトチップスのかけらをつつくカモメたちをじっと見ている。ここからたった数キロ先に、がたがたと不気味な音を立てながら地球の奥底へ一気に下る薄暗いエレベーターがあろうとは、夢にも思わないような風景だ。

この町に堂々と立つゴシック様式の修道院跡は、小説家のブラム・ストーカーがドラキュラの着想を得た場所である。車に飛び乗り、この町から北へ向かうと、そのうち左手に見えてくるのが、ブールビー鉱山だ[1]。塵にまみれた灰色の建物が茶色や白の岩塩に囲まれ、そのあいだを通る道を車両がせわしなく行き交う様子が、稼働中の鉱山であることを物語る。知らない者が見ると、何か得体の知れない施設に思えるかもしれない。処理工場と格納庫が入り混じった一画に、円筒形をした二本の灰色の巨塔がひときわ高くそびえる。そこで働く人々にとっての大聖堂のようにも思える二本の塔こそが、地上の世界と地下の迷宮をつなぐ縦坑への入り口だ。

この隠れた王国を訪れるためには、いくつか準備が必要だ。鮮やかなオレンジ色のつなぎに身を包み、万が一火事が起きたときのための呼吸装置のほか、ヘルメット、懐中電灯、そしてバックパックにはサンプル管や殺菌済みのシャベル、棒を詰め込んでいる。これは鉱物を掘る道具ではない。地球の地下深部で生命を探す微生物学者が選び抜いた道具だ。

整然と並んだ鉱山作業員たちに続き、科学者たちの小さな一団が一列になって、大きな金属のドアをいくつも通り過ぎ、縦坑の最上部へ向かう。そこで待っているのがエレベーターの昇降台だ。「縦坑で騒がないこと」「昇降台では年相応の振る舞いを」といった、縦坑の梁に書いてある注意書きが目に飛び込んでくる。作業員の健康や安全を管理する職員は抜かりがない。私たちは彼らの熱心さに感銘を受けた(私が見たなかで最高だったのは「安全とサイエンス、それは一心同体」だった)。

鉱山作業員と科学者が昇降台に身を寄せ合うように乗り込むと、ドアがぴしゃりと閉まる。大きな揺れとともに、昇降台が降下を始めた。坑内に新鮮な空気を送り込む換気装置の涼しいそよ風が、顔に当たる。最下部までの一〇分ほどは暗闇の中を進み、目に見えたものといえば、昇降台の側面に空いた小さな穴から暗い岩塩の壁が猛スピードで通り過ぎる光景だけだった。

地下一キロの最下部に到着すると、見慣れた人工照明に迎えられた。岩塩層に大きく口を開けた四角いトンネルを明るく照らし出している。岩塩は古生代のペルム紀に当たる二億六〇〇〇万年前に存在した海の名残だ。作業員たちはここで、自動化された採掘機を用いて岩塩を採掘している。岩塩は道路の凍結防止剤となってあなたや車を守ったり、肥料となってよりよい作物を育てたりするのに利用される。庶民の目に触れることのないこの地下空間で、地球の硬い岩盤に立ち向かい、私たちの文明の原動力となる鉱物や岩石を採掘する人類の生々しい現実が繰り広げられている。

そこからアリの巣のように広がっているのは、鉱山を運営するクリーヴランド・ポタッシュ社が一九七〇年代から掘削してきた総延長一〇〇〇キロを超えるトンネルだ。その直径はワゴン車を運転できる大きさで、北海の海底下に横たわる岩塩の豊かな層まで延びている。かつてこの地には、ツェヒシュタイン海と呼ばれる、ヨーロッパに匹敵する広さの太古の海があった。その姿を想像してみると、あまりの大きさに目を見張るだろう。単なる塩水の池ではない。広大な内水域であり、白く輝く水面が原始の地球の地平線に消えてゆく。三葉虫が海を支配し、蜥形（せきけい）類をはじめとする初期の四肢動物が陸地にいた時代。まだ恐竜が地球を支配する前の話だ。

鉱山作業員たちが採掘現場に向かうなか、私たち科学者は何本かのトンネルを通って、岩塩層の側面にあるドアの前にやって来た。まるで極悪人の巣窟に通じる入り口のようだが、じつはこのドアの奥にあるのは、二一世紀初めからダークマター（暗黒物質）探索の中心となっている実験室だ。ここ地下深部では、上を覆った厚さ一キロの岩盤が宇宙から降り注ぐ放射線を遮るので、そうした不要な粒子によるノイズを最小限に抑えながら、ダークマターの動かぬ証拠を探すことができる。

ここに来る理由はそれだけではない。地下深部には、微生物という地底の住人がいるのだ。まさに生物学界のダークマターである。樹木や爬虫類、鳥類といった地上にすむあらゆる生物についてはよく知られているが、地下の生物についてはあまり研究されてこなかった。しかし、ここ数十年のあいだで、地球の生物量のかなりの部分が地下に存在することに、生物学者たちは気づいた。地下世界で生きられる動物は数少ないが、黄泉の国のようなこの地下世界の割れ目や亀裂には、さまざまな形のエネルギー源が眠っており、微生物はそれを利用して活発に増殖することができる。

ブールビー鉱山では、微生物はくぼみにたまった水を天然のすみかにしていて、有機炭素や希少な鉄化合物をあちこちで取り込むことができる。鉱山には水を集めた小さな池があり、そこが恒常的な生息地となっている。あなたや私とは違い、こうした微生物は急いでどこかに行く必要がないし、守るべき締め切りもない。地下ではどこでもそうだが、生命はゆっくりと増殖する。世界には、数千年か、ひょっとしたらそれ以上の歳月に一度しか増殖しない微生物がすむ地下環境もある。これが生物界の低速レーンで繰り広げられている世界だ。SFに出てきそうなほどクリーンな環境を保ったブールビー地下研究施設[2]から、暗くほこりっぽいトンネルに入って水たまりを見つけ、殺菌済みのサンプル管に水を採取し、研究室に持ち帰ってDNAを抽出し、この暗黒の地下深部にどんな生き物がすんでいるかを突き止める。この場所のように過酷な環境では、塩分に耐性のある多様な微生物が生きている。「極限環境微生物」と呼ばれ、文字どおり極限を好む微生物だ。

こうした屈強な微生物を極限環境微生物と呼ぶのは人間中心の考え方でしかないと言われることもある。酸素の豊富な大気中で、有害なオキシダントにまみれて暮らしている人間を微生物が観察できたならば、私たち人間こそが「極限環境生物」だと考えるだろう。地下にはたいてい酸素がない。その環境こそが微生物にとって快適なすみかであり、極限環境ではないのだ。こうやって物事を逆から見るのは楽しいが、実際のところ意味はない。枝からぶら下がったサルや、樹冠で甲高い声を上げるインコ、そしてスプーン一杯の土壌に多種多様な微生物がすむ多雨林を歩いている人間について、地下の住人たちが意見を表明できるとするならば、その堕落した生活に失望を表明することだろう。地球上には、物理的・化学的な条件が生命を限界に追い込み、生命が生と死のはざまで揺れる極限環境が確かにある。そこでは動物は排除され、たとえ微生物であっても、進化で受け継いだ特徴や生化学的な成長手段をもつ数少ないものだけが、すみかを確保できる[3]。

ブールビーの地下で生きていけるのは、塩分を含んだ過酷な液体を取り込むことができ、ごく少量の炭素や栄養分で足りる微生物だけだ。ビーチでアイスクリームを片手に遊ぶ子どもたちや、夏の太陽の下で吠える犬たちの喧噪から車でわずか三〇分ほどの距離に、生命が限界に追い込まれた世界がある。水の量がわずかに減ったり、塩分濃度が高まったりしただけで、生命は消滅の危機に直面するのだ。地球という惑星における生物進化の実験は、なんと移ろいやすいものだろう。生命は無限の可能性をもっているわけでも、地球の資源から絶え間なくエネルギーを生成できるわけでもないし、物理法則に制約されない普遍的な現象があるわけでもない。生命は屈強であるとはいえ、その世界で多大な制約を受けた存在だ。動物園で飼われた動物のように、極限環境という柵に囲まれ、既知の宇宙全体で見つかるあらゆる物理条件のなかでごくわずかしかない生存領域に追い詰められて、がんじがらめにされている。

しかし、その境界とはどんなものだろうか？ そしてそれは、地球の生物に対する実験において不運な境界でしかないのだろうか？ 宇宙で進化の実験がほかにあるとすれば、生命は地球の極限環境微生物がひるむような物理的・化学的条件をもつ空間に果敢に挑み、想像もできないような新たな領域を切り開くのだろうか？

こうした疑問をふまえ、細胞をもつ生物がその構造（細胞やそれを組み立てている分子の形）だけでなく、支配できる生息環境にいかに縛られているかを考えたい。物理法則は生命の限界を定める。

ブールビー鉱山は相当な深さにあるが、地下一キロでも地球の表層部のなかではたいしたことはない。さらに深くなると、生命にとって第一の問題となるのが、十分な栄養分をとることだ。岩石の小さな孔や亀裂といった場所はおそらく地下空間全体の一〇〇万分の一ほどしかないだろうが、そうした微小な空間でさえも生命のすみかになる。微生物にとっての問題はすむ場所ではなく、エネルギー源だ。豊かな植生に覆われた生命あふれる地表に比べ、地下の生物は得られる栄養分が不足するものの、エネルギーを得ることは不可能ではない(4)。

さらに深部へ潜り、地下数キロになると、生命は新たな問題に直面する。温度の上昇だ。地球の内部にはその形成の頃から原始の熱が存在する。惑星をつくるレシピの一部となる放射性元素の崩壊から生まれ、太陽系を形成する基となったまばゆく輝く渦状のガス雲から取り込まれた熱だ。地球の中心部では、熱はあまりにも強烈で、固体の鉄からなる内核は何と六〇〇〇℃に達する。その周りを囲んだ外核の液体の鉄は、攪拌するような動きが巨大な発電機のように磁場を生む。その磁場のおかげで、宇宙から降り注ぐ放射線の大半から地表の生物や大気が守られている。この灼熱の核と比較的心地良い地表のあいだには、地熱の温度勾配が存在する。生命が地下深くへ進出すれば、この温度勾配と向き合わなければならない。

地下の温度は簡単に上がる。プールビーでさえも、換気されたトンネルからわずか数メートル離れた空洞やトンネルに入っただけで、三〇℃を超えるむっとするような暑さに襲われる。場所や熱の上昇経路によっても異なるが、だいたい地下一〇キロに達するまでに温度は一〇〇℃を超える。海抜ゼロメートルでは水が沸騰する温度だ。

生きた細胞内の分子を熱すると、原子どうしをくっつけていた結合が過剰なエネルギーを得て、結合が離れてしまう。温度が上がれば上がるほど、エネルギーの影響は大きくなる。温度が一〇℃上がると、化学反応の速度がおよそ二倍になるから、生命が地下へ深く潜るほど、上昇する温度の危険性が高まる。熱で損傷したタンパク質や細胞膜を修復するために、みずからのエネルギーを消費してそれらの物質を新しく生成しなければならない。

一九六〇年代と七〇年代に、イエローストーン国立公園にすむ微生物を調査していたアメリカの微生物学者トマス・ブロックが、その煮えたぎる火山性の小さな池に生物が何かしら生きているだろうかという疑問を抱いた。そして、ぐつぐつと泡を立てる大釜のような池を調べ、泥を採取して研究室に持ち帰った。すると、一見何の変哲もないその泥には、七〇℃以上の温度でも生きられる微生物が数多くいることが明らかになった。(5) 当時としては驚くべき新発見だ。しかも、「好熱菌」と呼ばれるそうした微生物は高い温度に耐えられるだけでなく、その熱を必要としている。泥を冷やすと、成長を止めた。これらの新たな発見を受けて、ほかの研究者も高温の環境に着目するようになった。生命がどの程度の高温まで耐えられるかを探す研究は、さながらギネス記録に挑戦しているかのような様相を呈した。研究者たちの関心はイエローストーンの煮えたぎる池から、深海底の熱水噴出孔で噴出する熱水へと移る。高い水圧がかかるこの場所では、水温が一〇〇℃をゆうに超えるのだ。

八〇℃を超す極限環境を好む微生物「超好熱菌」にも、さまざまな種がいる。そのなかでの最高記録保持者は、「ブラックスモーカー」という熱水噴出孔にすむメタノピュルス・カンドレリという微生物で、一二二℃で繁殖が可能な株だ。(6)

こうした微生物がこれほどの高温下で増殖するためにどのように適応したかを見ていくと、灼熱の環境で暮らすための課題が見えてくる。その細胞に含まれる多くのタンパク質には、硫黄原子の架橋というもう一つの結合がある。これは、高温のエネルギーで分子が分解されないようにその三次元構造をつなぎ止めるボルトのようなものだ。タンパク質はもっと小さくまとまった構造をとって、折り畳みを維持することができる。(7) こうした巧みな適応に加え、微生物は「熱ショックタンパク質」も生成する。これは、損傷したタンパク質に結びついてそれを除去したり安定させたりするための反応の一環だ。たとえば、シャペロニンという種類の小さなタンパク質は、強烈な熱で変性したほかのタンパク質を折り畳まれた状態に戻すのに役立つ。生命を構成する分子が耐熱性を備えたことで、支払わなければならない代償も出てきた。細胞はこうした補助的な役割をもつタンパク質を合成しなければならないだけでなく、損傷したタンパク質のまったく新しい複製も生成しなければならないのである。損傷と、それを防ぐエネルギーのあいだで繰り広げられる闘いによって、生命が耐えられる温度の上限が決まったに違いない。

この上限がどこにあるのかはわかっていない。一二二℃より高い可能性もあり、およそ一五〇℃が上限だと提唱している研究グループもある[8]。一つの細胞のなかで競合するエネルギー需要はいくつもあり、タンパク質や細胞膜が熱への耐性を獲得する手段は多種多様だろうし、エネルギー源は環境によって異なるため、温度の上限を理論的に求められる簡便な方法はない。とはいえ、はっきりしている一般原理は一つある。知られている生命は複雑な炭素分子にもとづいている。炭素とほかの元素を結合する強さは、地球上での進化で単に偶然生まれた結果ではない。地球上で見られる結合の強さはごく狭い範囲に限られ、普遍的な値だ。たとえば、炭素原子とほかの元素が結合する強さの平均は、一モル当たり三四六キロジュール。地球上でも、遠くの銀河でもこの値である。

生物は、酸素や窒素といった原子とさまざまな形でつながった炭素原子の鎖からなる。生物を高温にさらしたとき、地球上で起きた進化の偶然を目の当たりにしているわけではない。化学の目で見ると、炭素と炭素の結合とその普遍的な結合エネルギー、さらにはほかの結合の限界を試そうとしているのだ。

生命をつくる有機分子の大半は四五〇℃前後の熱で破壊される[9]。高温に耐えられる物質をつくるためには、炭素原子の特別な構造が必要だ。鉛筆の材料である黒鉛（グラファイト）はかなりの高温に耐えられるが、この物質は炭素原子が延々と連なった単調な板状の構造をしている。これは生命体をつくる物質ではない。複雑な有機物を四五〇℃に熱したオーブンに入れると、二酸化炭素ガスに変わってしまう。化学者たちはこの熱を加える手順を日常的に利用して、実験用のガラス器具から有機物を取り除いている。したがって、生命が耐えられる温度の上限は一二二℃から四五〇℃までのあいだにある。一二二℃に耐えるために細胞が行なう活動を考えると、上限は四五〇℃よりも一二二℃のほうに近いだろう。

その上限が何℃なのかを予測しようとするほど、私は無邪気ではない。ここでの議論ではあまり重要でないからだ。高温は生命にとって一つの境界線となる。偶然の出来事や進化でたまたま生まれた新機軸で、上限は変わる可能性はある。進化の過程で、ある種の熱ショックタンパク質が発達して、耐えられる温度の上限が数℃上がるかもしれない。今後、進化によってもう少し高い温度に耐えられる生命が現われないとも限らない。ひょっとしたら、合成生物学者や遺伝子工学者が実験室でそうした生物をつくり出すかもしれない。

重要なのは、最終的に上限を決めるのは厳然たる物理法則であり、ダーウィン主義的な突然変異も、たまたま生まれた新機軸も、生命による新発見も、その上限を変えられないということだ。耐えられる温度の上限が上がれば、生命が生きられる領域が広がることは確かだ。地下に存在する典型的な地温勾配では、一キロ深くなるごとにおよそ二五℃上がる。温度の上限を五〇℃上げれば、ほかのあらゆる生命が立ち入れなかった深さ二キロ分の岩盤を独り占めできることになる。微生物からすると、かなりの領域だ。体積およそ一〇億立方キロメートルの岩盤に新たに進出できるのだから。

とはいえ、惑星のスケールで見れば、温度の上限を上げても生命の姿はそれほど変わらない。一二二℃という保守的な数字を使ったとしても、生物圏の厚さはおよそ五～一〇キロだ。地球の半径である六三七一キロの、わずか〇・一%にすぎない。地球の生命の領域は「生物圏」ではなく、「生物膜」と呼ぶべきだろう[10]。生命は耐えられる温度の上限を四五〇℃近くまで上げられるという異端の学説をとれば、生物圏の厚さはおよそ三倍になるが、それでも地球の半径のおよそ〇・三％を占めるにとどまる。生命はこの惑星を覆った薄い膜でしかない。地球の表層を飾った有機物は、地熱エネルギーが設けた限界によって地下への進出を阻まれた。

灼熱の地下世界から、今度は宇宙の超低温の世界へ旅してみたい。そこでも、物理法則が生命の耐えられる温度の下限を決めている。絶対零度（〇ケルビン、およそマイナス二七三℃）では、分子が動き回る可能性はない。ほかの分子と結合することも、タンパク質を生成することも、遺伝暗号を読み取ることもないのだ。たったこれだけの観察ではあるが、あなたや私が快適だと感じる温度と絶対零度のあいだのどこかに、物理法則は境界を設けた。生命にとってその境界は、極寒の絶対零度よりも、私たちが慣れた温度にはるかに近い。これまでのところ、マイナス二〇℃より低い温度で生物が繁殖している確かな証拠はないが、ガスの生成や酵素の活動といった代謝活動はそれより低い温度でも起きるとみられる[11]。

海抜ゼロメートルで純水が凍る〇℃より寒い環境でも、水が液体として存在する環境はあるので、生物は生きられる。水の凝固点は塩を加えると下がり、塩化ナトリウム（いわゆる食塩）の溶液の場合、マイナス二一℃まで下がることがある。過塩素酸塩など、もっと特殊な塩の溶液では、凝固点がマイナス五〇℃をはるかに下回ることもある。これほどの低温で活動している生命を探す際、一つ問題となるのは、化学反応がきわめて遅いことだ。低温下で成長や代謝を測定することは、技術的に難しい。

低温の環境で生きる生物は、化学反応、さらには多くの修復作用や生化学的な経路がきわめて遅い状況で、損傷した分子を修復する難題に取り組まなければならない[12]。高温下にある生物とは異なり、分子に対する損傷の主な原因は過剰な地熱エネルギーではなく、放射性崩壊によって漂ってきた粒子にある。この電離放射線が細胞を通り抜けると、その衝撃でＤＮＡやタンパク質が損傷する。

私たちは放射線に囲まれて暮らしている。陽子や重いイオンを含めたさまざまな粒子が、太陽や銀河系から地球に降り注いでいるのだ。その多くが地球の磁場によって向きをそらすのだが、一部はその防御をくぐり抜けて生物のＤＮＡに影響を及ぼす。

放射線は地下からもやって来る。どんな惑星の地殻や核でも、ウランやカリウム、トリウムといった元素の同位体を含んだ天然鉱物から、放射性崩壊で生じた放射線が飛んでくる。放射線にもさまざまな種類があり、なかでもガンマ線は私たちすべてに影響を及ぼす有害な放射線だが、その量はごくわずかなので、ふだん心配することはない。

こうした「環境放射線」は生命の主な構成要素、とりわけＤＮＡを傷つける。[13] ＤＮＡの二重らせんを壊すことがあるほか、ＤＮＡ分子を攻撃したり損傷したりするフリーラジカル（遊離基）の活性酸素を形成することもある。生物の構成要素にもなる複雑な長鎖化合物を分断することもある。生物にとって環境放射線を遮るのは容易でない。その大半が実質的に生物の構成物質を通り抜ける。細胞を一つしかもっていない微生物にとっては大問題だ。細胞の中で損傷が起きたら修復するしかない。

これらの問題に加え、分子のなかにはもともと構造を変えやすい（崩壊しやすい）ものもある。[14] 何もせずに存在しているだけで、損傷がゆっくりと進行し、着実に蓄積していって、最後には細胞が回復できない状況に陥るのだ。生物が活動している低温地域の一部には、細胞がこの避けられない損傷を修復できる程度のエネルギーや生化学的な活動は必ずあるが、それは細胞のなかでは決して小さくない活動であるため、長期間にわたって分子に蓄積した損傷は修復しきれない。高温の環境にすむ生物の場合と同じく、損傷を修復できる温度を明確に算出するのは簡単ではない。とはいえ、細胞は急速に下がる温度に対処するための驚くべき手段を発達させることができる。活動に最も適した温度が一五℃を下回る微生物「好冷菌」は、低温の影響を打ち消すための巧みな手段を発達させた。

地球の極地にある極寒の環境では、脂質でできた細胞膜が凍って固くなる。バターの塊を暖かいキッチンに置いておくと、やわらかくなってトーストに塗りやすくなるが、朝食を食べ終わったあとにバターを冷蔵庫に戻し、一時間ほど置いておくとバターは固まってしまう。これはバターに脂肪酸が含まれているからだ。[15] これと同じように、脂質でできた微生物の細胞膜に含まれた脂肪酸は、南極の氷床など、冷凍庫の中のように寒い環境に置かれると凍って固体になる。脂質に含まれている長鎖分子は、冷えるとびっしりと密集して並び、動ける余地がほとんどなくなってしまうのだ。

ただし、固まってしまった脂肪酸の動きをよくする方法が一つある。脂肪酸の鎖は多くの炭素原子が一つひとつ単結合でつながり合ってできているのだが、そこに二重結合を一つ加えると、よじれた部分ができるのだ。分子はまっすぐな長い鎖ではなく、横っちょへ飛び出た形になる。不飽和脂肪酸と呼ばれるこうした分子を並べても、密集してひとかたまりになることはない。横にはみ出た鎖があるために脂肪酸の分子どうしが離れたままになり、低温の環境でも密集しにくくなって自由に動きやすくなる。

キッチンに戻って、もう一つおなじみの品を使ってこの概念を具体的に見てみよう。紅花油（サフラワー油）には不飽和脂肪酸がたっぷり入っている。この油をキッチンのテーブルに置くとさらさらの液体であるし、冷蔵庫に入れておいても液体のまま変わらない。バターに含まれている脂肪酸とは違って、紅花油の不飽和脂肪酸は鎖がよじれているために動き続けることができるのだ。これと同じように、極地にすむ微生物は細胞膜を不飽和脂肪酸で満たして、低温下でも細胞膜が柔軟に形を変えられるようにしている。氷点下の温度にさらされても、細胞膜は固まらずに柔軟性を保つので、細胞は栄養分の取り込みや老廃物の排出ができる。[16]

これは目を見張る美しさをもつ事例の一つだ。炭素化合物の鎖で一つの単結合を二重結合に変えただけで、生命は地球の凍てついた不毛の地に進出できた。まったく新しい世界を支配するために、単純な化学現象や物理現象が進化でいかに活用されているかが、こうした原子レベルの変化からわかる。

この発明は単純に思えるかもしれない。しかし、物理法則によって定められた厳然たる境界に向けて、生物が生きられる温度の下限を押し下げる一助となったのは、目を見張る成果だ。境界に達したら、細胞膜が変化しても、いくつかの結合が変わっても、境界線を越えることはできない。どれだけエネルギーが豊富な環境にあっても、細胞は化学反応の低速レーンにはまってどうすることもできなくなる。この状況では、化学反応があまりにも遅く、生命体は損傷や分子の変化、分解といった避けられない現象に対処しようとしても追いつかないのだ。[17]

以上のように、生命は高温の環境と低温の環境のあいだに閉じ込められ、その活動は単純な原理によって制約されている。生命がある時代や場所で活動する際の限界そのものは、新たに獲得した特徴や偶然の変化によって変わることは十分にありうるが、限界の変化は小さい。温度に対する耐性について大胆かつ楽天的な主張を採用したとしても、一つの惑星で生命が支配できる範囲の割合は全体のごくわずかでしかない。耐えられる温度の幅を数百℃変えたとしても、一つの惑星で生命がすめる範囲は数十分の一%変わるだけだ。生命はいったん惑星を支配してしまえば頑固に粘り強く命をつないでいくが、それが支配できる範囲は狭い。絶対零度から、太陽などの恒星の内部温度までのあいだで、生命がすめる温度の範囲は全体の〇・〇〇七%にすぎないのだ。生存できる温度の範囲がこれほど狭くなったのは、進化史のなかで起きた事実の結果ではなく、進化がもう一度最初から起きたとしてもその制約から抜け出すことはないだろう。この狭い温度範囲は、私たちが生命と呼ぶ、興味深い小さな化合物の系統に物理法則が働いた結果としてできたものだ。

宇宙全体で見れば、私たちの地球のようなちっぽけな岩石惑星であっても、生命は驚くほど多様な極限環境に適応している。ひょっとしたら温度は特異な例、つまり生命の物理的な境界としては珍しい例なのかもしれない。極限環境では、ほかの要素も生命が存在しうる範囲を狭めているのだろうか？

メキシコの西海岸に位置するバハ・カリフォルニア・スル州のゲレロネグロには、面積三万三〇〇〇ヘクタールの世界最大の塩田がある。塩田は海岸に近い広大な平野にあり、所有者たちが用心深く監視するなか、ぎらぎらと輝く太陽の下で海水を蒸発させる。そうしてできた真っ白い塩の層は、塩田というフライパンでつくったパンケーキとでも言えそうだ。この産業規模の大量生産で、年間九〇〇万トンの塩が生産される。

ブールビー鉱山の地下深くにある岩塩層と同様、塩田で生きる生命にも乗り越えなければならない大きな壁がある。それは浸透の作用だ。細胞は塩分を含んだ環境に置かれると、水が外へ吸い出されて、干からびてしまう。進化で手当たりしだいに適応策を試すだけでは、浸透を避けることはできない。浸透はどうやっても避けられない作用であり、その作用の影響を受ける環境では、生命はそれに適応しなければ死ぬしかない。

好熱菌の例もあるので、もはや誰も驚かないだろうが、塩田のような環境では、生命は適応の結果、生きるために高い塩分濃度を必要とするようになった[18]。バハやブールビーには成長するために一五〜三七％の塩分濃度を必要とする「好塩菌」がすんでいて、ほとんどの生命がしなびて死んでしまうような塩水の中でさかんに成長する。

といっても、浸透の作用がなくなったわけではない。その影響は決して消えないのだ。浸透を阻止するには圧力をかけるしかない。浸透圧（π）に対抗する力は次のように求められる。

$$\pi = imRT$$

mは物質一リットル当たりのモル数（モル濃度）、Rは気体定数、Tは温度。値iはファントホッフ係数という興味深い値で、実験で求めなければならない。これは水に加えられた塩がイオンに解離している度合いを示す。

純水が細胞膜を通して塩水に吸い取られるのを阻止するために生命が加えなければならない浸透圧は、何と二八気圧近くもある。

浸透圧で水を失う困難[19]と直面した生命は、それに対処する方法を二通り発達させた。一つは、単にイオンを細胞の中に取り込むことだ。浸透に勝てないのなら取り込まれてしまえというアプローチである。カリウムイオンを細胞内に蓄積することで、細胞の内側と外側でとりうる浸透圧が同等になり、細胞は何事もなく生き続けることができる。しかしこれには問題もある。細胞内のイオンの濃度が高くなるので、この問題に対処できるタンパク質を発達させなければならないのだ。イオンがあると、分子の結合が壊され、タンパク質の折り畳みが阻害され、利用できる水の量が変わることがある。

この問題に対して進化は独創的な答えを出した。多くのタンパク質には疎水性の領域がある。塩も水を阻害するため、タンパク質の疎水性の領域どうしは、そのあいだを満たした水が塩によって押し出されると、より強く引きつけ合うようになる。このように引力が高まると、タンパク質が密着しすぎる可能性があるので問題だ。このため、タンパク質は疎水性の領域を減らすように進化することで、互いが引きつけ合う力を少し弱め、塩によって強まった力を相殺している。このわずかなトレードオフによって、タンパク質は正常に機能できるようになった。生命に欠かせないタンパク質で電荷と結合を変えることで、ほかの目的のための適応が塩分濃度の高い環境で生きるための手法の一つにもなったのだ。

しかし、なかには塩を完全に避ける生命体もいる。そうした生物は、塩を使わずに浸透圧のバランスを維持するために、トレハロースなどの糖やある種のアミノ酸といった化合物を生成した。これらは塩に似た働きをするが、細胞への害がやや小さい。これで細胞内の化合物の濃度を高めて、塩のイオンがもつ悪影響なしに浸透圧を外側と同じに保っている。細胞内から塩を排除する微生物はよく見られ、バハの塩田やブールビーの塩分を含んだ湧き水にすんでいる。

さらに塩分濃度が高くなると、問題は強烈な浸透圧だけではなくなってきて、そもそも水分が全体的に不足する事態に陥る。細胞内の水分が少なくなりすぎて、生存を維持する化学反応を起こすための液体が十分に供給されず、生命を維持する機構を動かせなくなる。

この水ストレスの下限は、利用できる水の指標である水分活性（a_w）によって決まる。もっと正確に言うと、塩の上方での水蒸気圧と純水の上方での水蒸気圧の割合だ。水分活性が小さいほど、利用できる水は少ない。純水、いわゆる蒸留水の水分活性は一で、ブールビーにある塩水の池など、飽和した塩水の水分活性は〇・七五だ。大半の微生物はおよそ〇・九五以上の水分活性を必要とし、これより低くなると浸透圧の影響が出てきて、生命の維持に必要な分子が機能しなくなる。しかし、水分の少ない環境に耐えられる好塩菌などの微生物は、〇・七五よりもはるかに低い水分活性でも生きられる。なかには、水分活性が〇・六を下回る環境で生きられる菌類もいる。

生命が生きられる温度の限界探しに夢中になる科学者がいるように、生命が生きられる水分活性の限界を探す研究者もいる。[20] 世界中を歩き回って極限環境の微生物を探しまくれば、きっとこれまでの限界を超える生物を見つけられるだろう。とはいえ本書の主眼からすると、新たな限界の発見に興味をもつ微生物学者たちの熾烈な競争よりも、利用できる水の量がいかに生命を阻むかという、もっと一般的な論点のほうが重要だ。生命に欠かせない最も基本的な物質である液体の水の量が、水分活性にしておよそ〇・六を下回ったら、その環境で生きられる生物はぐっと少なくなる。水分活性がおよそ〇・五まで下がったら、活動できる生物はおそらくいなくなるだろう。[21] 単純に水分が足りないのだ。台所でおなじみの品にたとえると、蜂蜜の水分活性は〇・六を下回る。だからキッチンのテーブルに置きっぱなしにしても、蜂蜜にカビが生えることはない。蜂蜜は微生物にとって、からからに乾いた砂漠なのだ。

水分活性、そして蜂蜜の例が示すように、液体の水を含んだ環境のなかにも生物が生きられない環境はある。私たちはとかく、水さえあれば生命が存在しうる環境だと考えがちだ。地球外生命の探査は「水脈をたどる」ことだと、惑星科学者が言うのを耳にすることも多いだろう。会話のなかでは、「水あるところに生命あり」と言われたりもする。この表現は水が生命に不可欠な役割を果たしているという日常の観察に由来するものだが、これが一〇〇%正確なわけではないことは、ここまで読んだ読者にはおわかりだろう。

蜂蜜のほかにも、生命には過酷すぎる水溶液がある。たとえば、塩化マグネシウムの二五℃における飽和溶液は水分活性が〇・三二八で、生物が好む環境よりもはるかに低い。この溶液は生物を構成する分子に異常をもたらすこともある。[22] つまり地球上にも、地中海の深海など、生物に危険を及ぼす濃度の塩化マグネシウムを含んだ環境はある。微生物学者が調査すれば、そうした塩水域が生命の限界であることがわかるだろう[23]。

ブールビーの地下深部では、水の流れがあちらこちらで塩化ナトリウムや硫酸塩を溶かしているが、ほぼあらゆる種類の塩水が、活動する生命を含んでいる。好塩菌がわずかな資源のなかで生きているのだ。そうした塩水の細流がときどき、塩化マグネシウムの鉱脈を通ると、水分活性は一気に下がる。そのわずかな水の流れには、生命の痕跡は見当たらない。水が何百メートルもの岩塩層を流れていくなかで、少しだけ寄り道してある特殊な層を通ってしまっただけで、たとえ好塩菌であっても存在できる限界を超えてしまうのだ。

これと同様の事例が、南極大陸のマクマード・ドライ・ヴァレーに位置するドンファン池という、一見何の変哲もない池にも見られる。活動する生命はいないと考えられていたのだが、一九七〇年代以来、研究者たちはこの珍しい水たまりに高い関心を寄せてきた。池を満たしているのは塩化カルシウムの塩水で、水分活性が〇・五を下回るから、生命は存在しないだろうと予測される。微生物学者たちがドンファン池から採集したサンプルを調べて出した結果はまちまちだった[24]。大方の意見が一致しているのは、池には活動している生命はいないが、池の外から生きたまま流れ込んできた微生物が増殖できているという点だ。もっと条件のよい実験室の環境で寒天培地を用いて培養すると、微生物は増殖する。南極大陸の春に雪が解け、その水が池に流れ込んで、表層に淡水レンズが形成されると、水分活性が生命の存在できる範囲まで上がる可能性は高い。そうなると、池の水が混じり合って生存不可能な状態に戻るまでの短い期間に、生命が息を吹き返し、増殖することもあるだろう。

水はあるのに生命がいないこうした環境から、重要な知見が得られる。水は生命にとって必須の物質だが、この地球だけを見ても、液体の水が豊富にあるにもかかわらず、利用可能な水が不足している環境があるということだ。バハ・カリフォルニアの塩田のようにからからに乾いた環境に限らず、水が液体の状態であっても、生命にとって必要な分子が水を得られない塩水はある。わざわざ宇宙へ行かなくても、生命が物理的な限界に達する場所は見つけられる。そこは、どれだけの進化や偶然にも超えられない塩分の壁が立ちはだかる場所だ。進化は三五億年あまりにわたって多種多様な適応策を実験してきたが、水分活性の低い環境に直面すると、まったく力を発揮できない。塩化マグネシウムや塩化カルシウムの飽和溶液に栄養分と有機物、そして思いつく限りのエネルギー源をたっぷり混ぜたとしても、その水を含んだ環境では細胞は増殖できないだろう。

こうした制約があることを知って驚いたかもしれないが、生命を足踏みさせるほかの極限環境も見てみよう。物理現象が生物圏をいかに制限しているのか。その全体像を知るには、ほかの極限環境も探らなければならない。そこで、息をのむ美しい建築で知られる歴史豊かな街、スペイン南部のセビリアの近くを流れるティント川へ旅してみよう。イベリア半島を一〇〇キロあまりにわたって流れ、水が鮮やかなオレンジ色や赤色をしているのが特徴の川で、硫化物を含んだ岩石層を横切っているために、その硫化物が酸化して硫酸が生成されている。その結果、川の水が平均でpH二・三という強い酸性になった。ただ世界にはこれよりさらに酸性度が高い環境があり、カリフォルニア州のアイアン・マウンテンを流れる酸性の川はpHが〇〜一と、バッテリーに使われる酸並みだ。こうした極端な化学条件を考えれば、このような環境にはとても生命などすめそうにないと考えるのも無理はない。

しかし、こんな場所にも豊かな生命が見られる。(25) 水のpHは陽子の濃度の測定値だ。陽子が多いほど、溶液の酸性度は高くなるのだが、陽子は生命にとって悪いものではない。細胞膜の機構全体に陽子が流れることで、エネルギー収集の基礎が築かれるからだ。ただし、陽子が多すぎると、蓄積された電荷でタンパク質や細胞のほかの重要な部分が破損してしまう。ティント川やアイアン・マウンテンにすむ酸性を好む微生物「好酸菌」は、陽子の排除に力を注がなければならない[26]。陽子を細胞の外へ出し続けて、細胞の内部をほぼ中性に保っているのだ。細胞の内部が酸性になるのを防いでいるのだから、好酸菌という名称はある意味で誤りなのだが、どれだけ懸命に陽子を排除しようとしているにしても、強酸性の環境に適応していることは確かだ。もっと酸性の弱い環境に置かれると、多くの好酸菌は死ぬだろう。

ほかには好アルカリ菌という極限環境微生物もいる。pHが高い環境で生きられる微生物だ。カリフォルニア州デスヴァレーのすぐ北に位置するモノ湖に行くと、アルカリ性の環境での暮らしがどんなものかが垣間見える[27]。ここには「トゥファ」と呼ばれる、煙突状の炭酸塩が集まった奇妙な形の小山が、湖や湖畔の陸地に立っているのが見られる。まるで異世界に足を踏み入れたような景観だ。塩分濃度が海水の三倍もあるpH一〇の湖で鉱物が沈殿すると、こんな形になるのだということがよくわかる。これほど高いpHも生命は物ともしない。湖の中で微生物が育っているだけでなく、湖畔ではミギワバエの仲間（*Ephydra hians*）が乱舞し、水中では「ブラインシュリンプ」と呼ばれるアルテミア属の小さな甲殻類が元気に泳いでいる。ここでは微生物だけでなく、動物も豊かに成長するということだ。ミギワバエの幼虫はモノ湖の水中で生まれ、アルカリ性の水を炭酸塩の鉱物に変える特殊な器官を備えている。幼虫の体内で隔離されたこうしたバイオミネラル（生体鉱物）は解毒の手法の一つとして考えることができる。水中のイオンを除去し、粒子の形に集めて安全な状態にとどめておくのだ。

その風景が人々を魅了し、多くの科学者が注目するモノ湖だが、世界を見渡すと、アルカリ性の湖はほかにもある。たとえば、アフリカの大地溝帯に位置するマガディ湖はpHが一一を超えるが、それでもこの湖には生態系がある。

　これまでのところ、pHが極限にある地球の自然環境で、生命が存在しない環境は見つかっていない。では、これまでの事例で、生命が物理法則を無視した極限環境はあっただろうか？　あるとはいえない。これを理解するには、物理学の観点で事実を考えてみるといいだろう。温度が極限まで高くなると、生命を構成する分子の原子間の結合に莫大なエネルギーが注ぎ込み、やがて生命が死滅してしまうので、生命は存在できない。炭素にもとづいた生命体は壊れやすく、分子を一〇〇〇℃もの高温で維持することはできないのだ。このように考えれば、生命にとっての温度の上限がある可能性を単純かつ容易に理解できるが、その上限がどこで、最終的にどの分子の機能停止が上限を決めるのかについては研究によってわかってくるだろう。塩の場合も同様で、現状の理解を端的に言えば、塩分濃度あるいは耐乾燥性の限界は水が利用できるかどうかで決まる。水分を除去したり塩を加えたりして利用可能な水分子をすべて除去すると、生命はその機能に必要な溶液を得られなくなる。利用可能な水の量にもとづいた生存の限界もまた、簡単に理解できる。

　pHに関して言うと、生命を寄せつけない固有の要素はない。細胞にエネルギーが十分に供給され、細胞から陽子を排出する機構、あるいは陽子を取り込む機構が優れていれば、細胞の内部はほぼ中性のままに保たれ、外界の極端なpHから守られる。イオン自体は細胞の外にある限り、致命的な脅威にはならない。ここから考えれば意外ではないかもしれないが、これまでのところ、さまざまなpH環境で生命が確認されている。

　ただし、pHが常に生命にやさしいとは限らない。高温や塩分のストレスなど、ほかの極端な条件が加わると、細胞は複数の問題に対処できるだけのエネルギーを確保しなければならなくなる。地球の大半の環境では、一つの極端な条件が優勢である環境は多いが、極端な条件が一つしかない場所はまれだ。[28]深海では、低温に塩分濃度の問題が加わる。火山性の池では、酸性度に高温の問題が加わることが多い。塩分と高いpH、高温の問題に対処できる微生物は見つかっている。[29]どのような環境でも、細胞が極端条件の総攻撃に対処するエネルギーが足りなくなると、生命が限界を押し広げることはあるのだ。とはいえ、地球の自然環境では、pH自体は生命にとって根本的な限界にはならないようだ。

ほかの極限環境についても、究極的な限界はこれまでのところ知られていない。[30]地球の地下や深海では、細胞をつくる分子が高圧によって押しつぶされるが、それでも生命は、海面より一〇〇〇倍も高い水圧がかかる水深およそ一一キロのマリアナ海溝でも見つかっている。地殻の内部、つまり地下深部でも生命は育ち、その高い圧力に対処する適応策を見つけている。圧力が高い環境を好むいわゆる「好圧菌」では、タンパク質が変化し、細胞膜全体にある間隙や輸送体が老廃物の排出や栄養分の取り込みを助けているのだ。[31]さらに地下の深部へ進出すると、圧力よりも先に温度が生命の限界に達してしまうだろう。地温勾配に従って温度が上がり、圧力の影響で細胞が機能しなくなる前に、熱が生命の進出を阻む。

ここでもまだ、知るべきことはたくさんある。温度の問題がない場合、生命が耐えられる圧力に限界はあるのだろうか？　高圧はガスの可溶性や流体の挙動など、多くの性質に間接的に影響を及ぼす点が問題だ。超高圧の環境にすむ生命が最終的に細胞への直接の影響が原因で圧力に屈するのか、それとも周囲の挙動の変化によって栄養分やエネルギーが欠乏するために生存できなくなるのかは、まだ詳しい研究が必要な問題である。

ほかにも極限環境は数多くあるが、生命にとって厳然たる限界となりうる環境がある。それは電離放射線だ。高温の環境と同じようにエネルギーを与えて、生物を構成する分子を損傷したり破壊したりする。生命が放射線の影響に耐えられることはわかっている。DNAなどの分子は鎖が損傷しても修復が可能だ。タンパク質は再構築できるし、カロテノイドなど一部の色素は、水に衝突した放射線によって生じた活性酸素を抑えることができる。生命は放射線による分子の損傷に対処する対応策をいくつか備えている。そうした対応策が一つの微生物に集まると、目を見張る結果が生まれることもある。

世界の砂漠の岩石にすむシアノバクテリア(藍色細菌)の一種、クロオコッキディオプシスは目立たないながら、人間の致死量のおよそ一〇〇〇倍に当たる約一五キログレイの放射線を浴びても生きられる。[32]同じように、デイノコッカス・ラディオデュランスという細菌も修復や損傷の緩和といった方策を通じて、一〇キログレイかそれ以上の放射線に耐えられる。[33]

放射線についても、生命が耐えられる上限があるはずだ。この形態のエネルギーで細胞が攻撃されれば、高温による分子の破壊と似たように、分子の修復や生成の能力がやがて機能しなくなるだろう。地球上では、生命が多量の放射線にさらされ続ける環境は自然か人工かにかかわらずごく限られているため、過剰な放射線はおそらくこれまで、たとえば高温の極限環境ほどには、厳然たる限界として進化の前に立ちはだかってこなかった。とはいえ、そうした限界が存在するであろうとは想像することができる。

生物圏は動物園と同じように、壁で囲まれている。その内側では、大小さまざまなあらゆる種類の生き物が、法則に導かれて予測可能な形態に進化してきた。そうした法則からは制約を受けたものの、生物の複雑性をめぐる実験がさかんに試みられ、生物圏の細部には類いまれな多様性が生まれた。しかし、生物圏の可能性は、それを取り囲んだ厳然たる境界によって無情に抑えられている。そうした境界の一部はおそらく普遍的なものだろう。進化でどのような偶然が起きても、生化学的な反応が起きる領域での溶媒の不足や、高温がもたらす極端な量のエネルギーを克服することはできない。温度に対するさまざまなタンパク質の感受性など、細部の変化によって、生と死の境目は変わってくるだろう。とりわけ個々の生命体にとってはそうだし、生命全体にも当てはまるかもしれない。しかし広い目で見れば、物理法則という、生命が決して越えられない境界が、生命すべてを縛る固い壁となっている。

この生物圏という名の動物園は、決して拡張することはない[34]。地球上の万華鏡のような生物の世界をざっと見渡すと、生命の多様性は無限であると考えてしまいがちだ。確かに細部のバリエーションはそうだろう。惑星のスケールで見たときに生命が占めている物理的な空間、そして、既知の宇宙全体に見られる物理的・化学的条件の広大な範囲の中で生命が適応できる条件は、ごく限られている。私たちは普遍的な極限環境に囲まれた、小さなあぶくの一つに暮らしている。その限られた世界で、進化は限界に挑んでいるのだ。

第7章　生命の暗号

「生命の秘密を見つけたぞ！」

この不朽の言葉が発せられたのは、イングランド東部ケンブリッジのフリースクール・レーンという通りにあるパブ「イーグル」だ。それは遺伝暗号の構造、DNAが発見された日だった。

だが、実際の言葉は、せいぜいこんな感じだったのではないだろうか。「ジム、何飲んでるんだい？」「ラガーをパイントで頼む、フランシス」「それじゃあ、ラガーとギネスのパイントを一杯ずつ、それと、ポーク・スクラッチング〔豚の皮を揚げたスナック〕を二つお願い」

ここで、ロマンチックな人たちの夢を壊すつもりは毛頭ない。とはいえ、ジェームズ・ワトソンとフランシス・クリックが、ロザリンド・フランクリンによるX線画像に着想を得て、DNAの構造を提唱した一九五三年二月に、生命の要を推定する研究にとって歴史的な一歩が成し遂げられたと言い切ることに、私は少しためらいを覚える。DNAは、地球の生物をつくるために使う説明書を含んだ暗号、いわば細胞の暗号だ。

この分子の秘密が明らかになったとき、その特徴を調べた人々がその後何年も、DNAを進化の気まぐれによる偶然の産物と考えたのは、意外なことではなかった。特殊な構造をした分子だからだ。構造があまりにも現実離れしていたので、そうした分子がどこかほかの惑星で進化する可能性があるかどうかを問われた誰かはおそらく、可能性はあるにはあるが、そんな確率の低い出来事が起きたらびっくり仰天だと答えただろう。遺伝暗号の進化に関する初期の論文で、クリック自身は遺伝暗号について「凍結された偶然」であると考えた。[1] これは、生命が始まったときに偶然起きた出来事が、生物の基幹の部分に定着して、細胞が死をもたらすような甚大な影響を受けない限り置き換えられないという「偶然凍結説」である。いったんそうした重要な暗号と、それを読み取るための付随した構造が定着したら、きわめて小さな誤りや変化でも致命傷になる。この見解は魅力的ではあるが、ますますありえなく思える。

細胞から、その形態の暗号化と組み立てをつかさどる分子へ、生命の階層をもう一段下ったこのレベルでは、進化の選択に新たな光が当てられてきた。ここでも私たちはまた、生物の化学的性質に働いている物理的原理の消えない痕跡を見いだし始めている。生命の暗号を一つの体系へとうまい具合に導いていて、そこには、単なる偶然以上の何かがたくさんあるように見える。

二重らせんのこの分子を取り出し、もつれをほどいて、目の前のテーブルに縦に置き、拡大してみよう。左右に見えるのが、「バックボーン」と呼ばれる二本の鎖だ。リン酸とリボース（単糖の一種）の繰り返しで構成され、はしごのようになったDNAの二本の支柱のような役割を果たし、分子全体を支えている。はしごの段のように何本も横に走るのが、DNAの中身だ。アデニン（A）、チミン（T）、シトシン（C）、グアニン（G）という四つの核酸塩基が、左右のバックボーンにつながって配列を形成している。これらの核酸塩基は一つひとつ無限に異なる組み合わせで連なっており、それが表わす情報を細胞が読み取って成長や修復を行なったり、自身を複製したりする。

これら四つの小さな分子は、きわめて特殊な方法でほかのメンバーと結合する点で独特だ。「塩基対」と呼ばれるペアを組む際に、AはTとしか、CはGとしか結合できない（その逆も同じ）。暗号を構成する塩基は、結合に関してこうした小難しい好みがあるので、たとえばAが左にあれば、右にはそれを補うようにTがあるといった具合になる。二重らせんの中央を上から見ていくと、DNAの二本のバックボーンにつながっているのはこれらの塩基対で、AはTと組み、CはGと組んでいる。

この性質には、どこか奇妙なところがないだろうか。自然界では、別の分子とこれほどしっかりつながって小さく密にまとまった構造をつくる分子はほとんどない。偶然の力が働いたように見えてしまうのだ。

ワトソンとクリックもこの一見奇妙な性質に気づき、DNAの構造を記載した論文にこう書いている。[2]「我々が仮定した独特な組み合わせのペアから、遺伝物質の複製機構の存在が考えられることには、我々も気づいている」。DNAの二本の鎖を中央で引き離してばらばらにすると、一本の鎖を使えばもう一本の鎖を再合成できるので、細胞は比較的容易にDNAの二つの複製を生成できる。AはTと、CはGと必ず結合することがわかっているからだ。このように個別の鎖が二本あれば、二重らせんの新たなDNA分子を二つつくることができる。

暗号の中核をなすのは、A、T、G、Cというアルファベットで表わされる四つの塩基だ。暗号を構成する文字が四つであるのは、本当に単なる偶然なのか？[3] なぜ二つや六つ、八つではないのだろうか？

生命が誕生するはるか前の時代、世界にはDNAによく似たRNAしか存在しなかったと考えられている。現在では、ＲＮＡはＤＮＡに含まれる暗号と、機能するタンパク質を媒介する役目を果たしている。ＲＮＡはＤＮＡより反応しやすくて安定性に乏しく、タンパク質のように自身を折り畳めるほか、化学反応の触媒としての機能や自己複製が可能な活性分子を生成することもできる。四〇億年以上前の「ＲＮＡワールド」では、自己複製する分子としてはＲＮＡが主役で、あちらこちらにタンパク質が付着していた。[4] やがて、原因ははっきりわかっていないものの、ＲＮＡを構成する塩基がより安定性の高いＤＮＡの暗号に変化して、細胞分裂の際に遺伝情報を保存するようになったと考えられている。

ここで、遺伝暗号を構成する文字がＣとＧの二つだけだったとしたらどうなるかを考えてみよう。遺伝暗号全体がモールス信号のように、単に二つの化学物質の繰り返しになる。ＲＮＡワールドでは、これら二つの塩基が結合して現在と同じようにＣとＧの塩基対を形成することができ、ＲＮＡ分子が折り畳まれて複雑な形態になり、複製や化学反応を行なえる。しかし、結合はそれほど独特なものではない。それぞれの塩基は、暗号中のほかの塩基の五〇％と結合する可能性があり（数が半分半分だとするとＣはどのＧとも結合する可能性がある、その逆も同じ）、塩基と塩基の関係がどちらかというと単純になってしまう。しかし、ＡとＵ（ウラシル。ＤＮＡではチミンに置き換わる）という二つの塩基を加えて合計四つにすると、もっと複雑な結合の仕方が可能になり、含められる情報も増え、複雑さも増していく。それぞれの塩基は塩基全体の二五％としか結合できず、構造もより洗練されていく。結合も細かくなって、分子ももっと入り組んでくる。つまり、塩基の種類が増えると、一つの分子に収められる情報は増え、同じ情報を収めるのに必要な分子は短くなる。

しかし、塩基の種類をさらに増やして、たとえば六つや八つにすると、収められる情報が増える一方で、ほかの問題が出てくる。塩基の種類が増えると、分子の複製時に見分けがつきにくく、結合する相手を見つけにくくなるのだ。その結果、暗号の複製時にエラー率が高くなることが多く、組み合わせの不一致が増える。こうした初期の複製体をコンピューターでモデル化した研究では、塩基の種類が多すぎるのも少なすぎるのも都合が悪く、現実の塩基の数である四つが適切だと示唆された。

ほかの方向から手がかりを探ってみても、同じ結論にたどり着く。コンピューターモデルを使って仮想のＲＮＡ分子の複製や変更を行なった研究では、さまざまな数の塩基を試したなかで、四つの塩基を使った場合に分子の適応度と進化の能力が最大になったという。

こうした説は往々にしてそうだが、タイムマシンを使って実際に確認できるわけではないので、いくぶん苦しい部分はある。初期の地球でも、ＲＮＡ分子は私たちが思っているように複製したのだろうか？　そもそもＲＮＡワールドはあったのか？　それは私たちの想像どおりだったのか？　これらの問いに対して確実な答えをもっていると主張できる人はいないだろうが、前述のさまざまな実験の結果について何かしら不思議な点が一つある。それは、実験を行なった結果、地球上の生命はおそらく根本的に間違っていたという驚愕の認識にいたらなかった点だ。遺伝暗号を構成する塩基の種類の数が現実と異なっていたほうが、生命はその能力を効果的に発揮し、もっと効率的に進化できただろうとの知見は見いだされなかったのである。[5] 逆に、現在の生物に見られる構造に立ち戻ってばかりになっている。

この結論によっても、進化でたまたま生まれた経路が初期の生命の構造に定着して、簡単には変わらない状態になったという「偶然凍結説」が排除されることはない。しかも、こうした結論はわずかな痕跡しかない遠い過去に頼っている。遺伝暗号が四文字で構成される理由に対する仮説の多くは、ＲＮＡワールドに関する仮定にもとづいている。とうの昔に過ぎ去った世界で四文字の暗号が優位に立ったというわけだ。このように知識は限られているとはいえ、研究からは行き当たりばったりではない姿が浮かび上がる。おそらく生命の暗号と、それを読み取る方法は、単なる偶然ではない、つまり生じうる多数の経路の一つというわけではないだろう。数多くの経路や進路変更、試行錯誤が、最終的に予測可能な構造につながったのだ。その構造は、私たちが理解し始めた物理的な作用や法則と調和している。

四という数には何らかの重要性があるかもしれないが、化合物そのものに何らかの意味はないのだろうか？　本当に重要なのは、それらが異なるということだ。したがって、一本の鎖に沿って読み取り可能な異なる組み合わせで化合物を連ねて、多様な暗号を生成し、「文字」のさまざまな配列から生命体の構築に必要な物質を生み出せるということが重要なのではないか？

二一世紀に入って以降、自然の遺伝暗号に手を加える技術が目覚ましく進歩した。「生命のアルファベットを拡張する[6]」などとも言われる願望に突き動かされ、合成生物学者たちは四文字を超える文字で構成された遺伝暗号を生成することができる。文字の種類を増やせば、暗号により多くの情報を収めることができ（複製時にエラーの増加につながりうることを受け入れつつ）、新薬などの有用な製品をつくる細胞を生成する実験ができる。こうした動機に促されるように、合成生物学者たちは暗号の構造がどのように進化してきたのか、そして、ほかの化合物でも同じ機能を果たせるのかどうかを突き止めようとしてきた。さまざまな可能性があるなかで、遺伝暗号はほかの形をとりうるのだろうか？

新たな塩基を使った実験から、考えられるほかの選択肢がいくつももたらされた。そうした塩基は、既存の暗号と似た化学構造をしているが、原子の配置はわずかに異なっている。新しい塩基対の一つに、キサントシンと2,4－ジアミノピリミジンという覚えにくい名前の物質の組み合わせがある。[7]ほかにも、イソグアニンとイソシトシン[8]という組み合わせがある。これらは従来のグアニン（G）とシトシン（C）と同じ化学式をもつが、原子の一部が異なる位置にあるものだ。イソグアニンとイソシトシンのなかには、細胞に組み込み、実際の塩基対を装って、ＤＮＡの中に加えた状態で複製できるものもある。

こうした実験が示すのは、自然界で異なる種類の暗号が利用されうるということだが、自然界で現在の塩基が選ばれた理由を説明するには、あらゆる種類の化合物を系統的に試験して調べなければならない。アメリカのスクリプス研究所やハーヴァード大学、スイスのチューリッヒ工科大学など、さまざまな機関の研究者たちが、ＲＮＡで考えられる数多くの塩基対をこつこつと調べている[9]。その研究は化合物の世界をめぐる旅のようだ。今までとは違う方向に向かったら塩基対にどんな違いが出るか、一つひとつ確かめてゆく。

研究者たちはヘキソピラノースという物質でできた塩基からＲＮＡをつくる実験をした。これは既存の塩基と類似した化学的性質をもつが、炭素が五つの環ではなく、炭素が六つの環からなり、やや大きい。実験では、サイズが大きいために、正しく対を形成できなかった。一部の基（具体的にはヒドロキシ基）を環の一つから取り除いたときには塩基対が形成されたのだが、これは遺伝暗号で見つかる自然の化合物とは考えにくい。この結果だけを見ても、生命が選んだ四つの文字は行き当たりばったりではなく、遺伝暗号の組み合わせ方において原子の構成や配置が重要な役割を果たしていることがわかる。分子が大きすぎると、塩基対は形成されない。

化学者たちはさらに広い領域へと足を踏み入れた。ＲＮＡを構成する塩基の異性体（化学構造は同じだが、基の位置が異なる）を使ったところ、正常に機能する新しい塩基対を生成できたのだ。自然界のＲＮＡの塩基対よりも結合が強い塩基対があったというから驚きである。これはつまり、核酸の世界の裏側には、生命が選択した塩基よりも優れた未知の化合物群があったということなのか。遺伝暗号の主要な構成要素をもっと都合よく配置する、化合物の小さなオアシスがあったのだろうか？

核酸の特徴の一つに、柔軟性と、塩基対の開閉を通じて複製や暗号からのタンパク質生成ができる能力がある。仮説上のＲＮＡワールドでは、塩基対の結合は分子を正しく折り畳める程度に強くなければならないと同時に、そもそも折り畳み自体ができる柔軟性をもつ程度に弱くなければならない。自然界のＲＮＡよりも結合が強い構造をもつこの新しい分子は、おそらく柔軟性が足りないだろう。したがって、ＲＮＡはほかの塩基を使ったとしても、今よりよくならなかったかもしれない。その構造と塩基の選択は、塩基対の結合の強さを最大にするものではなく、塩基対を最適にするものだった。

新たな化合物の組み合わせを試し続ける合成生物学者には、当然ながら、生命の遺伝暗号の選択についてもっと意見があるだろう。この研究は最終的に、情報の保存システムを構築するうえで、進化によってなされた太古の根本的な選択に光を当てることになる。しかし今のところ言えるのは、遺伝暗号を構成する化合物は、単純な物理的機構によって決まったように見えることだ。

探究をさらに進め、暗号が読み取られて有用な化合物に変わる現象に、予測可能な物理的経路の余地が少なく、偶然の要素が大きいかどうかを考えてみたい。遺伝暗号を読み取る第一段階は、ＲＮＡにおいてＤＮＡの相補的な複製をつくることだ。この鎖は伝令の役目を果たすので、「メッセンジャーＲＮＡ」と呼ばれる。長いＤＮＡ暗号の相補的な複製であり、運搬されて、最終的にタンパク質が合成される。ＤＮＡ暗号の複製であるこのＲＮＡは、「ＲＮＡポリメラーゼ」と呼ばれる大きな酵素によって合成される。この酵素はＤＮＡに沿って移動しながら、塩基どうしを結合して、触手のようなメッセンジャーをこつこつと生成する。

このメッセンジャーＲＮＡとともに、別種のＲＮＡ分子の断片が組み立てられる。「転移ＲＮＡ」と呼ばれるこれらの断片は、タンパク質の構成要素であるアミノ酸を鎖まで運んでくる。転移ＲＮＡはそれぞれ独自のアミノ酸をもっていて、それぞれが暗号の特定の部分と結合する。

転移ＲＮＡは「コドン」と呼ばれる三文字の暗号と必ず結合する。転移ＲＮＡがメッセンジャーＲＮＡに沿って移動して三文字の連なりと結びつくと、それらが運んでいるアミノ酸どうしが結合し、アミノ酸の鎖を形成する。この過程は「リボソーム」と呼ばれる大きなＲＮＡ構造の集まりに守られて行なわれ、そこから、ヘビが穴から出てくるように、アミノ酸の鎖が現われる。リボソームから出たアミノ酸の長い鎖は自発的に折り畳まれて、複雑な形をつくる。タンパク質の完成だ。これで、この新たに生まれた分子は化学反応を実行したり、細胞膜の構築に加わったりできるほか、自己複製ができる生命体に必要な無数の役割の一つを果たせるようになった。

ＤＮＡからＲＮＡを経て、タンパク質へ。暗号の読み取りというのは、ある面で簡潔に洗練された過程だ。まず、ＤＮＡの四文字がメッセンジャーＲＮＡに読み取られ、転移ＲＮＡが、三文字の暗号と結合するその際立った性質によってメッセージとアミノ酸を結びつける。そして、アミノ酸の鎖が形成され、タンパク質自体が合成される。一方、別の見方をすると、この過程は特殊で回りくどいようにも思える。環境中に存在する何百万種類もの天然の化合物から、自発的に結合する四つの化合物が組み合わさって、一つの暗号をつくる。しかも、この暗号から合成されるタンパク質を構成するのはたった二〇種類のアミノ酸だ。自然界には何百種類ものアミノ酸が存在するというのにである。

ここで、生命の情報をつくるためのツールボックスに必要なものをおさらいしておきたい。ＲＮＡとＤＮＡのあいだでは、合計で五つの塩基（ＤＮＡにＡ、Ｔ、Ｇ、Ｃ、そしてＲＮＡにＡ、Ｕ、Ｇ、Ｃ［ＴがＵに置き換わる］）、リン酸基とリボースという糖のみからなるバックボーン、何種類かの転移ＲＮＡ（実際には少なくとも二一のそうしたＲＮＡ分子が細胞で暗号の読み取りに必要）、そして二〇種類のアミノ酸が使われている（一部の細胞ではそのほかにセレノシステインとピロリジンというアミノ酸も使われ、合計で二二種類となる）。この情報保存システム全体で、一つの暗号から六〇種類近くの機能する分子を生成できる。これに対する見方は二通りある。このシステムはたまたま起きた出来事、つまり不条理な偶然で、ほかにとりうる道が数多くあったのか、それとも進化で選び抜かれたもので、とりうる経路は数少ない、ひょっとしたらたった一つなのか。既知の宇宙に存在するあらゆる有機分子のなかで、これら六〇種類ほどの分子はもしかしたら特殊なのか？　この問いは遺伝暗号の仕組みが明らかになって以降、生物学者が挑んできたなかでも指折りの深遠な難題かもしれない。この答えがわかれば、生命の暗号の構造とその生成物がまったくの偶然の産物なのか、それとも、根底にある物理的原理によって形成されたのかがはっきりするだろう。

四種類の文字からなる暗号が確立されたあと、その暗号が異なるアミノ酸にどのように割り当てられたのかという謎も出てくる。前述のように、DNA暗号で三つの連なった塩基（コドン）が一つのアミノ酸に対応する。塩基のそれぞれがA、T、G、Cのいずれかだから、コドンの組み合わせは全部で4×4×4＝64通りあることになる。しかし、生物が必要なコドンはたった二〇種類（一部の細胞では二二種類）のアミノ酸に対応するものだけだ。これは何を意味するのか？　生物で使われているアミノ酸の多くには、複数のコドンが割り当てられている。「縮重」や「縮退」と呼ばれるこの現象によって、六四種類のコドンそれぞれに異なるアミノ酸が割り当てられることになる。そのなかには、暗号の読み取りの始まりや終わりを示す「開始」や「終止」のコドンもある。遺伝子の始まりと終わりを示すマーカーだ。それぞれの遺伝子は、一つのタンパク質の一部か全体を示している。

三文字の暗号それぞれとそれに対応するアミノ酸の関係を示して表にしてみると、古代エジプト文字の解読を可能にしたロゼッタ石のようにも思えてくる。生物種によっては部分的に異なる場合があるものの、この配置は全生物に共通だ。こうした普遍性は、三文字の暗号とそれに対応するアミノ酸の関係が太古の時代に起源をもつことを物語っている。この暗号は現在地球にすんでいるすべての生物の祖先にもともと含まれ、進化の過程ですべての生物に受け継がれてきたことを示唆している。この関係がどのように形成されたのか、そして、単なる偶然でできたのかどうかという疑問を、探究心のある科学者たちは抱き続けてきた。誰が正しいのかはさておき、大半の科学者の見解の根底にあるのは、この関係が行き当たりばったりの偶然ではなく、きわめて限定された選択の結果であるという考えだ。

生命体にとって必須の条件の一つに、遺伝暗号の複製やタンパク質の合成を行なうときに暗号の読み取りエラーを少なくすることがある。もしかしたら、暗号の特定の配列からアミノ酸を合成することは、タンパク質にエラーが紛れ込む可能性を最小限に抑える方法の一つなのかもしれない[10]。興味深いことに、同じアミノ酸に対応するコドンどうしは集まりやすい傾向がある。たとえば、アラニンというアミノ酸に対応するコドンはGCU、GCC、GCA、GCGで、三文字目だけが異なる。この傾向はグリシンやプロリンといった、ほかのアミノ酸にも当てはまる。コドンがこのようにひとまとまりになることで、おそらく暗号に小さなエラーがあってもアミノ酸は変化することなく、最終的に合成されるタンパク質は変わらないだろう。暗号がたまたま変わる原因として、放射線やDNAに対する化学変化、メッセンジャーRNAが読み取られるときの暗号の翻訳ミスが考えられる。いずれにしろ、現在の暗号はどこでエラーが起きたとしてもその影響を軽減するようになっている。しかも、化学的性質が似たアミノ酸どうしはそれに対応するコドンも似ているようだ[11]。これもまた、DNAにおける突然変異や読み取りエラーが合成されるタンパク質に及ぼす影響を最小限に抑える方法として説明されてきた。

翻訳ミスの可能性を下げる効率が高い遺伝暗号を比較するコンピュータープログラムを実行してみると、自然界に存在する現在の暗号はきわめて特殊に思える。自然界で生成されうる一〇〇万種類もの暗号のなかで、現在の暗号が最も効率的にエラーを減らせたのだ。[12]

自然界が現在の暗号を選択した理由を示す興味深い手がかりは、ほかにもある。アミノ酸のアルギニンは、その転移RNAが結合できるコドンと結びつくことができるのだ。この関係はイソロイシンというアミノ酸にも見られる。このことから、現在のコドン表は太古の時代にアミノ酸とRNAの鎖の断片が引きつけ合った結果生まれ、しかもそれは転移RNAが仲介役になる前だったかもしれないと考える人もいる。ひょっとしたらアミノ酸は、現在見られるような複雑な機構なしにメッセンジャーの暗号と直接結びついていたのかもしれない。こうした親和性は、RNAの解読からタンパク質にいたる結びつきの礎となった。

どうしても偏った議論に陥りがちになるが、あらゆる可能性を考慮すると、これらすべての説の要素が生命に組み込まれているとも考えられる。[13] 初めて暗号が出現したとき、特定のアミノ酸がRNAの断片に結びついたその親和性から、特定のコドンが特定のアミノ酸を表わすようになった過程について何かがわかりそうだ。さらに、この過程が進行するのと同時に、進化を通じた淘汰によって、エラーを最小限にするか、あるいは少なくとも十分無害なレベルに抑えて確実に繁殖できるようにする暗号が選ばれたのかもしれない。エラーが少ないほど、子孫がもつ分子が正常に機能し、生息環境のなかで受け継がれる可能性が高くなる。その後、コドンの再編成につながる突然変異が起きて、暗号が最適化されていったとも考えられる。

ただ、これらの議論には明らかに小さな謎が残っているように思える。コドン表が生命にとってそれほど大事ならば、遺伝の仕組みの中核部分とその翻訳過程は、最初期の生命にいったん組み込まれたら、クリックが言うように「凍結された偶然」として残るのではないだろうか？　だとすれば、それはきわめて不完全で、特異性に満ち、生命の初期の情報保存システムで明らかに不可欠だった部分の影を引きずっていて、その後に変化すれば生命にとって死を意味すると考えるべきなのか？　しかし、合成生物学者が実験室でコドンにまったく新しいアミノ酸を割り当てたときに適応が見られたことは、かつて考えられていたよりも生命に実験する機会がたくさんあったであろうことを物語っている。変化の余地はあるということだ。自然環境には、遺伝暗号の基本構造が確立したあとであっても、コドン表の組み換えを起こせる道がある。一つの細胞で特定のコドンが使われなくなる可能性もある。突然変異によって転移ＲＮＡの遺伝子が失われ、それに対応するアミノ酸までもが失われるかもしれない。その後、別の転移ＲＮＡの遺伝子の重複とその突然変異を通じて、コドンに新たなアミノ酸が一から割り当て直される事態も考えられる。こうした遺伝的な再構成を通じて、コドン表は変わる可能性がある。代謝経路と同じく、生命は新たな経路をたどって、遺伝暗号で新たな実験を試すことができるようだ。

生命の生化学的性質がこのような柔軟性をもっていることは、より根本的かつ普遍的な何かを暗に示している。さいころを振ったような歴史の気まぐれは「凍結された偶然」や歴史上の不変の遺産として、これまで考えられてきたほどしっかりとは生命に定着しないのかもしれない。生命が分子の機構を変えられるような順応性をもっているとすれば、生命は物理的原理によって形成され、物理法則に最適化されることも可能だ。生命はその黎明期に分子の檻に閉じ込められたままの状態で、ずっと身動きできないわけではない。

ここでまだ残るのは、生命の生化学的な特徴の柔軟性がどこまで予測可能性につながるのか、という疑問だ。地球に関する事前の知識がなく、生物情報の保存に関して簡単な知識しかない地球外生命は、四つの塩基と暗号を翻訳するコドン表という、人類が観察を通じて知っているものを演繹的に予測できるだろうか？

この疑問に答えるためには、暗号の柔軟性と進化についてもっと多くのことを学ばなければならない。合成生物学者たちの研究によって理解は進むだろうが、一方で、遺伝暗号が単なる偶然の産物で、歴史の気まぐれであり、ほかの場所でこれと同じ現象は起きないとは考えにくいように思える。暗号に四種類の塩基が含まれるもっともな理由は見つけられる。化学の世界で考えられるさまざまな可能性のなかで、これら四つの塩基には、情報を保存する分子とその柔軟性、複製能力を最適化する何らかの性質がある。また、コドン表には無作為に生じたのではない痕跡が見られる。現在の暗号表を生んだ具体的な出来事や淘汰圧はまだ完全に解明されたわけではないが、アミノ酸とＲＮＡの化学的な親和性やエラーを最小限に抑える傾向など、多くの条件は単なる偶然ではなく、物理的・化学的性質から生じたものであり、後者は究極的には原子の物理的性質に関連する。

これは生物学でも似たようなものだが、こうした知識を手に入れる前に、遺伝暗号がどのようなものかを予測するのはほとんど不可能だった。[14] ＤＮＡの構造が発見される前の一九五〇年に、ＤＮＡの詳しい姿を書き記せた者は誰もいなかったのだ。こうしたことから、これが生物学と物理学の違いであると言う人もいる。物理学では予測に利用できる法則や数式があるが、生物学にはないというのである。しかし、この比較はあまり平等でないようにも思える。遺伝暗号やその化学的性質を理解しなければ予測はできないし、そうした知識は科学の歴史で比較的最近になってようやくもたらされたものだ。これと同じように、物理学者もたとえば異なる温度や圧力のもとでの気体の挙動について基礎的な知識を得て初めて、理想気体の法則を導き出すことができた。実際、遺伝暗号の基本的な知識を得たことで、コンピューターモデルを用いてエラーを最小化するほかの暗号を探ったり、どの暗号が機能するかを予測したりできるようになった。さまざまな塩基を用いたモデルと並行して研究室で実験を進めることで、ほかの遺伝暗号の有効性の研究や予測もできるようになった。合成生物学では、新たな暗号の生成やその生物への組み込みを探究するうえで、予測の能力を高める必要がある。合成生物学者が実験に成功して研究で成果を出せるかどうかは、設計しようとしている新たな化合物や生物について予測できる能力にかかっている。

遺伝暗号は、たとえばヘリウムが詰まった箱と比べるとはるかに複雑だから、暗号の挙動を単純な数式で予測しにくいこともあり、遺伝暗号の研究は気体の挙動の研究とはまったく異なる分野として扱われる。しかし、暗号が複雑だからといって物理的原理の影響が小さくなるわけではない。それと同時に、遺伝暗号がたどってきた来歴は、暗号が偶然の産物とは考えにくいことを暗示しているわけでもない。確かに、気体の挙動を予測する物理学者は、遺伝の機構の複雑性を予測しようとする科学者よりも条件が限られた問題に取り組んではいるが、これら二つの研究をまったく異なる問題として区別するのは見当違いだ。遺伝暗号に関する多くの部分は、かつて考えられていたよりもっと単純な物理的原理、したがって化学的原理の影響を受けている。

視点を遺伝暗号から、それが暗号化しているタンパク質に移すと、同じように明らかな偶発性の欠如が見られる。RNAから最終的に生成されるのは、アミノ酸が長く連なったタンパク質だ。それが折り畳まれて、酵素や細胞構造の一部といった、生命に役立つ分子がつくられる。[15]

無生物の世界には何百種類ものアミノ酸がある。[16] タンパク質に使われるアミノ酸の数や種類は無作為に決まったのだろうか？　好奇心旺盛な研究者たちは昔からこの問題について考えてきた。無作為に選んださまざまなアミノ酸から、生物に顕著に見られる二〇種類のアミノ酸が進化によって選ばれるのかどうかを調べようとした最初の研究では、結論が出なかったものの、無作為ではない可能性を示唆する興味深い手がかりはあった。[17]そして二〇一一年、ゲイル・フィリップとスティーヴン・フリーランドが厳密な研究を学術誌『アストロバイオロジー』に発表した。[18]二人はまず、タンパク質の構造に欠かせないアミノ酸の性質のなかでも、とりわけ重要な性質が三つあるとの前提を立てた。

一つ目はアミノ酸の大きさ。タンパク質を構成するアミノ酸の長い鎖がどのように折り畳まれるか、そして、それが活性分子に正しく結合できるかどうかを決める要素だ。二つ目の性質として、アミノ酸の電荷もタンパク質において重要な役割を果たす。負電荷をもつアミノ酸と、正電荷をもつアミノ酸は互いに引き寄せ合って、タンパク質を一つにまとめる橋を形成する。こうした結合の多くはタンパク質の構造に点在し、アミノ酸が連なる鎖全体がはっきりと秩序正しくまとまって有用な機能を果たすためにとりわけ重要だ。そして三つ目として、水を避ける性質（疎水性）もまた、きわめて有用なアミノ酸の特徴である。タンパク質は水に溶けることもあれば、水がまったくない細胞膜に存在することもあるため、水に対する親和性がアミノ酸によって異なることが、タンパク質全体やその一部の挙動を形成するうえで欠かせないことがわかってきた。この性質はほかのタンパク質との結合の仕方や、細胞膜の内奥部など、細胞で水のない領域に引き寄せられるかどうかといった挙動を変える。

フィリップとフリーランドはいくつかのアミノ酸を選び、プログラムを実行して、さまざまな大きさや電荷、疎水性の有無に応じて一組のアミノ酸を選択した。プログラムではまた、幅広い生化学的な性質をもっているだけでなく、その性質が均等に分布していて、一つの領域で重なる生化学的な性質が多くならないようにアミノ酸の組み合わせを選んだ。タンパク質の幅広い性質を利用できるこの配分は、生命にとって最高のツールキットになると、彼らは考えた。均等に分布していれば、生命は生存の可能性が高くなるアミノ酸を選択できるし、それは生命が使いたい理想に近くなる。これは、あなたが日曜大工用の工具箱に入れるスパナを各種取り混ぜて選ぶようなものだ。とても大きなスパナばかり、あるいは小さなスパナばかりは選ばない。古いドアなどを取り外すとき、そのボルトに合ったスパナを選べるように、さまざまな大きさのスパナを用意しておきたいだろう。

フィリップとフリーランドが「網羅性」（性質が幅広く均等に分布していることを示す彼らの用語）の研究に含めたアミノ酸の最初の組み合わせは、マーチソン隕石で見つかったアミノ酸だった。生命が初めて出現した頃にそうしたアミノ酸が地球上に降り注いだと仮定すれば、最初の実験対象としては妥当だろう。実験に使ったのは、マーチソン隕石で見つかった五〇種類のアミノ酸から選んだ組み合わせだ。五〇種類のなかで、生物で実際に使われているのは八種類で、ほかの四二種類は生物で使われている事例はまだ知られていない。一部には分枝をもつアミノ酸もあり（合計一六種類）、フィリップとフリーランドは、生物におけるタンパク質の生成には大きすぎてかさばるだろうと考えて、それらを除外した。

実験の結果は驚くべきものだった。

生物で使われている二〇種類のアミノ酸と、マーチソン隕石の五〇種類からランダムに選んだアミノ酸の一〇〇万種類もの新たな組み合わせを比較した結果、生物で使われている二〇種類のほうが、ほかの組よりも三つの重要な要素すべての網羅性と組み合わせが優れていることがわかった。生命で使われているアミノ酸は、ランダムとはとても言えない。タンパク質を合成するうえで役立ちそうな性質が幅広く均等に分布するように、進化を通じて選び抜かれたように見える。幅広い用途に使える工具箱に求めるような性質だ。

とはいえ、生命に使われている二〇種類のアミノ酸のうち、マーチソン隕石で見つかっているのは八種類しかない。ほかの一二種類は八つの原始的なアミノ酸群の誘導体である。これら一二種類の誘導体は、細胞に備わった新たな合成経路によって生成されたものだ。そこで二人は、隕石から見つかった五〇種類の原始的なアミノ酸を用いて、分析を再度行なった。ただし今回は、八つのきわめて原始的なアミノ酸の最適な組だけを探った。その結果、生物に使われている八種類よりも優れていたのはすべての組の一%にも満たず、三つの特徴すべてにおいて優れていたのは〇・一%もなかった。この結果もまた驚くべきものだ。

とはいえ、この計算結果で、生物で使われているものよりも優れていそうなアミノ酸群があるという、心をそそる手がかりが得られたのではないだろうか。生物は無作為ではない性質を備えているようだが、生物で使われている偶然選ばれた八種類よりも有望なアミノ酸群はあるのだろうか？　こうした問いを投げかけるときには慎重になるべきだ。フィリップとフリーランドも認識しているように、彼らが選んだアミノ酸の特徴は三つだけであり、タンパク質の鎖の中を移動する能力（原子の空間配置や構造といった要因）など、アミノ酸の有用性を決める要素はほかにもあるかもしれない。

二人は最後の実験で、アミノ酸のさらに大きなグループをつくった。隕石で見つかった五〇種類に、生物で使われているほかの（隕石で見つかった八種類を除いた）一二種類を加えたほか、タンパク質に利用される一二種類のアミノ酸を細胞内で合成する過程でできる一四種類のアミノ酸も追加した。これら一四種類のアミノ酸はＤＮＡに実際に暗号化されているわけではない。合計七六種類からなるはるかに大きなアミノ酸群から、二〇種類のアミノ酸群を無作為に選んだ結果、考えられる一〇〇万通りもの新たなアミノ酸群のうち、自然界に存在するアミノ酸群よりも優れているものは一つもなかった。

フィリップとフリーランドが出した結果は物議をかもした。まだわかっていない部分が数多くある。初期の地球で生命が利用する際に、豊富に存在していたアミノ酸はどれなのか？　生命が選択するにあたって重視すべきアミノ酸の性質はほかにもあるのだろうか？　初期の地球やタンパク質に関する知識が集まってくれば、こうした研究は進むだろう。奇妙な偶然の一致のいくつかや、私たちをひどい袋小路に追い込むプログラムを実行した不運（いつか修正されるだろう）を除けば、フィリップとフリーランドの研究からは、生命体の構築に広く利用されている二〇種類のアミノ酸が無作為に選ばれたものではないことが、強く示唆される。これらのアミノ酸群は、全体として幅広い性質を提供する用途の広さをもっているために選ばれた。生命はこれらのアミノ酸をあれこれ試して、多種多様なタンパク質を合成できる。そのなかから、最初の生命が生まれたのだ。

さらに最近では、遺伝暗号を改変するだけでは飽き足らなくなった合成生物学者たちが、細胞内で新たな種類のアミノ酸をタンパク質に組み込ませることに成功した[19]。現代の分子ツールを使えば、自然界で生命に使われていないアミノ酸を用いて、病気の新たな治療薬となるタンパク質を合成できるかもしれない。自然の生化学反応では遭遇しないアミノ酸群から合成されるこうした「デザイナータンパク質」は、科学界に多大な可能性をもたらす一方で、倫理的な問題を投げかけてもいる。

こうした新たな創造物を見ていくと、これを証拠として、生命は生化学的にあまりにも柔軟であり、生物で使われている既存のアミノ酸は単なる「凍結された偶然」に違いないと考えてしまいそうだ。結局のところ、新たに合成されたアミノ酸が新しい生化学反応を実行できるとしても、新たなアミノ酸に置き換えることで既存の経路に多大な影響を及ぼすだろうから、生命がこうした能力を利用しそびれたわけではないのではないか[20]。進化を再び最初から実行したとすれば、生命はこうした新たな生化学的性質をゼロから見つけ、現代の合成生物学者が使っているような異なるアミノ酸群をつくるのだろうか?

しかし、自然界での進化と合成生物学者の実験には決定的な違いが一つある。科学者は、産業界の化学者や薬理学者が効果的な薬や新型の化合物の開発に役立てられそうな特定の生化学的性質を見つける。科学者はあらかじめ考えたうえで、アミノ酸を選び、細胞に組み込んで、望みどおりの結果を得ることができる。しかし、生命は膨大な種類のタンパク質の合成に利用でき、かつ必要なエネルギーを最適化できるアミノ酸群を選ばなければならない。二〇種類のアミノ酸の組み合わせが一〇通りあれば、どれも何かしら有用な性質はあるだろうし、素材やエネルギーも大量に消費することになる。エネルギー消費が少ない経路を利用して生息環境で十分に複製や増殖ができる細胞は、優位に立つだろう。同じ議論は拡張された遺伝暗号にも当てはまる。実験室で好きなように文字を追加して、より大規模かつ安定した暗号をつくり、それを用いて微生物をつくり出すことができても、自然環境で食物や資源をめぐる競争に何百万年もさらされるなかで、拡張された遺伝暗号をもつ生物が、四種類の文字で構成された従来の暗号を使う生物よりも長期的に優位に立ち続けられるとは限らない。

フィリップとフリーランドの研究が示しているのは、生命に対する圧力によって、幅広い生化学的性質を均等に含み、生命の構築に利用できる用途が最多になるアミノ酸群を含んだ遺伝子の小さなツールキットが生まれやすいということだ。こうした生化学的な性質の進化は、合成生物学者がエネルギーを注ぐ動機や圧力とは大きく異なる。科学者による巧みな実験で、細胞がタンパク質を合成する素材として多種多様なアミノ酸群を使えたというだけでは、環境中の生物にかかる淘汰圧がそれらのアミノ酸群を優先的に選ぶかどうかはほとんど何もわからない。むしろ生命に要求されるのは、できるだけ少ない種類で最大の多様性が得られる組み合わせを選択することだ。

生命は多様化しうることも知られていて、一部のタンパク質では、セレノシステインという珍しい種類のアミノ酸が見つかっている[21]。その中に含まれているセレン原子によって、タンパク質が抗酸化物質に対処する能力が高まるようだ。また、メタンを生成する一部の微生物では、ピロリシンという似たような珍しいアミノ酸が見つかっている[22]。これら二種類を加えると、生命で利用されているアミノ酸は二二種類になる。この事実が示すのは、何らかの生化学上の必要性に迫られて、タンパク質の構成要素の種類を増やさなければならなくなったときには、生命は新たなアミノ酸を手に入れられるということだ。

塩基の数と種類が決まっている遺伝暗号、アミノ酸と暗号の対応を示すコドン表、そして、アミノ酸自体もどうやら制約を受け、無作為ではない選択の結果であるようだ。しかし、これらはどれもあまり重要なことではないかもしれない。考えられる二〇種類のアミノ酸だけでも、膨大な種類の分子を合成できる無限の可能性を秘めている。三〇〇個のアミノ酸で構成されるタンパク質を考えてみよう。その鎖のそれぞれの場所に、二〇種類のアミノ酸の一つが入る。そうやって三〇〇個のアミノ酸をつないでタンパク質をつくる組み合わせは、なんと2×10^{390}通りもある！　これは既知の宇宙に存在するすべての恒星を合わせた数よりはるかに多い。したがって、限られた種類のアミノ酸だけでも、生命は何にも縛られないデザインで多様性をつくり出したり、気まぐれを起こしたり、実験を行なったりできる無限の可能性を秘めている。アミノ酸の鎖がようやく折り畳まれて分子を形成する段階に来ると、偶然の領域に入る。これほどの多様性があれば、物理的に制約された挙動から解き放たれ、あらゆる種類の生命が何の束縛も受けない分子の世界が広がるのだろうか？

生命を構成する多種多様なタンパク質を探り始めた当初、生化学者たちは途方もない数のタンパク質を相手にすることになると思っていた。たった三〇〇個のアミノ酸で構成される仮説上のタンパク質だけでも2×10^{390}通りもの組み合わせがあるのだから、現実の世界に存在するすべての分子を理解するための生化学的な研究には、いったい何百年かかるのか？　しかし、こうした分子が解きほぐされ、その鎖を構成するアミノ酸が読み取られ、折り畳み方が研究されるにつれて、アミノ酸の連なりがどのようなものであっても、タンパク質の特定の部分が選ぶ折り畳み方や形状の数は、きわめて限られていることが明らかになった[23]。

タンパク質を分解して個々の単位に分けると、折り畳みの配置の組み合わせの種類はわずかであることがわかるだろう。たとえば、「αヘリックス」[24]では、アミノ酸が右巻きのらせん状に配置されている。一つのアミノ基の水素と、配列で三つか四つ前のアミノ酸の酸素が水素結合でつながったものだ。ほかには、ひだのあるシート状の構造（通常βシートと呼ばれる）もある。アミノ酸が水素結合でつながってシート状の配置を形成した長鎖だ。

これら二種類の折り畳みは一つにつながって組み合わされることもある。多くのタンパク質はα構造とβ構造の両方で構成され、アミノ酸が連なった鎖に沿って、らせんとシートがさまざまな組み合わせで配置されている。タンパク質のなかには、αとβの二種類の形状がきっちり交互に繰り返しているものもある。こうした構造はさらに、らせんやシートの折り畳まれ方によって、ＴＩＭ（トリオース燐酸イソメラーゼ）バレル、サンドイッチ、ロールという構造に分類される。細かい部分は気にしなくてよい。ここに見られるのは、とりうる構造が限られているという事実だ。

これに対する一つの説明としては、タンパク質の折り畳み方は進化の初期の段階で生命に組み込まれ、有用な分子の合成に十分な性質を備えているので、それ以降、淘汰圧を受けず、ほかの形態に進化しなかったというものが考えられる。これは家の建築にたとえられる。家を建てるにあたって、工務店に行き、あらゆるブランドのれんがを使うなんてことはしない。自分の希望に合ったものを数種類選ぶだけだ。生命も同じで、祖先がいったん選んだ折り畳み方を、ほかの生命も使い続けたというわけである。

この議論は説得力があるように思えるかもしれないが、タンパク質の折り畳み方の配置が選ばれるにあたっては、もっと根本的な法則が働いたとも考えられる。アミノ酸の鎖は、エネルギーの低い状態に行き着くように折り畳まれる。折り畳みが連続する過程は、最も安定した状態になるように熱力学に従って進められる。折り畳みはそれぞれ独立しているわけではなく、折り畳み方はタンパク質のさまざまな部分の影響を受けている。完成形に向けて折り畳みが進行するなかで、タンパク質は熱力学的に最も有利な構成を探す。[25]これはつまり、答えは数個しかないということだ。無秩序なアミノ酸の鎖が秩序正しくまとまって、何らかの機能を果たせるマシンになったとしたら、物理法則に背く、つまりエントロピーに反することになるだろうか？　そうはならない。アミノ酸が連なってタンパク質になるとき、水分子がその構造から追い出され、周りの環境にある水分子の混沌とした世界に入る。分子に秩序をもたらすこの移行は熱力学第二法則に反していない。

ここでもまた、対極にある分野と見られることもある生物学と物理学の美しい相乗効果が見られる。生命を数少ない単純かつ予測可能な解決策に導く生物学的な「法則」の存在と、それとは違ってあらかじめ決まった秩序はなく、変異と選択が膨大な可能性を示す「ダーウィン主義的な」視点という、二つの見方は対立すると感じている人もいるが、これら二つの視点は共存でき、切り離せない関係にある。ダーウィン主義的な進化では遺伝子の変異や選択を通じて多種多様な形態が試されるが、そうした形態も物理法則に従っているし、どのようなスケールで観察しても普遍的な原理によって厳しく制約されている。[26] タンパク質の場合、ダーウィン主義的な進化では、構造も機能もそれぞれ異なる多種多様なタンパク質が生成され、それらが組み込まれた仕組みが生存に有利であるために選択された。しかし、多種多様な形態の分子が組み合わさってできる形の数は、熱力学の法則によって大きく制約されている。

遺伝暗号と、それが翻訳されて生命を織りなす過程の研究は、これまでも数多くの研究者が取り組んできた。ＤＮＡに注目する人、タンパク質に興味を抱く人、さらには、はるか昔に失われた初期の地球に思いをめぐらし、最初のＲＮＡ分子が化学反応を始め、生命をつくり出したと考えられる世界を探求する人もいる。数は少ないが、これらすべての生化学領域を横断的に研究する人もいる。しかし、ここ数十年のあいだに、この領域を探る科学者たちは、かつて実質的に奇跡だと考えられていた機構の大半から、それぞれ個別に偶発性を除外したようだ。生命は分子が織りなすきわめて入り組んだシステムだが、機能するにあたっては、エレガントな単純性を備えたシステムであると考えられてきた。このシステム全体が偶然の産物であり、生命がとりうる経路はほかにも数多くあるように思えたのだ。しかし、生命の暗号は物理的・化学的な制約の影響を受けて形成されたように見え、コンピューターを用いた研究では別世界との比較でさえも可能になった。かつて霧に包まれて航行不能だった分子の形態の世界では、規則的な配置がよりくっきりと見えるようになってきた。

第8章　サンドイッチと硫黄

私がエディンバラで勤務しているビルのカフェで、いつものようにサンドイッチのパッケージを開くとき、ふだんは、この食欲をそそる食べ物が単なるサンドイッチではなく、レタスやトマト、チキンの味に含まれた原子より小さな粒子、つまりおいしい電子がひとまとまりになったものであると意識することはない。

しかし、この魅惑の食べ物の裏に隠れているのは、豪華な厚紙に包んで大学が提供するこの食べ物が、手軽に電子を消費する方法でしかないという事実だ。微小な細菌から巨大なシロナガスクジラまで、多種多様な生物では、それらを構成する細胞が成長や繁殖に使うエネルギーを得る仕組みに驚くべき共通点がある。この仕組みはどの生物でも同じであり、そこに内在する基本原理はあまりにも簡潔であるので、宇宙のどこにいる生命であっても同じ方法でエネルギーを得ているのではないかと安易に想像してしまう。物理的な作用の基本原理を求めて生命の構造を探っていく私たちの冒険で、今回探究するのはこの機構だ。生命を構築する暗号や分子から、生命に欠かせないもう一つの分子機構に目を向けよう。

生命は成長や繁殖に必要なエネルギーを環境からどのように集めているのか。これこそが、生物圏の原動力となる機構だ。

優れた科学者であるピーター・ミッチェルは一九六〇年代に、生命が環境からエネルギーを集める方法の基本的なメカニズムについて深く考察した。ミッチェルがこの研究に取り組んだのは、この問題が重要だとわかっていたからだ。宇宙を容赦なく無秩序へと向かわせる、つまりエントロピーを増大させる熱力学第二法則は、宇宙に見られる事実である(1)。それは法則であり、生命はそれに従わなければならない。成長や繁殖ができる複雑な機構を構築するためには、常に存在する第二法則に対抗する秩序を維持することが必要だ。そうしなければ、第二法則によってそれらの機構は解体され、エネルギーとその分子の構成要素が宇宙空間へと消えていく。したがって、生命が環境からエネルギーを得る方法を突き止めるのは、生命と周りの環境との相互作用がどのようなものかを理解するために肝要なだけでなく、それが宇宙をつかさどる法則の制約のなかでどのように作用しているかを知るうえでも重要なことなのだ。熱力学第二法則はあらゆる法則のなかでも基本的なものである。太陽からエネルギーを受け取り、地下深部に残った原始の熱からエネルギーを生み出す地球というはかないオアシスで、生命はどのようにエネルギーを集めて、複雑な機構を獲得し、地球の表面全体、さらには地下にまで粘り強く進出したのだろうか?

ミッチェルは生化学にもたらした知見の重要性が認められ、一九七八年にノーベル賞を受賞した。私たちの世界観を変える多くの発見と同様、ミッチェルの発見もあとから考えれば当たり前のように思えるが、のちの世代が一般常識に思えるように理論を構築していくためには、天才的な創造性が必要だ。その結果、生物を理解するうえで礎石となる知見がもたらされた。それは普遍的に適用できる知見である。生命という機構を構成するもう一つの基本要素が物理法則に根ざしていることは、生命が地球以外で進化しているとしたら、宇宙のどこであっても生命に類似した特徴が見られる可能性を示唆している。

話をサンドイッチに戻そう。私の胃袋に収まったあと、サンドイッチはどうなるのか？　サンドイッチは体内で分解され、体を構成する糖やタンパク質、脂肪になる。その一部は酸素と化合して燃やされ、エネルギーを生み出すが、なかには消化されずに体外へ排出される物質もある。高校生のとき、酸素呼吸（好気呼吸）の反応を表わす化学反応式を延々と書かされた経験はないだろうか。あれは退屈だった。でもちょっとここで我慢してほしい。これは学校でまったく教えてくれなかったことだが、この反応というのはとんでもなく美しいからだ。

$$C_6H_{12}O_6 + 6O_2 \rightarrow 6CO_2 + 6H_2O + \text{エネルギー}$$

左辺にある$C_6H_{12}O_6$は糖の一種であるグルコース（ブドウ糖）の化学式だが、サンドイッチの材料に限った話ではなく、たとえばサラミでもいいし、複雑な炭素化合物であれば何でもよい。この炭素化合物が、体内に吸い込んだ空気中の酸素と化合すると、エネルギーが生産される。それとともに、右辺にある二酸化炭素（CO_2）と水（H_2O）が生成されて老廃物になる。

前述の糖のような有機化合物には、その原子内のぼんやりした軌道に収まる形で電子が含まれている。その電子に含まれているエネルギーこそが、化学反応で生命が取り込むエネルギーだ。しかし、その仕組みはどうなっているのだろうか？

宇宙に存在するすべての原子は、程度の差こそあれ、電子を手放す性質をもっている。そうした原子の多くは電子供与体で、電子を喜んで手放すのだが、ほかの原子は電子受容体であり、逆に電子を受け取るほうを好む。原子が電子を手放すか受け取るかは、圧力や温度から酸性度まで、いくつもの要素の連なりに影響されるものの、ここではそこまで深入りする必要はない。ランチタイムの空腹にとって重要なのは、サンドイッチの材料を含めた多くの有機物は気前のよい電子供与体であるということだ。

細胞膜や、その内側にあるミトコンドリアなどの細胞小器官の膜には、受容を待つ電子をもった化合物と結合する分子が存在する。(2) 電子はここで長い旅の一歩を踏み出す。まるでリレー競技のように、電子はサンドイッチが分解されてできた物質から細胞へと受け渡されるのだ。

いままさに電子を受け取った分子の隣には、さらにもっと電子を好む分子がある。電子はここから細胞膜を横断する移動を始め、一つの分子から隣の分子へと跳び移る。リレーの始まりだ。やがてこのリレーも終わりを迎えるのだが、そのあとどうなるのか？　そこには電子受容体が待ち構えていて、電子を受け取り、運び去ることになる。私たちの体内でこの仕事を担うのは、酸素だ。電子受容体が果たす役割は重要で、電子は細胞の外へ出さないと、細胞内で身動きがとれなくなり、すぐに電子の「渋滞」が起きて、先ほど説明した伝達作用に急ブレーキがかかることになる。これで、なぜ呼吸が大切かが理解できただろう。酸素を体内に取り込んで、エネルギー機構に負荷がかかりすぎないようにすることが、きわめて重要なのだ。

電子が膜の中を移動するにつれて、エネルギーが放出される。ここで、そのエネルギーに対してやらなければならないことがある。それは、エネルギーを集めることだ。ミッチェルはその創造力を発揮して、この仕組みを突き止めた。(3) 一つひとつの分子は、通り過ぎる電子から得たわずかなエネルギーを利用して、原子を構成するもう一つの粒子である陽子を、膜の内側から外側へ移動させる。

すると、膜の内側よりも外側のほうが陽子が多い状態になり、陽子の勾配（プロトン勾配）が生じる。

しかし、それらの陽子は、浸透作用によって、勾配をなくすべく細胞に戻ろうとする。

水道水を入れたコップにレーズンを一つ入れると、塩分や糖分を含んだレーズンは周りの水を吸い込んでふくらむ。これが浸透作用だ。水はレーズンの外側と内側の濃度が同じになる方向へ移動する。これと同じように、陽子が膜の内側よりも外側に多く存在すると、陽子は内側のほうへ吸い込まれる。この現象は膜の両側の陽子の濃度が同じになるまで続く。

膜の外側に位置する陽子は、二つの側面をもっている。濃度が内側より高いだけでなく、正電荷を帯びているのだ。それぞれをH^+と書く。膜の外側で電荷の密度がより高い（$\Delta\Psi$で示す）だけでなく、陽子自体の濃度もより高い（ΔpHで示す）ために、この強力な勾配が形成される。この勾配は「プロトン駆動力」（Δp）というダイナミックな響きの用語で呼ばれ、次のような数式で表わされる。

$$\Delta p = \Delta\Psi - (2.3RT/F)(\Delta pH)$$

Rは気体定数（八・三一四J/mol/K）、Tは細胞の温度、Fはファラデー定数（九六・四八kJ/V）。プロトン駆動力の値は通常、一五〇〜二〇〇ミリボルトであることが多い。

つまるところ、陽子は細胞の中に取り込まれる傾向にあるということだ。そうだとはいえ、細胞膜は概して陽子を通さない性質があるので、陽子は膜のどこからでも好き勝手に通り抜けられるわけではない。そこで、陽子の通り抜けに利用されているのが、アデノシン三リン酸（ＡＴＰ）合成酵素（シンターゼ）と呼ばれる、小さいながら複雑な機構だ。この機構は、エネルギーを貯蔵するＡＴＰを生成する役割を果たす。

ＡＴＰ合成酵素を通じて陽子が細胞の中に戻ると、小さな分子機構が回転する[4]。この見事な機構は六つもの異なるタンパク質のユニットで構成されている。ＡＴＰ合成酵素が形を変えながらこの回転機構を動かすと、リン酸基がアデノシン二リン酸（ＡＤＰ）と並んで結合し、ＡＴＰが生成される[5]。これらの新たなリン酸結合に、電子伝達系のエネルギーが取り込まれる。

こうして生成されたＡＴＰは細胞の中で輸送され、必要な場所でそのリン酸基が分解されてエネルギーを放出する[6]。それを利用して新しいタンパク質が合成され、古いタンパク質が修復されて、やがて新しい細胞がつくられる。それがどうしたと思った読者のために説明しておこう。あなたの体を構成するすべての細胞で、一秒間に生成されるＡＴＰ分子はなんとおよそ1.4×10^{21}個だ[7]！　この章を読むだけでも、およそ2.5×10^{24}個が消費される。

この過程全体を考えてみよう。そこには確かに複雑性がある。電子を集めるためのさまざまな分子、ＡＴＰを生成する機構、さらにはＡＴＰ自体も複雑だ。ＡＴＰは小さな分子ではあるが、リン酸結合がエネルギーを取り込む仕組みは精妙で入り組んでいる。

しかし、この過程の核心には目を見張る単純性がある。簡単に利用できる電子があり、そこから得られるいくらかのエネルギーが利用されて、プロトン勾配が形成される。この勾配は「浸透」という基本的な原理によって、微小な機構を回転させる役目を果たす。これで生じた分子がエネルギーを効率的に貯蔵し、必要な場所で放出される。これはうっとりするほど簡潔な機構だ。

このエネルギー収集システムはきわめて特異だといわれているという話を耳にしたことがある。前述の説明を読んだうえで考えると、このシステムは簡潔に見える。しかし、地球外の生命もこのようなシステムを利用するだろうか？　質問を少し変えてみるなら、技術者に紙とペンを渡して、環境からエネルギーを集めるシステムを考案するように頼んだら、まったく同じシステムを考えつくだろうか？

納得できない読者のために書いておくと、技術者たちはこれまでにほぼ同じことをしてきた。それは水力発電だ。世界一五〇カ国以上で利用されている水力発電は、川の上流にダムで水をせき止めてつくったダム湖から、山腹に沿って水を流下させ、その運動エネルギーを利用してタービンの中で回転運動を起こすことによって発電する。細胞では細かい部分は異なるが、基本的な概念は同じだ。生命は細胞膜の外側にある貯蔵庫に陽子をためる。細胞膜は陽子を外にとどめておくダムの役割を果たしているのだ。そして、浸透の勾配を利用して、陽子が分子のタービンを通して細胞膜の内側へ戻るときに、ATP合成酵素の中で回転運動を起こす。この微小なタービンは、発電ではなく、ATPにエネルギーを貯蔵するために利用されている。一方でATPは、あとで利用するときのために電気をためておくバッテリーにも似ている。細胞の中には水力発電はないが、陽子による発電の仕組みがあるということだ。

ありえないことではあるが、生化学という分野が発展しなかったというシナリオを考えてみよう。しかし、どういうわけか、細胞に不浸透性の細胞膜があることはわかっている。ここで技術者に紙とペンを渡し、原子からエネルギーを集めるシステムを考案するように頼んでみよう。彼らはきっと、水力発電所のことを頭に思い描き、電子と微小なポンプを利用してイオンの勾配のようなものをつくるシステムを思いつくだろう。そうしない理由は思い浮かばない。その勾配自体を利用し、回転装置を通じてイオンを細胞の内側へと導き、電気、あるいはエネルギーを含んだ化合物をつくる。

ミッチェルが唱えたこの化学浸透説には一定の論理はあるのだが、なぜプロトン勾配が存在するのかという疑問は残る。一個の電子が一つのタンパク質から別のタンパク質に移動するたびに、微量のエネルギーが放出される。それらをあますことなく集めたい。一個の電子が動くたびに、細胞膜の外側にわずかに勾配が形成される。陽子を押し出して勾配をつくる仕組みは巧みだ。勾配は電子の動きがいくつも蓄積されて形成され、やがて、水が山の上のダム湖を満たすように、ある程度まとまった量の陽子が蓄積する。こうしてたまった陽子が、一つの機構を通じて細胞の内部へ導かれ、エネルギーを貯蔵するのだ。

ここでもやはり、あの典型的な疑問が浮かび上がる。この機構が形成されるにあたり、運や偶然が入り込む余地、言い換えれば、歴史の気まぐれによる偶発的な要素が入り込む余地はあるのか。それとも、この機構の構造は、一つの揺るぎないパターンとして確立されているのだろうか？[8]

このエネルギー生成機構の細部には、柔軟に変化できる余地があることが、すでにわかっている。たとえば、微生物のなかには陽子の代わりにナトリウムイオン（Na^+）を利用して勾配を形成できるものがある。[9]ドイツのある研究グループは独創的な研究を行ない、アセトバクテリウム・ウッディイという細菌の膜に穴を開ける化学物質を用いて、陽子がとめどなく細胞内に入り込める穴が膜にあっても、細菌が電子伝達系でコーヒー酸という化学物質を利用する能力には影響がないことを示した。しかし、ナトリウムイオンが膜の穴を通れるようにすると、細菌がＡＴＰを生成する能力がなくなった。陽子を避けてナトリウムイオンを使う微生物がいるということは、この精巧な機構が変化する可能性を示している。とはいえ、生物の主要なドメインすべてにおいて、細胞膜の外側から内側にかけて勾配を形成するために最も広く利用されているのは、陽子だ。[10]これほど広くプロトン勾配が利用されていることは偶然の一致ではなく、生命の起源に深く根ざしたものであるとも考えられる。

エネルギーを収集するこの機構は、さらに驚くべき用途の広さを備えている。そこがたぐいまれな部分だ。

生命は必ずしもサンドイッチと酸素を必要としているわけではない。異なる電子供与体と電子受容体を利用し、宇宙に存在するほかのさまざまな物質を用いて、成長する生命体をつくり出すこともできる。あなたや私は呼吸して酸素を取り入れる必要があるが、細胞から電子を運び出せる化学物質は酸素だけではないのだ。実際、多くの微生物は酸素の代わりに鉄や硫黄の化合物を使って、電子をとらえている。このように転換した結果、酸素なしで生きられる嫌気性菌が生まれた。地下深部や悪臭を放つ泥の池で、そうした微生物は酸素がまったくなくても、岩石の隙間や沼地、硫黄を含んだ火山性の池の深部で成長して生きている。その栄養源となるのは、鉄や硫黄といった豊富な元素、そしてそれらの化合物だ。単に電子受容体を変えることで、人間が住めない環境を生命の新たな生息地とする道が開けたのである。

生命がもつ可能性はこれにとどまらない。酸素の代わりに別の電子受容体を利用できるだけでなく、サンドイッチをやめて、ほかの電子供与体を選ぶことができるのだ！　代わりに水素を利用すれば、地下深部から湧き出る水素ガスを栄養源にできる微生物が現われる。「化学無機栄養生物」と呼ばれるこれらの生物は、文字どおり岩石を食べていて、多くの強みをもっている。有機物を取り込む必要がないため、光の届かない地下でも、生物圏のほかの領域から実質的に独立して生きていくことができる。

栄養源としてサンドイッチなどの有機物を利用することには、ほかの微生物や動植物から生命の構成要素を取り入れなければならないという制約がある。異なる種類の生物が依存し合う関係は、地球の生態系の大半を形成する食物連鎖の基盤だ。草食動物は植物を食べ、肉食動物は草食動物やほかの肉食動物を食べる。これは、一つの生物から別の生物へ移動する電子が織りなす複雑なネットワークにすぎない。一方、水素を栄養源にする微生物は、地球を構成する原料を食べていることになる。この化学無機栄養生物に誰よりも魅了されたのが、宇宙生物学者たちだ。この代謝機構を用いることにより、ほかの惑星のハビタブルな領域で、生物が地下深部にすめるかどうかを知りたいと考えているからである[11]。

さまざまな電子供与体と電子受容体を組み合わせることで、手に入る多様な化学物質からエネルギーをつくることができる。メタンガスを生成する微生物「メタン生成菌」は、電子供与体として水素ガスを、電子受容体として二酸化炭素ガスを使っている。水素ガスには、惑星の形成時に惑星に閉じ込められた太古のものもあるが、特定の鉱物が水と反応して蛇紋岩化する過程で生成されるものもある[12]。水素ガスは水に溶けた形で岩石の亀裂に染み込んで移動することで、生態系全体の原動力となりうる。アメリカのイエローストーン国立公園で煮えたぎる火山性の池の多くには、電子供与体として主に水素を使っている微生物群集が生息している[13]。この地域の地下には超巨大火山が眠っていて、マグマで熱せられた地下深部で水素が生成され、湧き上がってくるのだ。

メタン生成菌が使用済みの電子を排出するのに利用する二酸化炭素も、豊富に存在する。大気を構成する割合としてはおよそ四〇〇ppmとわずかではあるが、それでも、微生物が電子受容体として使う分には十分であるし、地下深部にはさらに高い濃度で集まっている場所もある。

宇宙生物学者たちはメタン生成菌に熱い視線を注いでいる。火星や、土星の衛星の一つであるエンケラドスから噴出したプルームで、メタンが検出されているからだ。これは生命が生成したものだろうか？　実際のところ、メタンは生物なしでも生成されることがあるので、メタンの存在だけでは生命が存在する決定的な証拠にはならない。メタンはさまざまなガスが高温で反応する地下深部でも生成される。低温の環境でも氷に閉じ込められて「クラスレート」という化合物になり、火山活動で氷が解けると放出される。とはいえ、メタンの起源をめぐる議論に牽引されて、宇宙生物学の分野では、ほかの惑星におけるメタンの存在が生命の痕跡となりうるかどうかを解き明かす研究が進んでいる。はるか遠くの惑星に地球外生命が存在するという仮説を検証する研究の背景には、生物のエネルギー生成機構が備えた驚くべき能力とそれがもたらす可能性に関する知識が、研究を進める原動力になっているという事情がある。

電子伝達系はモジュール式のエネルギーシステムのようなものだ。それにかかわる中心的な分子は多様な生物のあいだできわめて似通っていて、シトクロムとほかのタンパク質、キノンという物質で構成されている。[14] これらは、電子を非常に伝達しやすい鉄原子と硫黄原子を中に含んでいる。それぞれの鎖の末端には、生物の生息環境や手に入る栄養源に応じて、異なる電子供与体と電子受容体を取り込む分子がある。細胞の選択肢は決して一つに限られているわけではない。周囲で手に入る物質に応じて、新たな電子供与体や電子受容体を取り込むことができる。おなかがすいているとき、ビュッフェ形式の夕食でピザがなくなったらパスタを食べるように、微生物は手に入るエネルギー源の変化に応じて、鉄化合物から硫黄化合物にいったん切り替え、またあとで元に戻すことができる。これによって、驚くほど多様な場所で生存できるようになる。

近年で最も驚くべき発見の一つに、自由電子さえも利用できる微生物の存在がある。自由電子はどんな原子にも束縛されずに運動できる電子だ。堆積物に電極を差し込むと、微生物が電極に付着し、直接そこから電子を取り入れて電子伝達系を機能させる。[15] ハロモナス属やマリノバクター属の細菌をはじめ、驚くほど多くの微生物がこの能力を備えている。微生物が電子を直接利用してエネルギーを生成するという発見は驚くべきものではあるが、それに驚くべきではないかもしれない。あなたのサンドイッチに含まれる化合物も含め、これまで取り上げてきた多くの化合物は電子の入れ物でしかない。自由電子が手に入るなら、入れ物を捨てて、電子を直接取り入れない手はない。

このように、電子伝達系でとりうるエネルギー生成法は実に多彩だ。その力はあなどれない。毎年、大気中からおよそ一億六〇〇〇万トンもの窒素ガスが、いわゆる窒素固定菌に取り込まれ、アンモニアや亜硝酸塩、硝酸塩といった生物がより利用しやすい窒素化合物になって、生物圏のほかの生物の栄養分になっている。電子伝達系でこうした窒素化合物を利用してエネルギーを集める微生物は、アンモニアから亜硝酸塩や硝酸塩への変換、そして窒素ガスとして再び大気に戻す過程まで、窒素の変換をすべて担う。

硫黄化合物の場合も同じだ。硫黄元素、チオ硫酸塩、硫酸塩はすべて、地殻を通して元素や化合物を循環させる地球規模の「生物地球化学的循環」のなかで、形を変えながら、微生物から微生物へと行ったり来たりして、やがてあなたや私を含めたほかの生物に利用される[16]。

ここ数十年の生物学でおそらく最も興味深い重要な発見の一つ（生物のエネルギー抽出機構に関する知見から導かれた結果）は、理論上、生物にエネルギーをもたらしうる電子供与体と電子受容体の組み合わせのほぼすべてが、自然界で見つかっていることだ。電子を移動してエネルギーを生成するうえで熱力学的に適していれば、元素や化合物のあらゆるペアが利用できる。

オーストリアの理論化学者エンゲルベルト・ブローダ[17]は、今では先駆的とされる一九七七年の論文で、エネルギーや熱力学に関する単純な直観にもとづき、当時まだ自然界で発見されていなかった微生物の存在を予測した。その一つが、アンモニアを電子供与体、硝酸塩を電子受容体として利用する細菌だ。この細菌は最終的に一九九〇年代に発見され、アナモックス（嫌気的にアンモニアを酸化する）細菌として知られるようになった[18]。今では、この細菌の働きは海洋環境できわめて重要であることがわかっている。海で生成される窒素ガスのおよそ五割を、この細菌が生み出しているのだ。

これは、生命の物理的性質に関する知識を利用することで、予測された生命体がその後に発見された一例である。物理学は法則に根ざしていて予測可能であり、生物学は多様すぎて物理学のような予測可能な厳格さに欠けるという見解は、崩れ去ってしまう。生命のエネルギー特性において、エネルギー生成を担う分子機構には単純な熱力学的現象が組み込まれていることがよくわかる。こうした基本的な原理から、単純そうなエネルギーシステムだけでなく、生命体のエネルギー収集能力も予測できる。

微生物が利用するエネルギー収集法のなかには、意外な場所できわめて実用的に応用されている例がある。電子受容体として酸素の代わりにウランを使う微生物だ。こうした微生物は、核廃棄物で汚染された場所で見つかることがある。電子の経路でウランを利用することで、ウラン元素の化学的な状態を変える。[19] 新たな形に変わったウラン元素は水に溶けにくく、水源にしみ出しにくくなる。環境中で有害な化学物質の状態を、微生物を利用して害を及ぼしにくい形態や公衆衛生上のリスクになりにくい形態に変える独創的な技術は、「バイオレメディエーション」と呼ばれている。微生物のエネルギー収集機構は純粋に学術的な知識の枠を超え、新たな緊急の環境問題を解決するうえで人間の役に立つ存在になった。

本書の目的を見失いそうになってきたので、ここで軌道修正して、これらすべての事例が進化や生命、そして、生命のもつ可能性にとって何を意味するのかを探っていこう。

サンドイッチと酸素を反応させると、鉄や硫黄の化合物を用いた多くの化学反応より概して一〇倍ほどかそれ以上のエネルギーが生成される。[20] 酸素を使わない嫌気性のライフスタイルではエネルギーに乏しく、岩石中の鉄分や地下深部の水素を取り込んで生きる微生物は、ぎりぎりの生活を送っている。熱力学的にぎりぎりなのだ。脳を働かせ（人間ではおよそ二五ワット必要）、走り、跳びはね、空を飛び、そして何兆個もの細胞で構成される体を機能させようと思ったら、大量のエネルギーが必要だ。酸素なしで行なわれるエネルギー生成反応は、ほとんどの動物にとっては貧弱すぎて利用できるものではない。酸素を利用できない環境では、生命はエネルギーの制約を受ける。[21] これもまた、物理的な作用が引いた境界だ。

だとすれば、地球で大気の酸素濃度がおよそ一〇%まで上昇した時代に動物が出現したのは、単なる偶然ではなさそうだ。この濃度を境に、酸素呼吸で生成されたエネルギーが、はるかに多くの複雑な生命を支えられるようになったとも考えられる。酸素呼吸はこれより低い酸素濃度でも行なわれていた可能性もあるが、そのような環境の生命は、動物に見られる大規模な複雑性には恵まれなかっただろう。現在の私たちになじみ深い動物が生物圏に出現するためには、エネルギー獲得の仕組みに革命的な変化が必要だった。

しかしなぜ、地球の大気に酸素が蓄積されたことによって、これほどまでにエネルギーが獲得しやすくなったのだろうか？[22] 大気中に含まれている酸素ガスは光合成によって生成されたことがわかっている。海や湖、川に広く分布する緑がかった微生物、シアノバクテリアが、水分子を分解して電子を放出することで、太陽光からエネルギーを生成する方法を見つけたのだ。太陽光を利用して電子を放出すると、電子は信頼性の高い電子伝達系を経て最終的にＡＴＰを生成する。それまで太陽光をエネルギー源として利用していた生物は、水素やイオンといった化学物質を電子の供給源として使うにとどまっていたから、水分子を分解してエネルギーを得る機構は革命的だった。地球でもとりわけ豊富で広範囲に分布する資源である水に切り替えることで、酸素を生成する光合成生物は地球の陸地や水域を支配した。酸素が大量に生産される未来の前兆となる出来事だ。

残念ながら、新たに生成された酸素は大気中にすんなりと蓄積されたわけではなかった。メタンや水素といった、酸素と反応しやすいガスが大量に存在していたため、まずはそうしたガスの濃度が下がらなければならなかった。酸素濃度が上昇に転じたのはそのあとだ。太古の岩石に残っている化学的な証拠から、酸素濃度の上昇はおよそ二四億年前の「大酸化イベント」でまず発生し、その後およそ七億五〇〇〇万年前に再び起きた。二度目の上昇によって動物が出現できる十分な濃度に達した。生物にとって酸素濃度の上昇ほど大きな影響をもたらした出来事はほかにない。この大気の化学組成の変化は、動物の出現につながったと考えられている。これはつまり、知性の出現にも関連していることを暗に意味している。

このように動物は酸素を必要としている。この電子受容体が十分なエネルギーを放出してくれるから、サルは多雨林で枝から枝へと跳び移ることができるし、犬はメドウズ公園を走り回れるし、人間は脳を使って考えることができる。とはいえ、惑星上で動物、そして知性が進化するうえで十分なエネルギーを集められる方法は、本当にほかにないのだろうか？

私がエディンバラ大学で受け持っている宇宙生物学講座の締めくくりとして、それまでしんどい思いをしてきた学生たちを教育するだけでなく楽しませるように考えた講義を披露する。私は講堂に入っていき、コーヒーを取りに行くのでいなくなるが、もうすぐゲストの講師が来るからと言ってその場を去る。すると、トカゲのような異星人のコスプレをした私が講堂に現われ、「ナクナール3に生命は存在するか？」という題目の講義を始めるというわけだ。

まず、これまでに発見された、はるか遠くの太陽系外惑星（系外惑星）の説明から始める。その惑星は大きくて、大気中に酸素を含み、衛星も一つあるようだ。すると学生たちはまもなく気づき始める。

この講師が話している惑星は、地球のことではないかと。講義では、そのはるか遠くの惑星では生命が生存できないかもしれないとの話が展開される。話の筋を通すために、私はときどき話を中断して、角砂糖をいくつかボリボリ食べなければならない。これは石膏（硫酸カルシウム）を補給しているのだと、学生たちに説明する。私は硫酸塩を還元する嫌気性のエイリアンで、食べた有機炭素化合物を燃やす電子受容体として、酸素ではなく硫酸塩を利用しているのだと。この形式のエネルギー生成機構では、得られるエネルギーが酸素呼吸の一〇分の一しかないので、講義を中断して石膏を補給しなければならない。

はるか遠くの惑星、ナクナール3では酸素濃度が高く、生き物が燃えてしまうために生命は生存が難しい。しかも、酸素によって、炭素ベースの化学機構にとってきわめて有害かつ危険なフリーラジカル（遊離基）が生成される。さらに、この惑星の表面はいくつかの巨大なシート状の岩盤で構成され、その岩盤の移動によって、太古の硫酸塩の小山が破壊されたとの説も付け加える。その小山は生命にとって栄養源であり、かつ知性の出現に必要なものだ。酸素と移動する陸地（プレートテクトニクス）という二つの要素が重なって、この惑星は生命、少なくとも複雑な多細胞生物が存在しづらい場所となった。

この講義の教育上の狙いは、生命が存在しうる条件（ハビタビリティ）や地球上の生命にとって快適な条件について私たちがもっている見方は限られた知識によって形成されたものなのか、あるいは、地球は宇宙のあらゆる生命の普遍的なひな型なのかという疑問を、学生たちにもたせることだ。あらゆる細部のつじつまが合っているように見せながら、地球に生命が存在できないとの結論を導く手の込んだ五〇分間のストーリーをつくることで、地球上の生物の進化に関する私たちの見方が、偶然生まれた何か、つまりある特定の進化経路を経た偶然の結果をジグソーパズルのように組み合わせた壮大な「なぜなぜ話」でしかないのかということを、学生たちに考えさせるのだ。

読者の皆さんはお気づきかもしれないが、私自身は地球上の生命が根本的かつ普遍的な何かを伝えていると考えている。ナクナール3に生命が存在しそうもないという苦心のストーリーや、硫酸塩を還元する知的生命のアイデアに数多くの不備があるのは、自分でもわかっている。硫酸塩を還元する知的生命であり続けるには、脳を動かしたり歩行可能な体を維持したりするエネルギーをつくるために、ほとんど絶え間なく硫酸塩を取り込まなければならない。さらに、こうした不便に加え、多細胞生物が出現するためには、硫酸塩を簡単に入手できる供給源が地質的に豊富に存在しなければならないという問題もある。どこか遠くの惑星には太古の小山に膨大な量の硫酸塩が堆積している可能性を排除できないし、硫酸塩を還元するブタが石膏の小山をむしゃむしゃ食べ、知性をもったエイリアンの調教師に向かってブーブー声を上げ、その調教師は石膏パイを食べながら家路につくといった光景も見られるかもしれない。今のところ、硫酸塩を還元する知的生命体は空論でしかなく、この代謝作用で得られるエネルギーの少なさを考えると、石膏を食べるブタはありえない。とはいえ、そうしたブタが存在したとしても、彼らはやはり、私たちがすでに見つけた原理に従い、電子の伝達を利用してエネルギーを集めているだろう。

しかし、この地球上でも、エネルギー収集のために型破りな電子の供給源を探っている複雑な動物がいることがわかっている。それは大型の環形動物、ガラパゴスハオリムシだ[23]。この生き物がすんでいるのは、熱水が地殻から湧き上がってくる深海の熱水噴出孔である。そこでは、硫化物を豊富に含んだ黒い鉱物がしばしば海中に噴出している。ガラパゴスハオリムシの体内にすんでいる細菌は、熱水噴出孔から出る硫化水素（腐った卵のにおいがするガス）を利用し、水中に溶けている酸素ガスを使って硫化水素を酸化させている。このハオリムシは長さが二メートルを超え、太さは四センチほどあって、ごつごつした噴出孔から湧き出る熱水の中で、えんじ色の頭部を揺らめかせて生きている。こうした生き物を支えるエネルギーが、そこには十分にあるのだ。

硫化水素は大気中では検出されないほど微量だが、熱水噴出孔では濃度があまりにも高いので、ハオリムシの腸にすむ細菌は硫化水素を電子供与体として取り込んでエネルギーを生成し、有機化合物を合成することができる。ハオリムシはその有機化合物を利用して巨大な体に成長できるのだ。このたぐいまれな共生関係の核心には電子伝達系があるのだが、ハオリムシが示すのは、地球上でも、希少な化合物やガスの濃度が異常に高い場所では、動物は微生物と独特な協力関係を築き、異なる形のエネルギーを見いだして生存できるということだ。

こうした魅力的な生き物は、一つの惑星で入手できる生命の原料の種類が多様になれば、進化の可能性が高まりうることを示している。私はこれまでのところ、物理的原理が進化の結果をいかに狭く制約しているかを論じてきた。進化の可能性の範囲が物理的な制約のなかで変化しうる一例としては、生命に必要な物質が手に入らなくなってイノベーションが促されることがある。私たちの惑星を舞台に硫酸塩を還元する講師が登場するSFめいた奔放なストーリーをわざわざつくらなくても、必要な物質の入手可能性が進化の道筋や結果をどのように変えるのかを示す証拠は、深海にすむハオリムシをはじめとして豊富にある。この生き物は進化の経路全体で生命がいかに物理法則で制約されているかを示す一方で、とりわけエネルギー取得の原動力となる化学物質に関しては、惑星の地質の変動が新たな進化の可能性を開くことも示している。

とはいえ、地球の大気における酸素濃度の上昇は、それ自体が生命活動の結果であり、酸素呼吸の可能性を広げることにつながった。酸素濃度の上昇によって生命は大量のエネルギーを入手できるようになり、最初期の動物の細胞がこの好機を利用したことで、多細胞生物や知的生命への道が開けたのだった。取得できるエネルギーが増えると、生物はさらに大きく複雑になり、単細胞生物の単純な世界を超えた生物圏が出現することになった。

最初期の微生物から動物の出現まで、この進化のストーリー全体に織り込まれているのは、電子伝達系だ。さらに、さまざまな電子供与体と電子受容体から得られるエネルギー、つまり電子伝達系から放出されるエネルギーは、進化の歴史を通じて起きてきた変遷の大半を説明している。初期の生命は岩石やガス、有機物からエネルギーを抽出しようと奮闘した。やがて、水分子が分解する物理現象と、太陽光のエネルギーを集める電子伝達系の利用が進んだことで、大気中の酸素濃度が高まった。この壮大なイノベーション以降、有機物から酸素に電子が移動したときに放出されるエネルギーの量にかかわる熱力学的な機構が、動物の出現と関係するようになった。微生物もサルも、電子の移動に伴って放出されるエネルギーを利用して、地球上で動き回っているのだ。

ここまで来たら、生命が電子伝達系として利用しうるエネルギー生成反応がほかにあるかどうかを考える段階に入ってもいいだろう。ひょっとしたら、ほかの形態のエネルギーを利用すれば、酸素のない環境で入手可能なエネルギーが限られている問題を回避できるかもしれない。酸素をまったく使わずに、複雑な生物圏を動かせるほど大量のエネルギーを集められるだろうか？　生命が物理法則で制約されているといっても、エネルギーの収集方法が一つに限られているわけではない。人間が風力から原子力まで、複数の発電方法を利用しているように、自己複製して進化するシステムにも複数の切り札が残っているかもしれない。

実際、電子伝達系を使わなくても活動できる細胞があることはわかっている。細胞膜と電子供与体、電子受容体がかかわる複雑な過程を経るのではなく、リンを含んだ化学基を分子の中で利用し、それを直接ＡＤＰに付加させて、エネルギーを蓄える分子であるＡＴＰをつくる。この過程は発酵で最も重要な部分だ。発酵は私たちの暮らしで広く利用されている代謝経路で、驚くほど多様な用途がある。糖を酸に変える発酵は野菜のピクルスをつくるのに利用されるほか、ビールやワインなど、さまざまなアルコール飲料の生産にも使われている。これと同じ作用が、あなた自身の体内で糖が乳酸に変わるときに起きている。何かの運動を急に始めて、十分な酸素が筋肉に行き渡らなくなったとき、乳酸がたまって筋肉がけいれんする。この作用は電子伝達系そのものを利用しているわけではないが、実質的に電子が動き回る化学反応を伴っている。発酵は比較的単純な作用ではあるのだが、それが生み出すエネルギーは電子伝達系の一〇分の一ほどしかない。生成されるエネルギーが小さいという事実から、あなたの体がけいれんを避けて酸素を取り込みたい理由や、多くの微生物がチャンスさえあれば発酵から酸素呼吸に切り替える理由がわかる。

とはいえ、私たちはまだまだ想像力が足りないかもしれない。これまで紹介してきた事例よりもっと斬新な方法はないだろうか？　一つ試してみてもいいのは、原子の中にある電子以外の粒子でエネルギーを得られるかどうかを考えてみることだ。原子では、電子以外にも原子核にエネルギーが含まれている。生命が原子核をエネルギー源として利用できる可能性はあるだろうか？

核分裂を利用したエネルギー収集は、電子からわずかなエネルギーを得る方法を強化する一つの手段となりうる。核分裂はウランなどの不安定な元素の原子核が崩壊する現象だが、残念ながら、原子核の挙動を制御するのはきわめて難しい。

原子炉で起きているような核分裂の連鎖反応を起こすことで、膨大なエネルギーを生成できるのだが、こうした反応を起こすにはウランなどの核分裂性の元素が大量に必要だ。環境中でこのような元素がまとまって分布する場所はほとんどない。人間が原子炉で行なっている高度な技術をもたない生命体は、原子力エネルギーをどのように利用できるのか。その方法はなかなか思いつかないし、仮に利用できたとしても、メルトダウンや爆発で自分自身が消え去らないように核反応を制御するには、どうすればよいのだろうか。

生命が核分裂を利用しうるもう一つの方法は、核分裂で生じた電離放射線を利用することだ。ウランやトリウムといった不安定な元素が崩壊すると、アルファ線やベータ線、ガンマ線の形で高エネルギーの放射線が放出される。この放射線からエネルギーを得られるだろうか？

電離放射線が水を分解するほどのエネルギーをもっていることは、すでにわかっている。地殻では、そこに含まれた核分裂性の元素の崩壊で生じた放射線で水分子が分解され、水素が生成されている。[24] これまで見てきたように、水素は電子供与体となってエネルギーを生成することができる。とはいえ、電離放射線による生成物が取り込まれ、細胞の中を移動しているのだから、ここでもまた、電子伝達系が働いているではないか。核分裂は、電子を含んだ水素という「生命の食物」を生成するもう一つの現象でしかない。

電離放射線を利用する生命の手がかりを探す場所として、さらに奇妙な環境がある。人間社会では、不幸なことに意図せずこの放射線が放出されてしまうことがあるのだ。原子力災害で壊滅した場所から伝えられた驚くべき話の一つに、一九八六年に原発事故が起きたウクライナのチェルノブイリ近郊にすむ菌類にまつわるものがある。ロシアの研究者たちが、そこで強い放射線にさらされた菌類に放射線を照射する実験を行なったところ、その菌類に含まれている黒いメラニン色素によって電子伝達反応が高まることがわかった。この色素を含んだ菌類は、代謝作用がより活発だった[25]。このことから、この菌類だけでなく、同様の生物も、朽ち果てつつある原子炉の残骸から出る放射線の恩恵を受けられる、驚くべき可能性が出てきた。とはいえ、大惨事の現場からもたらされたこの発見でも、電子伝達反応が最も重要な役割を果たしている。核分裂による高エネルギーの放射線は化合物を破壊しやすいので、その放射線を生命が利用できる手段は、分子を分解してもっと穏やかな電子伝達系に取り込める扱いやすい形に変えるか、電子伝達にかかわる分子の性質を変える以外に、まず思いつかない。

チェルノブイリ近郊で見つかった菌類が示すように、原子核が核分裂反応で崩壊していくときにエネルギーを収集することはできるが、一方で、原子どうしが激しくぶつかったときにもエネルギーは放出される。「核融合」と呼ばれるこの現象で解き放たれたエネルギーを生命に利用するのは、残念ながら、核分裂よりもさらに難しい。核融合は太陽でエネルギーを生成している現象であり、原子核どうしが融合すると、制御できない膨大なエネルギーが解き放たれる現象であり、原子核どうしが融合するためには極端な条件が必要であり、温度を何百万℃まで上げないと原子核は結合してくれない。木星の何十倍も大きい褐色矮星でも、その核の温度では核融合反応を始められない。人間の技術を利用して核融合を起こすためには、その極端な高温に達したプラズマを閉じ込められる高度な核融合炉が必要だ。生命が利用するエネルギー源として、核融合はありそうにないように思える（もちろん、恒星の核融合反応で生じた明るい光を地球上で光合成に利用している事例は除いて、という意味だが）。したがって今のところ、生命が電子をまったく使わずに原子核のエネルギーを直接収集する方法はありそうにない。

新たなエネルギー源を見つけるために原子構造を探るのも一つの方法ではあるが、もう一つの方法として、何らかの利用可能なエネルギーを生み出しうる物理的な作用について考察することもできる。宇宙生物学者のディルク・シュルツェ＝マクッフとルイス・アーウィンは、新たなエネルギー源を探るエレガントな思索の放浪のなかで、生命を持続させる代替手段をいくつか提案している。[26] たとえば、潮の満ち干や海の潮流がもつ運動エネルギー。原生動物のなかには、表面に生えた微小な毛が水中で揺らめく動きを利用するものがある。[27] 水の流れのなかで毛が曲がると、イオンを動かす経路が開き、電子伝達系の経路のようにエネルギーを取り込む仕組みだ。

ひょっとしたら熱エネルギーを使って、熱水噴出孔の膨大な熱勾配を利用できる可能性もある。[28] 地殻から噴出する流体が海水と接するその場所では、何百℃の高温から、凍る寸前の温度にいたる熱勾配が存在するからだ。また、磁場を利用してイオンを分離し、その配列を変えることで、その結果生じたイオンの動きを利用してエネルギー収集を行なう生命も考えられる。シュルツェ＝マクッフとアーウィンは、イオンや分子を動かして活動のためのエネルギーを収集する手段として、浸透圧勾配や圧力勾配、重力も検討している。

こうした考えを鼻であしらう前に思い出してほしいのだが、化学浸透の基盤にあるのは、ATP合成酵素という回転機構だ。結局のところ、電子伝達の全目的は、プロトン勾配を形成して陽子が流れ込むようにして、ATP合成酵素を回し続けることにある。この機械的な原理は、蒸気を使ってタービンを回すこととほとんど変わらない。異なるのは、タービンでつくるのは電気だが、細胞ではATP合成酵素が回転するときの形態の変化を利用して、ADPとリン酸基を取り込み、ATPをつくるという点だ。

細胞自体は、ATP合成酵素がメリーゴーランドのように回転を続ける理由など気にしていないはずだ。柔軟に考えると、回転するATP合成酵素で電子伝達とプロトン勾配を利用しない生命も想像できる。ひょっとしたら、重力や圧力、熱、磁場といったほかの勾配によって動くイオンを直接利用できるかもしれない。

しかし、シュルツェ＝マクッフとアーウィンが認識していたように、こうした斬新なエネルギー源の多くには問題がある。重力エネルギーは微生物のスケールで何かを動かすには、あまりにも小さすぎる。それは圧力勾配でも同じだ。地球の表面と地下深部には膨大な圧力の相違があるが、微生物のスケールで見ると、その違いはごくわずかである（全長一ミクロンの細菌が下を向いているとすると、その両端の圧力の違いは〇・〇一パスカルしかない）。生命はこのわずかな相違を何かに役立てることができるのだろうか？　これほど小さな勾配を利用する器官はありそうにない。現在の地球の磁場も小さいので、それを使ってエネルギーを生成する方法はなかなか思いつかない。ただし、磁場を検知して移動の方向を知るのに役立てている微生物や動物はいる。ほかの惑星にもっと強い磁場があれば、エネルギーを生成できる可能性は地球より高くなるだろう。

このようなアイデアに対するほかの問題としては、そうした条件をもつ環境が特殊であることが挙げられる。熱勾配が大きい場所は、深海の熱水噴出孔や、地下深部で熱せられている岩盤、太陽光が照りつける地表に広く存在するが、どこにでもあるわけではない。微生物の群集が発達して長く存続していくためには、このような勾配は安定性や強度、持続性が高くなければならないだろう。塩とイオンを利用した浸透圧勾配にもやはり、分布の広さや持続性が求められる。

細胞における新たなエネルギー収集法を物理的な観点から探ることに、大きな価値があることは確かだ。新たなエネルギー収集法の存在が地球環境で妥当と立証されたり、さらには発見されたりすれば、生命が物理法則の制約のなかで環境中の自由エネルギーをどのように利用しているかが、さらに詳しくわかってくるだろう。そして、化学浸透は地球の進化の実験のなかで奇妙な特異性から生じたものなのか、それとも、生命によるエネルギー取得という物理現象のなかでより根本的かつ予測可能な経路を反映しているのかを、もっと詳しく理解できるようになるだろう。しかし、私たちがほかの経路を見つけていないのは研究が足りないためだとしても（生物のＤＮＡにはまだ割り当てられていない遺伝子が数多くある）、微生物学者や分子生物学者でさえもまだ、それらを一つも見つけていない。

こうしたほかの可能性を心に留めたうえで、考えてみたい。ミッチェルが提唱した化学浸透システムを完全に偶然の働きとみてよいのか。つまり、物理学による予測を置き去りにして、行き当たりばったりの気まぐれを許した一例と考えてよいのだろうか？　歴史の偶然としてたまたま生まれたシステムが、生命の中で定着しただけのことなのか？　ほかの惑星では、ほかのエネルギー取得法が広く使われているのだろうか？　私はそうは思わない。この章の大部分で示してきたように、電子伝達系がこれだけ広く使われているのは、多様な電子供与体と電子受容体を利用できるだけでなく、電子そのものも活用できるからだ。この方法で電子を利用できる生物は、惑星の表面からその内部まで、あらゆる場所で多種多様な元素や化合物からエネルギーを意のままに集められる。地表では、電子伝達系を使って、光合成で膨大なエネルギーを利用できる。環境の条件が変わった場合、電子供与体と電子受容体をほかの種類に取り替えられる生物は、手つかずの資源がある新たな環境に移りすむうえできわめて有利な立場にある。水素がほかの生物にすでに利用されていても、鉄を取り込める。硫酸塩が枯渇していれば、代わりに硝酸塩を使う。惑星を構成する物質や、ほかの生物が生成した物質から電子を手に入れてエネルギーをつくる能力は、ほかのエネルギー源を使った場合にはほとんどない見事な柔軟性を備えているのだ。

もちろん、電離放射線を取り込む細菌や、熱水噴出孔に存在する熱勾配を利用する管状の生物を想像することはできる。しかし、どのような惑星でも、水からウランまであらゆる物質にさまざまな形で含まれた電子を利用できれば、どんな生物も優位に立てるだろう。電子のエネルギーを利用できる能力があれば、その生物は、地質活動が活発なあらゆる惑星の多様な環境に移りすむうえで、大きな強みをもっていることになる。自分の考えに合った情報ばかり集める確証バイアスには常に気をつけなければならないが、私は地球上の生命の中核となるエネルギー機構として電子伝達系が広く使われている理由には何らかの理屈があると考えているし、ほかの惑星でも同じではないかとにらんでいる。

肉眼で見える生物たちと同じように、そこにはいくつもの種類があることは想像できる。陽子の代わりにナトリウムイオンを利用して、細胞膜をまたいだ勾配を形成している生物がいることはわかっているから、ほかのイオンも利用される可能性はあるだろう。もしかしたら、電子伝達系のタンパク質が、地球上の生物とは異なるかもしれない。なにしろ、この地球上でさえ膨大な種類のタンパク質がある。とはいえ、そこに含まれているのは、鉄や硫黄といった電子伝達に適した元素だ。こうした相違は、肉眼で見えるスケールで、地球上の動物たちの体に色などの違いがあるのと同じようなものである。しかし、このような機構すべての根底には、電子を操作して宇宙から自由エネルギーを集める現象がある。しかし、生物のシステムがもちうる普遍性、そして、宇宙で最も基本的な粒子と物理的原理との結びつきをこれほど見事に反映しているものはない。物理学と生物学はどうやっても切り離せないものだ。

第9章　水——生命の液体

イギリスの詩人サミュエル・テイラー・コウルリッジは宇宙生物学者ではなかったが、彼の詩「古老の船乗り」にある「あちらを向いても水ばかり……こちらを向いても水ばかり」[1]という描写は、この生命に最も欠かせない物質に対する描写のなかでも重要な描写の一つである。

地球には体積にしておよそ一四億立方キロメートルもの水が存在する。[2]もう少し具体的なものにたとえてみると、オリンピックサイズの水泳プールでおよそ五六〇兆個分だ。このなかであなたや私が実生活に使っている真水は、全体の〇・〇〇七%ほどしかない。それ以外は海や河口域、湿地、地下深部に分布していて、人間には利用できない。しかし、微生物など、生物圏にいるほかの生物の大半はそれらの水を利用することができる。

生命に必要な化学反応を液体の中で行なうのは理にかなっている。液体中では、反応を実行できる距離まで、分子どうしを近づけることができるからだ。ここで重要なのは、何百万個もの分子が動き回り、さまざまな組み合わせで出合って整列し、化学反応を行ない、生物の入り組んだ経路を動かせる点である。こうした相互作用は通常、希薄なガス雲や固体では実現しにくい。固体では分子や原子が概して固定され、簡単には動き回れないし、ガスでは、ガスでは分子や原子が拡散しすぎている、つまり離れすぎている。

少し想像力を働かせてみると、ガスでは、分子どうしの反応が遅いだけであり、遭遇がそれほど頻繁でないと考えることもできる。ＳＦでは「知性をもった星間ガス雲」という架空の設定があるが、これは少し強引かもしれない[3]。そうしたガス雲では分子や原子が拡散しているから、何らかの自己複製システムが形成され、長い歳月にわたって進化したり存続したりすることは考えにくい。当然ながら、銀河が寿命を迎えるまで存続するのは不可能だろう。

生命は溶媒として水を使わなければならないのか、という問題は何十年にもわたって生物学者の心をとらえてきた。その答えを考えるうえで、生物を構成するために欠かせない最も基本的なこの液体に関して、ここでは偶発性を考察してみたい。生命を分子レベルで形成する物理的原理を探す旅も続けていく。一個の酸素原子に二個の水素原子が結合しただけの水分子は、単純なようにも見えるが、こうしたイメージを抱くと、水が生命に欠かせない役割を果たしていることや、生命と水との結びつきを説明する多種多様な物理法則が見えなくなってしまう。

水なしで活動できる生物は一つも知られていないし、生命の維持に欠かせない化学反応の大部分を水以外の溶媒で実行できる生物も見つかっていない[4]。ここで一つの疑問が浮かぶ。水が生命に必要な物質となったのは、進化のなかできわめて特殊な条件がそろった結果なのか、それとも、より根源的な何かから導かれたものなのだろうか。

水にはきわめて奇妙な性質があることが、長年知られてきた。なかでも、あなたや私にとって重要な性質の一つは、水が凍ると、密度が下がって、その氷が水に浮かぶということだ[5]。冷たい飲み物に入っている氷を見れば、その正しさがわかる。この性質は水固有の性質というわけではなく、ケイ素もおよそ二〇ギガパスカルの圧力を受けると似たような挙動を示す[6]。しかし、ほとんどの液体は固体になると密度が高まり、その物質の液体に入れると沈むので、やはり固体が液体に浮く物質というのは珍しい。水がこうした特異に思える挙動を示すのは、液体中の分子どうしが水素結合によってつながっているからだ。水には棒磁石のような極性があるために、一つの水分子の酸素原子が、ほかの分子の水素原子と整列する。水分子は液体の状態では活発で、自由に動き回っている。水分子は互いに近づくことができ、形を自在に変えて、あらゆる場所や隙間に入り込める。しかし、水が凍ると、水素結合が堅固になり、規則正しいネットワークを形成する。その構造が整然としているために、液体よりも体積が大きくなる。その結果、氷は液体の水よりも密度が低くなって、水に浮くというわけだ。

この特異な挙動があるからこそ、冬に凍った池の表面に氷がとどまり、その下の水中にすむ魚たちは、水面を覆った硬い固体に守られている。池に張った氷の屋根は、水中の熱を逃がさず、池の氷結が進む速度を遅らせている。これで魚たちは、春まで鳥が来ない暮らしをのびのびと楽しむことができるのだ。このように身近な池を観察してみると、水の物理的な性質があまりにもうまく生命に適合しているように見えて、多くの人がその驚異に目を見張ってきた。もし氷が水に沈んだら、池は底から凍り始め、魚は死んでしまうだろう。しかし、この事例だけで、水が生命を支える不可思議な性質をもっているようだと、すぐに結論づけるべきではない。

北アメリカの森林には、アメリカアカガエルという興味深い生き物がすんでいる。森の下生えに暮らしていて、ぱっと見る限り、特段変わった特徴はないように見える[7]。しかし冬が訪れると、この小さな生き物は、驚くほど巧みな能力を発揮する。霜が降りるようになると、このカエルは落ち葉や土の下に潜り込み、体内でグルコースを生成して血液中に送り込むという、生化学の妙技をやってのける。糖を含んだ血液は凍らず、とがった氷の結晶ができて血管に穴が開く事態を防ぎ、カエルの体を守る。春がやって来ると、カエルは体温を上げ、何事もなかったように地表へ出て、下生えを跳びはねていく。

この独創性豊かなカエルは、自然環境を観察するうえでどこに気をつけるべきかを教えてくれる一例だ。氷結した池にすむ魚の事例は水の特異な性質が生命に適していることを示唆しているようにも思えるのだが、カエルの例からは、冬のあいだに凍りつく液体をもって進化した生命は、極寒の環境におそらく適応できることがわかる。水の性質が生命に適応したわけではない。生命のほうが、周囲の化学的・物理的な条件に適応したのであり、それには、たまたま生命のすみかとなっている液体も含まれる。しかしこう考えても、水が生命のるつぼとして機能する独特な溶媒になる性質をもっているかどうかが解明されるわけではない。

水の性質のなかには、生命にとって理想的とは言いがたいものもある。もっと詳しく調べると、生命にとって有害な性質も見つけられるかもしれない。水はグラスに入っていると無害に見えるのだが、化学反応を起こさないわけではなく、生命にとって重要な分子の一部と反応する、好ましくない能力ももっている。それは「加水分解」と呼ばれ、化学変化を起こしうる反応だ[8]。

液体の水は、おなじみの H_2O という化学式の状態にあるだけでなく、水酸化物イオン（OH^-）とヒドロニウムイオン（H_3O^+）に分解した状態にもなっている。ヒドロニウムイオンは陽子（H^+）が水分子に結合したものだ。

$$2H_2O \leftrightarrow H_3O^+ + OH^-$$

このように水分子の解離によってできたイオンは、生命を構成する長鎖の分子に影響を及ぼすことがある。核酸から糖まで、重要な分子が加水分解によって分解される。このため生命は、加水分解による損傷を絶えず修復したり組織を再構築したりするために、エネルギーを使わなければならない。

水は決して完璧ではないだろうし、このように逆の視点から見ることで、反対の証拠となる側面を確実に発見できる。しかし、こうした小さな難点を除けば、水には生命で利用されているすばらしい性質があるのだ。

液体の水は、その分子がわずかに電荷を帯びている（極性をもっている）ために、大小さまざまな分子を溶かすことができる。これは、イオンから核酸まで、生命の代謝作用で次々に起こる複雑なカスケード反応にかかわる物質を溶かすために重要な性質だ。

タンパク質には、生物の体内で触媒や酵素として働く分子、そして生化学的な機構をつかさどる数多くの分子など、さまざまな種類があり、驚くほど多様かつ不可思議な用途がある。このタンパク質に着目すると、水の本当の特徴がわかり、水が生命の化学反応を実行する場として優れている理由がはっきりと見えてくる。

水分子がタンパク質の外側に結合することで、タンパク質は柔軟性を保ちやすくなり、適度に動き回って、生命の触媒として起こす化学反応の材料を集められるようになる。(9) 同時に、正しく折り畳めるだけの剛性も備わって、タンパク質が本来の形を維持することもできる。このように安定性の維持に欠かせないと考えられることの多い水だが、奇妙なことに、じつは流動性をもたせるためにタンパク質の不安定化も促している。水が生命において絶妙なバランスを保つ役割を果たしていることの表われだ。

ほかのタンパク質では、水分子はアミノ酸がほかのアミノ酸と強く結合しすぎないように、アミノ酸を保護する役目を果たしている。この挙動は、安定化に必要な結合の形成を妨げているようにも見えるが、これもまた、適度に不安定化を促してタンパク質が柔軟性を保てるようにしている一例だ。

水とタンパク質については、さらに奇妙な協力関係も報告されている。水素結合のネットワークによってタンパク質の表面に付着した水分子が、分子を包み込むようにしっかりと結合して分子の「殻」になるのだ。その物理的な状態はいくらかガラスにも似ている。この挙動もまた、タンパク質どうしのまとまりを維持しながら、その多くを動きやすくするのに欠かせない役割を果たしている。

このように水は、タンパク質を折り畳みやすくするだけでなく、まとまりにくいアミノ酸の鎖を正しく結合させる驚くべき役割を担っている。しかも、水の役割はもっとある。タンパク質の構造そのものの一部となって、その分子全体の形態と機能を定めているのだ。水は化学反応が起こる領域「活性部位」の内部に結合することで、入ってくる分子と連携して、タンパク質が果たす触媒の機能を促進する。多くのタンパク質が行なう機能の一部を、水分子が担っているのだ。

水はタンパク質とかかわり合うだけでは飽き足らず、生命の暗号そのものにも巧みに入り込んでいる。水分子がＤＮＡに結合する方法は、ＤＮＡ自体のヌクレオチドの配列によって異なる。ＤＮＡと結合した水分子は、ＤＮＡのほかの部分や細胞内のほかの分子と遭遇したとき、それが結合したＤＮＡ暗号にかかわる生化学的な改変を媒介すると考えられている。この仕組みにより、遺伝暗号は水を媒介して、従来の方法とはまったく異なる方法で読み取られる[10]。

生物の細胞における水の役割は、構造の形成の支援や重要な化学反応の取りまとめにとどまらない。細胞では、水が電子や陽子を運ぶ能力も利用されている。水は水素結合で長い鎖を形成して電線のような挙動を示すため、一部の細菌では、光合成を担う分子「バクテリオロドプシン」の中で陽子を伝達して、エネルギーの生成に一役買っている。こうした巧みな仕組みを見ると、水中を動く粒子が一部の生物にとってエネルギー生成にどれほど重要かがよくわかる。

この証拠の一部は興味深いのだが、ほかの能力をじゃまするものだと切り捨てる主張もすぐに出てくる。その主張の大部分が論拠としているのは、有機溶媒のベンゼンなど、水以外の液体で機能するタンパク質があるという事実だ。タンパク質がもつこの能力から、水以外の液体でも生化学的な機構が発達しうることが示唆される。しかし、このようなタンパク質の大半はまず水の中で折り畳まれないと、水以外の溶媒で機能できない。一部のタンパク質が有機溶媒の中で機能する能力があるということは、数多くの分子の相互作用を伴う生化学的な反応全体が水以外の液体で起こりうることを示しているわけではないし、たとえそれができたとしても、ほかの環境で進化を通じて起こりうることを示しているわけでもない[11]。たとえ水以外の溶媒でタンパク質が機能していても、たいてい水はそうしたタンパク質に結合しているし、その構造の形成にかかわっている。

水に複雑かつ多様な用途があることを考えると、生命はその溶媒をただ漫然と利用しているわけではなく、水は生命の生化学的な特徴にとって重要な役割を担っていることがよくわかる。生命とその液体はさまざまな形でじつに複雑かつ精妙に絡み合っているため、水は生命の機構の一部となっている。生命を宿すほかの反応がたまたま起きている媒体というだけではないのだ。

電子の運搬や陽子の伝達をこなし、さらには、水素結合によるネットワークを形成したかと思ったら、分子に剛性と柔軟性を与える役目も果たす。水が担っている驚くほど多様な用途から、水は自己複製と進化を繰り返す生物のシステムに統合され、かつそこで重要な役割を果たす能力がある点で独特な物質であるようにも考えられる。

驚くべき水の性質は次々に明らかになってきているが、ここでいったん立ち止まって、ほかの液体に関してどんなことがわかっているかを見ていきたい。広く分布し、水に代わる溶媒として考えられる物質の一つに、アンモニア（NH_3）がある。地球上の一気圧のもとで、液体として存在する温度はマイナス七八～マイナス三三℃だが、圧力を加えると、沸点を一〇〇℃ほどまで上げることができ、水の広い温度範囲に近くなる。アンモニアも水と同じように、多くの小さな分子やイオン化合物を溶かすことができる。土星の衛星タイタンの地下深部、木星のようなガス巨星の大気中、あるいはひょっとしたら氷衛星の海など、冷たいアンモニア溶液が存在するとみられる場所は、生命が存在しうる環境になる可能性を秘めている。しかし、それは水についても同様だ(12)。

生命に欠かせない特徴の一つに、膜を使って分子を外の環境から隔てる能力がある。液体のアンモニアは水のように膜の自発的な形成を促すことはできないが、低温下では、一部の脂質を含めた炭化水素を分離できる。

アンモニアと水の挙動で異なる点の一つに、アンモニアは強い水素結合のネットワークを形成できないことがある。アンモニアのほうが水よりも沸点が低いので、熱を加えたときに分子が分解されやすいのだ。タンパク質で安定性と同時に柔軟性ももたらす絶妙なバランスを保っていることなど、水がかかわる微妙な相互作用の多くは、アンモニアでは簡単に実現できないかもしれない。

さらに都合が悪いことに、アンモニアは生命を構成する分子を激しく攻撃することがある。アンモニアは水と同様、溶液中では二つのイオン（NH_4^+とNH_2^-）に分離する。NH_2^-を含んだこの溶液は陽子と結合して、それを含んでいる分子を攻撃するのだ。私たちが知る生命を構成する膨大な数の複雑な分子が、その影響を受ける。アンモニアはこうした攻撃的な挙動を示すので、地球上の生命には有害であり、おそらくほかの惑星でも、多くの複雑な分子ときわめて反応しやすいだろう。端的にいうと、アンモニアの化学反応には精妙さがないのだ。

とはいえ、アンモニアには注目すべき独特な性質があることにも触れておかなければならない。たとえば、アンモニアは金属を溶かし、金属イオンと大量の自由電子を含んだ、不気味な青色の溶液をつくる。[13] 自由電子は、周りの環境からエネルギーを集める電子伝達系の原動力として生命に欠かせない。その点だけで判断すれば、アンモニアの海で、電子を溶かせる液体は、生命が何よりも必要としているエネルギーの源となるだろう。アンモニアの海で、不気味な青いエイリアンが周りの環境からおいしそうに電子を吸収する。そんな光景はありえないと言うのはまだ早い。

ここまでこんなことを書いてきたのだが、じつは、アンモニアは複雑な化学反応に利用することができる。工業化学の分野では、工業に必要なさまざまな実用品を生産するための溶媒として使われている。ロケット燃料に使われるヒドラジンなど、多様な窒素化合物の前駆体にもなる。

水以外で生命が利用できると提唱されているほかの溶媒もそうだが、アンモニアの問題は、生命に適した性質のなかで欠けているものをいくつも挙げられるということだ。ほとんどの液体には、生命に有害ではなさそうな性質があるし、アンモニア溶液中の溶媒和電子のように、ひょっとすると有用かもしれない性質もある。しかし、ここでは、自己複製しながら進化する生き物に合う性質をいくつかもっているだけの溶媒を探しているわけではない。探しているのは、多種多様な反応にかかわることができ、かつ、生物を構築するうえで求められるとてつもない種類の化学反応のなかで、その化学的な挙動が鈍すぎずもなく鋭すぎずもない溶媒だ。

アンモニアの海から出て、ほかの液体に目を向けてみよう。[14] 先入観をなくし、あらゆる可能性を探る試みでは、溶媒として役立つ見込みがさらに小さい液体も考慮に入れたほうがよいからだ。ほかの液体を熱心に追い求める科学者にとっては、有望な性質をもつ液体がいくつかある。硫酸（H_2SO_4）、ホルムアミド（CH_3NO）、フッ化水素（HF）といった液体だ。

硫酸は液体として存在する温度範囲が、一気圧のもとで一〇～三三七℃と、水よりはるかに広く、幅広い環境で液体として存在できるため、溶媒として有望なように思えるかもしれない。金星の雲では八一～九八％の濃度の硫酸が見つかっている。興味深いのは、金星の上空五〇キロほどに位置する雲の中では、温度が〇～一五〇℃の範囲にあり、気圧が地球の表面に近いことだ。温度と気圧が理想的な範囲にあることで、金星に生命が存在する可能性に関する議論が活発に交わされてきた。金星の空に袋状の生命が漂っている光景や、硫酸塩を還元する細菌が硫酸を活発に取り込む姿が想像される[15]。化学者のスティーヴン・ベナーは興味深い思考実験で、特殊な液体中でタンパク質がどのような化学構造をとりうるかを考えた[16]。硫酸では、アミノ酸どうしの連結には窒素ではなく硫黄原子を使うと安定する可能性がある。硫酸は水と同じように数多くの化合物を溶かすことができるのだが、有機物にも、より複雑な化学反応にも決して無害なわけではない。激しい化学反応を起こす性質があることから、硫酸の中で発達する生化学的な性質はおそらくきわめて限られるだろう。

ホルムアミドにも、同じような制約が認められる。おなじみのＡＴＰをはじめ、多くの分子はこの物質の中で安定しているが、ホルムアミドにわずかに水が加わると、分子は加水分解を起こして壊れてしまう。つまり、ホルムアミドの海が存在するとしたら、そこはほとんど水のない惑星でなければならないということだ。

フッ化水素は化学的な性質が水と似ていないわけではなく、水素結合を形成し、数多くの小さな分子を溶かす点は同じだ。しかし、水と混ぜてフッ化水素酸（フッ酸）になると、驚くほど反応性が大きくなる。地質学者たちは化石を観察しやすくするために、実験室でこの酸を使って化石の周りの岩石を溶かしているほどだ。フッ化水素は炭素－水素結合と反応して、炭素とフッ素の結合をつくる傾向があるので、有機化学反応に用いる溶媒としてはいささか魅力に欠けるかもしれない。フッ素に富んだ分子群で生命体をつくれるなら別だが。

　生命を支える水以外の液体を探す思考実験では、前述のような難題に加え、ほかの壁にも突き当たりそうだ。とりわけ問題になりそうなのが、液体のアンモニアのように、低温で機能すると提唱されている液体である。

　化学反応の速度はきわめて単純な原理にもとづいていて、アレニウスの式で表わされる。それを考案したのは、ノーベル賞を受賞したスウェーデンの化学者で物理学者のスヴァンテ・アレニウスだ。一九世紀から二〇世紀前半にかけて活躍した抜群の博識家で、多岐にわたる研究に取り組み、地球の大気中の二酸化炭素（CO_2）濃度を高めると、地球が温暖化して氷河期を防ぐと予測してもいる。アレニウスは化学反応の速度が温度によって変わることに気づいていた。実験室でさまざまな反応の速度を測定して得たデータから、反応速度と温度の関係は単純な線形ではないことを突き止めた。温度を二倍高くしても、反応速度が温度にかかわらず単純に同じだけ増えるわけではない。反応速度と温度の関係は指数関数的である。もっと厳密にいうと、ある反応の速度（k）は次の数式で表わされる。

$$k = Ae^{(-Ea/RT)}$$

e は数学定数の一つ、Ea は活性化エネルギー、R は気体定数、T は反応を起こす温度。A はちょっと変わった因数で、それぞれの化学反応に応じた定数だ。正しい角度で衝突する頻度を表わす。

温度と反応速度に指数関係があるということは、生命にとって何を意味しているのか？　活性化エネルギー（反応を進めるために必要なエネルギー）が五万ジュールの反応を考えてみよう。環境の温度を一〇〇℃から〇℃に下げるると、反応速度は三五〇分の一未満にまで下がる。しかし、温度をさらに〇℃からマイナス一〇〇℃まで下げると、反応速度は信じられないことに何と三五万分の一になる！　窒素が液体になる温度（およそマイナス一九五℃）まで下げると、反応速度は10^{23}（一〇〇〇万×一億×一億）分の一になってしまうのだ！

それでも楽天的な人はすかさず、触媒によって反応速度は加速すると反論してくるかもしれない。しかし、最高の酵素と化学触媒を使っても、反応速度は数桁上がるだけだ。この指数関係が問題になるとは限らない。生命は遅い反応速度でも、典型的な地球の生物より何倍もゆっくりと複製するなどすれば、機能できることはできる。しかし、ほとんどの惑星環境では、生命はひっきりなしに損傷を受け、そのたびに損傷箇所を修復しなければならない。損傷を起こす原因の一つに、環境放射線がある。

このように、生命は常に問題と向き合っている。放射線による損傷が積み重なって命を落とさないように、損傷を修復する能力は欠かせない。成長や繁殖に必要なエネルギーがわずかしか手に入らない地球の地下深部では、微生物はごくたまにしか分裂しないだろうが、それでも、放射線による損傷を修復できるだけのエネルギーは得なければならない(17)。地球の岩石中では、放射線に耐えられる微生物であっても、休眠状態を続ければ、およそ四〇〇〇万年後にはほとんどが自然の環境放射線によって死滅するだろう。地球よりも大気が薄い火星の地表では、宇宙放射線の強度が地球よりも高いという問題がある。

放射線に耐えられる微生物が火星に存在していたとしても、あるいは、火星に降り立った人間や探査機によって持ち込まれたとしても、休眠状態ではせいぜい数千年しか生きられないだろう[18]。

低温下の生命体における化学反応の速度が、私たちになじみのある生物の何千分の一、何百万分の一、あるいは何兆分の一だとしたら、低温下の生命体は大量の損傷を抱えて、自己修復が間に合わなくなり、生命を維持できないだろう。

とはいえ、低温下の生命体に関してはもっと楽観的な見方もできるかもしれない。この生命に立ちはだかる難題のいくつかは温度に左右される。活性酸素種の形成や、アミノ酸の崩壊、熱によるDNA塩基対の崩壊の程度は温度によって異なるのだ[19]。温度が低いほど、損傷の速さは遅くなる。低温下の生命体は損傷を受けるだろうが、損傷のほうも温度の低下とともに遅くなるものがあるので、たとえ自己修復が遅くてもある程度は修復できる。しかし、放射線によって分子が直接受ける損傷は実質的に温度とは関係がない。あまりにものんびり暮らしていると、この避けられない損傷を修復しきれないかもしれない。

のんびり暮らす生き物は、修復と成長の遅さに加え、周りの環境にも先を越される問題も出てくるだろう。どのような環境も時間とともに変化していく。生きていくためのエネルギーをつくる化学反応を起こすためには、そうした変化をもたらすような環境の新陳代謝や活発な変化[20]が必要だ。温度がきわめて低い環境では、細胞における化学反応の速度があまりにも遅く、細胞が生息環境の短期的な変化を利用するよう代謝経路に命令する頃には、状況がまた変わっている可能性が高い。さらに大きな視点で見ると、反応速度が何兆分の一になった場合、代謝経路が最初にさらされた環境の状態に反応する前に、その状態が惑星規模で変わってしまうだろう。はるか昔になくなってしまったエネルギー源を探し求めたり、すでにない物理的・化学的な状態に対応しようとしたりと、生命は無益な追いかけっこに没頭することになる。

生命には最適な温度範囲がありそうだ。おそらく宇宙のほとんどの環境では、生命の環境適応や自己修復の能力は、放射線など、惑星化学的・地質学的な要素の変動速度と時間的な関係があるだろう。きわめて低温の環境では、生命の営みが、惑星の表面や内部で起きている多くの作用と概して調和しないかもしれない。

地球外生命の化学的性質に関する可能性を探るときには、その考えを試せる場所を宇宙のなかで実際に見つけるのが常套手段だ。ガス巨星の周りを回る氷衛星や火星の氷河など、太陽系で極寒の環境としてよく知られている場所の多くは、地球上で知られている極寒環境よりもそれほど寒くないかもしれない。しかし、太陽系では、地球上にあるどんな液体よりもはるかに低い温度の液体がある場所が知られている。そこにも、自己複製しながら進化する物質のシステムが存在するだろうか。そう期待するとしたら、どんな根拠が考えられるのか。

宇宙には、生命が存在するのではないかと考えられている極寒の地がある。土星の衛星、タイタンだ。二〇〇四年、土星探査機のカッシーニとその着陸機ホイヘンスがタイタンの大気中を降下しながらその表面を撮影し、この世のものとは思えない驚きの画像を地球に送り届けた。その異世界の風景が、人々の度肝を抜いた。タイタンの表面に見える曲がりくねった川や湖は地球の地形に似ているが、それらを刻んだのはメタンの川だ。[21] マイナス一八〇℃の極寒の環境では、水の氷が、地球でいう岩石のような挙動を示す。

タイタンでは、生命が手に入れられる溶媒はメタンだ。有機分子としてのメタンの挙動は水とは大きく異なる。水とは違って、メタンには極性がないので、陸上での生化学反応に欠かせない数多くのイオンや帯電した分子がなかなか溶けない。既知のタンパク質の大半は役に立たないだろう。

メタンは水よりも反応性が小さい点が利点だと主張する人もいる。地球上で生物の分子を損傷する加水分解反応は、メタンの環境では起きないだろう。たとえそうであっても、一部の分子と反応しやすい水の性質は、分子の柔軟性を維持したり、分子どうしの挙動や相互作用を制御したりするのに欠かせない。反応しやすい水の性質は、生物にとって好ましくない側面もあるが、概してどの生き物にも恩恵をもたらしている。

この議論でよくあるのが、何かを合成する際に、反応しやすい水の性質を避けて、水以外の溶媒を好む化学者がいる現状を引き合いに出すというものだ。これを根拠に、生命は水を完全に避けたほうがうまく生きられ、液体メタンやそれに似た液体を利用できると主張する。しかし、化学者が有機溶媒で化学反応を起こすのを好むのは、つくろうとしている化合物の収率を最大限に高めたいからだ。反応しやすい溶媒を使うことで起きる不要な反応をできるだけ少なくしたいのである。しかし、これは生命で起きていることではない。生命は生化学的な反応を活発に進めるために、反応しやすい溶媒を利用している。メタンは水よりも反応性が小さく、極性のある分子を溶かせない。その性質は工業化学者にとっては魅力的かもしれないが、生命に対して同じように恩恵をもたらすわけではないだろう。

とはいえ、少し想像をふくらませてみると、この有機化合物の存在下で生化学的な構造を形成する仕組みを思いつく。一例として、地球上の生命が利用している細胞膜に似た膜をどのようにつくるかを考えてみよう。タイタンのような世界でこうした膜をつくる方法の一つは、膜の表と裏を逆にすることだ。電荷を帯びた頭部をそれぞれ内側に向けて、水を嫌うメタンを避け、メタンの側に脂肪酸でできた長い尾を向ける。脂質の向きを逆にすることで、メタンの世界に適した小さな袋状の構造ができる。ただ、これを実現するために、地球の生物が使っている脂肪酸の尾を採用することはできない。タイタンのメタンの湖では、脂肪酸はほとんど固まって動かなくなるからだ。それに代わるものとして、コーネル大学の研究チームは化学モデリングを用いて、タイタンに存在することが知られる窒素を含んだ化合物、アクリロニトリルから形成される膜を考案した。「アゾトゾーム」と彼らが呼ぶこの膜は、窒素が豊富で極性をもつ頭部をもっている。頭部は互いに引きつけ合って膜を形成し、短鎖炭素化合物でできた尾が膜から突き出ている。この化合物を使えば、タイタンでも、構造全体が地球上の生物の細胞膜に似た流動性をもつ[22]。

モデルや憶測だけでは納得できないから、実際のデータを調べてみよう。研究者たちは、タイタンに存在するガスの測定結果と、生命がエネルギーをつくる手段を比較することで、タイタンに生命が存在する可能性を探った。彼らが提唱したのは、アセチレンやエタンといった炭化水素と、タイタンの大気に存在する水素を反応させると、生命はエネルギーを生成でき、メタンを老廃物として排出するという説だ[23]。タイタンの大気で水素が減少しているという観測結果と、表面付近でアセチレンが減少しているように見えることも、生命が存在する興味深い状況証拠として、この説をいくらか後押ししている[24]。これらのデータはかなり刺激的だ。憶測ができるだけ少ない科学的説明を受け入れるように戒める原理「オッカムの剃刀」（地球外生命について考えるときにはとりわけ重要な原理だ）に従えば、タイタンとそのメタン循環に関する私たちの知識はきわめて限られているので、前述の観察結果を説明する地質学的・惑星化学的なほかの要因が隠れている可能性があることを念頭に置くべきだ。とはいうものの、この説は魅力的である。

このように、少し想像をふくらませるだけで、タイタンに存在しうる生命像について筋の通った説を構築できる。しかし、タイタンに生命がエネルギー源として使えそうな物質が存在し、有機分子や炭素以外の原子が豊富で、脂質に似た化合物が存在する可能性があるだけでは、生命の存在には十分でないかもしれない。その湖の大部分と陸塊が低温であるために、生物のシステムが存続できない可能性があるからだ[25]。

以上の議論すべてにいえることだが、水というあまりにもよく知られた溶媒に着目しているために、おそらくある程度の化学的な偏見が含まれているだろう。アンモニアや液体窒素、フッ化水素、液体メタンといったほかの溶媒に関する知識は水よりも乏しいうえ、そうした溶媒で起きている生化学反応の実例がなく、議論はかなりの推測に頼っている。私たち人間自身がほかの溶媒を使っていたとしたら、一酸化二水素（H_2O、水のことだ！）という特殊な溶媒が、繁殖や進化、自己複製を行なう生物とどのようにかかわり合っているのかを、私たちは予測できるだろうか？　人間は水を利用する知的生命体ではあるが、水が生化学反応で果たしている役割についての知識が急速に増えたのはごく最近であり、しかもその知識はまだ十分とは言いがたい。

とはいえ、こうした事情があるにせよ、水という溶媒は用途がきわめて広い物質であるように思える。水は生命という劇場で主役と端役の両方を演じられる驚くべき能力をもっている。有機化学反応やほかの生化学的構造をつかさどるほかの溶媒には、今のところ、こうした多彩な能力があることはわかっていない。もう一つ重要なのは、水が液体として存在する温度範囲で、化学反応の速度が、生体を損傷する原因（放射線や、微細なスケールでの条件の変化から、惑星規模での変動まで）に対処しなければならない頻度とほどよく合致している点だ。生命が利用する溶媒として化学的に有望であることに加え、水が宇宙に大量に存在していることから、その物理的性質は生物に適しているだけでなく、より広い宇宙の物理法則からみても、惑星で新たに進化の実験が始まる際に利用できるありふれた溶媒になると示唆される。

地球から一二〇億光年離れた宇宙に、APM 08279+5255と呼ばれるクエーサーがある。天文学者たちはこうしたとても覚えづらい名前を付けるのが好きなのだが、私は生物学者だ。ここでは、この太古の天体を「フレッド」と呼ぼう。フレッドは、太陽よりおよそ二〇〇億倍も重いブラックホールを従えている。天文学者たちはクエーサーについてまだよく理解しているわけではない。フレッドが一二〇億光年離れていることから、宇宙が始まってまもなく放たれた光を観察していることはわかるだろう。クエーサーはきわめて古い天体だ。とはいえ興味深いことに、はるか遠くの宇宙にぼやけて見えるだけのこの天体には、膨大な量の水が存在している。その量は何と、地球の海水をすべて合わせた量の一四〇兆倍だ！

フレッドだけが特別なわけではない。水は宇宙のあらゆる場所にある、ありふれた揮発性物質なのだ。太陽系だけを見ても、木星の衛星であるエウロパを覆った氷の下に海があるし、土星の衛星であるエンケラドス（直径が五〇〇キロ足らずのこぢんまりした衛星）の南極からは、間欠泉のように水が噴出している。さらに、火星の極地は氷に覆われているし、カイパーベルトだけでも直径一キロを超す氷の彗星が一〇億から一〇〇億個ほども存在する。[26]

フレッドに存在する水がどのように生まれたのかは推測するしかないが、たとえそうであっても、地球とかけ離れた異世界の環境で水がどのように形成されうるか、その機構を宇宙化学者たちが考え出したというだけでも、わくわくする。たとえばこんな機構だ。[27]

$$H_2 + \text{宇宙放射線} \rightarrow H_2^+ + e^-$$

$$H_2^+ + H_2 \rightarrow H_3^+ + H$$

$$H_3^+ + O \rightarrow OH^+ + H_2$$

$$OH_n^+ + H_2 \rightarrow OH_{n+1}^+ + H$$

$$OH_3^+ + e^- \rightarrow \underline{H_2O} + H; OH + 2H$$

この化学反応を詳しく知る必要はないのだが、この簡潔な反応の美しさにはぜひとも触れておきたい。水素分子が、終わりを迎えつつある恒星か何かから放出された放射線を受けると、一部が水素イオンになり、酸素原子と反応できるようになる。酸素自体は超新星爆発で生じ、星間空間のいたるところに散らばっている。そして、水素と酸素を含んだイオンがさらに水素イオンと反応して、OH_3^+イオンが生成され、それが電子を集めて水になるというわけだ。前述の式で、水分子に下線を引いた。

このように、ビッグバンで生まれた水素と超新星爆発で生じた酸素に、いくらかの放射線と電子を混ぜ合わせれば、宇宙のどこでも水ができるのである。

フレッドで水が生成される反応はほかにもあるかもしれないが、水にいたる経路は簡潔で、特殊な条件を必要としないことが、これらの反応からわかる。地球が初期に得た水は、彗星に由来するとかつては考えられていたが、おそらく水を豊富に含んだ小惑星が主な供給源なのだろう。小惑星に存在した水は、もともと前述のような反応によって形成された。こうした反応は何十億年も続いていることを、フレッドは物語っている。宇宙の一つの場所で、地球が誕生する七〇億年以上も前に、そして地球に生命が現われるはるか昔に、海水の何兆倍もの量の水が一つの天体の周囲で生成されたのだ。

生命が利用しうるほかの溶媒として注目されてきた液体は、水より量が少ない傾向にある。タイタンの表面下に存在するとみられる水の海には、三〇％のアンモニアが含まれている可能性がある。アンモニアは水に代わる溶媒の一候補であり、地球の初期の大気におそらく含まれていた成分の一つで、木星の現在の大気にも含まれている。このようにアンモニアは確かに宇宙に存在するのだが、おそらく水よりも量は少ないだろう。生命の液体の候補としては硫酸も提唱されているが、これはアンモニアよりも突飛な説であり、存在する量もさらに少ない。フッ化水素にいたっては、その海が存在する可能性はかなり低い。宇宙全体に存在するフッ素の量は、酸素の一〇万分の一ほどしかないからだ。化学的な用途の広さにかかわらず、これらの溶媒の候補は宇宙に存在する量では水にかなわない。宇宙全体では、魚に似た生命体が泳ぐ硫酸やアンモニアの海など、生命を宿しうるほかの奇抜な液体は、地球に存在する美しい水の海よりはるかに希少だろう。水はその物理的性質によって宇宙に豊富に存在するようになり、生命をつくる溶媒として幅広い用途をもつようになった。

第10章　生命の原子

生命に関する書籍の一章を、テレビシリーズや映画で知られる『スター・トレック』で始めるのは、幸先の良い展開にはあまり思えないかもしれない。しかし、一九六六年にプロデューサーのジーン・ロッデンベリーの着想で始まったこのシリーズは、生物に限りがないという広く浸透した見方の一例である。宇宙船「エンタープライズ」に乗って銀河を巡る乗組員たちは、行く先々で奇妙な生命体に遭遇し、気性が荒い生命体をなだめる方法を見つけようとする。宇宙には予測不可能な生物が存在する可能性が無限にあるというのは、この作品に限らず、SFに共通するアイデアだ。スター・トレックはこの単純なアイデアから、何十年にもわたってテレビシリーズや映画を生み出してきた。

私は断じて「トレッキー」と呼ばれるスター・トレックの熱狂的なファンではない[1]が、カーク船長を演じたウィリアム・シャトナーが言うように、アメリカで一九六七年に放映された『地底怪獣ホルタ』が最高のエピソードであると思っている。ジェナス6という惑星で、五〇人の鉱夫が死んでいるのが見つかった。腐食性の強い物質を吹きかける怒った生き物によって殺されたとみられる。その生き物の正体を探ったところ、浮かび上がってきたのは、ケイ素（シリコン）をもとにした生命体だ。[2] 岩石の主成分であるケイ酸物質でできている。鉱夫たちはケイ素の岩塊を集めていたのだが（鉱山の監督の机にも一つ置いてあった）、じつはそれは単なる岩石ではなく、その生命体「ホルタ」の卵だった。ホルタは「エンタープライズ」の乗組員と和解したあと、その岩塊に「殺すな！」という文字を彫り込んだ。この異文化の交流によって、ホルタは誰にもじゃまされることなく自由に卵の世話ができるようになり、その代わり、鉱夫たちが貴重な金属を見つける手助けをした。めでたしめでたしである。

ホルタとその卵は、生物学におけるもう一つの根本的な問いを表わしている。生命を構成している元素、つまり原子レベルの構成要素は、地球とそれ以外の惑星とで違いがあるのだろうか？　このきわめて根本的な疑問を念頭に、生命の階層をもう一つ下り、原子スケールの世界へ足を踏み入れて、物理的なプロセスが物質のより根本的なレベルで生命の構造をどのように形成し、導きうるのかを精査してみよう。

地球の生物は基本的な分子の枠組みをつくる原子として多種多様な元素を利用しているが、生物を構成している無数の分子の根幹をなす主要な元素は、炭素である。炭素は周期表の一四番目の元素であり、その下のケイ素と同じ族に属し、化学的に似た性質をもっている。となれば、こんな疑問が頭に浮かんでくる。生命を構成する主要元素として、ケイ素は炭素の次に適した元素といえないのだろうか？　ケイ素は宇宙のいたるところに存在するから、生命をつくる物質として不足することはない。カーク船長もこう考えたかもしれない。ホルタのような生命体がいてもよいではないか？

この質問に答えるには、そして、生命に利用されているすべての元素がなぜ選ばれたのかを理解するには、生命を構成している原子の構造を知らなければならない。周期表と原子の物理的性質を詳しく調べれば、生命体の構成に適した元素としての炭素の根幹をなす、普遍的な物理的原理を見つけられるだろう。

一八六九年にドミトリ・メンデレーエフが考案した表などから発展した現在の周期表には、自然界に存在する元素だけでなく、研究室で合成された元素も含めて、現在知られているすべての元素が載っている。あらゆる元素の原子の中心には、原子核がある。その原子核には、正の電荷を帯びた粒子である陽子のほか、水素を除く原子には中性子も含まれている（水素は一個の陽子のみからなる）。中性子は電荷を帯びていない粒子で、原子核を一つにまとめる役目を果たしている。元素は含まれている陽子の数「原子番号」に従って並べられていて、一個の陽子をもつ水素は原子番号が1で、周期表の左上に配置され、原子番号118のオガネソンという発音しにくい名前の元素が、表の右下に記載されている。[3]

いくつかの粒子がまとまった原子核の周りに存在するのが、電子だ。光と同様に波のような性質をもつ粒子で、陽子とは違って、負の電荷を帯びている。陽子の正電荷が電子の負電荷を打ち消しているので、原子自体は電荷を帯びていない。言い換えれば、原子に含まれている電子の数と陽子の数は同じでなければならないということだ。

ここまで説明したように、周期表の左上から右下に向かって、元素の原子番号は単純に増えていく。原子核内の陽子が一個ずつ、そして、その周りを回る電子が一個ずつ順々に加わりながら、宇宙、そして生命を構成する多様な原子が一つひとつ形成されていくのだ。

だが、ここまでの説明には一つ小さな問題がある。粒子の数が増えた原子核に、電子を単純に一つひとつ加えることはできないのだ。電子はまったく同じほかの電子と隣り合うことを嫌う。人間にたとえれば、誕生日のパーティーで並んで座らされた一卵性の双子のようなもので、もう一人と比べられるのを嫌い、それぞれ個性ある人間として扱ってくれる友達を好むようなものだ。電子どうしを隣に並べることはできない。電子（実際にはあらゆるフェルミ粒子）が同じ状態を占めることができないというこの原理を「パウリの排他原理」と呼ぶ。[4] これを発見したオーストリア生まれの物理学者ヴォルフガング・パウリにちなんだ名前だ。

それでは、原子に加わった二個の電子が隣り合い、同じ状態になるのを嫌っている場合、どうすればよいのだろうか。変えられる性質の一つに「スピン」というものがある。電子のスピンの方向（アップスピンとダウンスピン）が異なっていれば、二つは異なる存在となる。瓜二つの双子でもそれぞれがもう一人とは違うと感じる特徴をもっているように、これで二個の電子はパウリの排他原理に従って共存できるのだ。[5] しかし、電子どうしを差別化できる性質はほかにないので、三つ目の電子が加わることはできない。ノアの箱舟に乗った動物たちのように、電子は二個ずつ対になって原子に入る。

原子に入った電子は「電子軌道」（電子殻とも呼ばれる）に入るが、そこでもパウリの排他原理に従って、軌道には二個あるいは二の倍数の電子が収まる。

こうして配置を終えた電子のなかでも、最外殻に収まった電子は、原子がほかの原子と最初に接触する部分であるので、とりわけ重要だ。これらの電子は化学結合の性質や、ほかの原子と反応するかどうかを決定づける。電子軌道が一部しか埋まっていない原子は、電子を得るか失うかして完全な電子対を形成しようとする。電子軌道に空きがあると、原子は反応性が高くなるということだ。

ネオンやアルゴンといった希ガスは不活性であることでよく知られているが、その理由はパウリの排他原理で説明できる。希ガスの電子軌道の最外殻は四つの電子対でびっしり埋まり、空きがないので、ほかの原子の電子を受け入れる余地がなく、活発な化学反応に参加することができないのだ。このため、希ガスは反応しない地味な存在となっている。

原子内の電子配置を見れば、周期表で1から118番までの元素がどのように配置されているかがわかる。同じ縦の列にある原子どうしは、最外殻に含まれる電子の数が同じになっている。最外殻電子の数が同じということは、同じ列にある元素どうしは化学的な性質がきわめて似ているということだ。これで、原子の性質や、原子が私たちの周りの物質世界をいかに形成するかが、電子配置によって決まっていることがわかるだろう。これを決定しているのが、パウリの排他原理という単純な物理的原理である。

生命の話に戻って、そのほとんどの分子の根幹をなす元素、炭素のことを考えてみよう。含まれている電子は六個。この六個はパウリの排他原理に従って配置されなければならない。最初の二個は、1s軌道と呼ばれる最も内側の軌道に配置される。次の二個の電子はその外側の2s軌道に、残りの二個は同じ軌道にある2p軌道に入る。[6]

それでは、ホルタの場合はどうなのか。この架空の生命体は、ケイ素からなる。炭素と同族にあって周期表の一段下に位置する元素で、電子の数は一四個だ。その電子配置はどうなっているだろうか。1s軌道に二個、2s軌道に二個あるのは炭素と同じだ。しかし、次の六個の電子は、2pの三つの軌道に入っている。さらに二個が外側の3s軌道にあり、残りの二個が3p軌道に配置される。ケイ素は炭素よりも電子の数は多いが、最外殻の電子はきわめて似ていて、二個の電子がs軌道に、さらに二個がp軌道に入っている状態だ。[7] 炭素とケイ素の化学的な性質が似ているのはこのためで、ホルタという架空の生き物が考案された理由もよくわかる。

原子やそれを構成する粒子という、生物の階層の最も低いレベル、言ってみれば生物の中核に働く基本原理の一つを理解したところで、炭素が生物の構成要素として適している理由や、ケイ素が生物を形成できる可能性を探っていきたい。

炭素は大きさがちょうどよい原子だ。最外殻に位置する電子は、ほかの原子の電子と対になって結合を形成できる状態、つまり分子をつくれる状態にある。それらの電子は原子核に十分近い位置にあるので結合の力は強いのだが、その一方で、原子どうしを簡単に引き離せるだけの程よい距離もあり、結合が解けやすくもなっている。生物はＤＮＡのように安定した分子を構築する必要があると同時に、大量のエネルギーを消費することなく、古い分子を手放して新たな分子をつくる必要もある。炭素はその条件にぴったり合うのだ。

炭素原子の最外殻に位置する電子（2p軌道にある二個と2s軌道にある二個）は、ほかの原子の電子と結びついて結合を形成しやすい。炭素原子によくある反応を一つ挙げると、炭素の一個の電子が水素の一個の電子と結びついて炭素－水素結合をつくる現象がある。生命を構成するあらゆる分子に見られる結合だ。炭素原子はまた、ほかの炭素原子とも結合できるし、硫黄やリン、酸素、窒素とも結びつくことが可能だ。こうした結合の力の強さはだいたい似ているので、炭素はほとんどエネルギーを使わなくても、結合する原子を変えられる。炭素原子は「二重結合」と呼ばれる結合も可能だ。2p軌道にある二個の電子が、ほかの炭素原子の2p軌道にある二個と結びついて、二重の結合をつくる。この能力は、三重結合を形成する能力も含めて、さまざまな炭素化合物を生む一助となっている。

こうした用途の広さと結合しやすい性質によって、鎖状や環状など、多種多様な構造をもった分子が形成される(8)。一個の炭素と四個の水素だけからなる単純なメタンガスから、伸ばすと二メートルもの長さになる人間のＤＮＡまでさまざまだ。多様な分子をつくれる柔軟性を知ると、ほかの元素でも同じようにできるのだろうか、という問いが自然と浮かんでくる。対抗馬としてまず思い浮かぶのが、地球で酸素に次いで豊富な元素、ケイ素である。有力な候補になりそうだ。

最外殻の電子配置が似ているとはいえ、ケイ素と炭素には決定的な違いが一つある。ケイ素には一四個の電子が含まれるのに対し、炭素には六個しかない。これはつまり、ケイ素の最外殻電子は炭素のものに比べて原子核からの距離が遠く、結合の力が弱いということだ。最外殻電子の結合の力が弱いために、ほかの分子との結合も炭素より弱い傾向がある。ケイ素とケイ素の結合は炭素と炭素の結合に比べておよそ半分の力しかなく、自然界では、三個のケイ素原子が並ぶ結合はほとんど見当たらない[9]。炭素を基礎とした生物では炭素原子が何十個も連なった鎖状の分子が見られるが、ケイ素はそうした鎖状や環状の複雑な分子を形成できる可能性はほとんどないのだ。ケイ素の電子は原子核との結びつきが炭素より弱いので、ほかの原子に取り込まれたり、ほかの電子と結びついたりして、ケイ素原子の反応性を高めやすい。ケイ素がつくる結合には、きわめて不安定なものもある。たとえばシラン（SiH_4）は、生物にとって重要なメタンガス（CH_4）と構造が似た分子だが、室温で自然に燃焼してしまう[10]。

さらに、ケイ素には弱点がもう一つある。炭素原子は酸素原子とつながって二重結合を形成でき、二個の酸素と結合すると二酸化炭素になる。これは多様な用途があるガスで、光合成の原料にもなる。しかし、ケイ素は炭素よりも大きいために、酸素と二重結合を形成しにくく、その代わり四つの単結合を形成する。大きい原子ではそのほうが配置しやすいのだ。ケイ素と単結合を形成した酸素原子はもう一つ単結合を形成する余地があり、この空きを利用してもう一つのケイ素原子と結合する。その結果、何ができるか？　ケイ素と酸素の結合が格子状に連なった大規模なネットワークだ。この格子構造は、私たちになじみ深いガラスや鉱物、岩石の主成分であるケイ酸塩の構造である。残念ながら、ほかの多くのケイ素化合物とは違って、ケイ酸塩は安定性が高いため、ケイ素はその構造にいったん取り込まれると、いつまでもそこにとどまる。だから、岩石の主成分がケイ酸塩であることからもよくわかるように、ケイ素を基礎とした生物が出現しにくいのだ。

こうした岩石質のケイ酸塩は驚くほど多彩だ。[11] 大ざっぱに言って、炭素化合物にも匹敵するほど膨大な種類がある。しかし、ケイ酸塩は生化学の機構ではなく、岩石に利用されている物質だ。安定したネットワークを形成して反応しにくいことから、ケイ酸塩でできたセラミックは、宇宙船が地球の大気圏に突入する際に熱を遮蔽する素材として使われている。一〇〇〇℃をゆうに超える超高温にさらされても、ケイ酸塩の構造はびくともせず、何か興味深い反応を起こすこともないからだ。

地球に存在するケイ素のほとんどは概して不活性なケイ酸塩に閉じ込められているとはいえ、生命は決してこの元素を避けているわけではない。海や淡水の川、湖、池に生息する珪藻という藻類は、シリカ(二酸化ケイ素)でできた「被殻」と呼ばれる精緻な殻で身を守りながら、光合成をして暮らしている。星形、樽形、船形など、多種多様な美しい造形をもった微生物だ。[12] 植物もまた、シリカを集めて利用している。[13] なかには、シリカの量が最大で全体の一割を占めている植物もある。ケイ素はケイ酸として土壌から直接吸収され、成長や機械的強度、菌類による病気への抵抗といった点で役立っていると考えられている。それが顕著なのは植物ケイ酸体だ。これは、細胞内に形成されるシリカの構造で、植物が重力に逆らって成長するのに必要な剛性を得るうえで役立つ。「骨片」と呼ばれるシリカの構造は、ある種の海綿動物の原始的な骨格としても利用されている。[14] 海綿動物は地球の多細胞生物でも最古の部類に入る生物だ。

まともな科学者ならば、生命の基盤としてケイ素を軽視するようなことはしない。地殻の九割がケイ酸塩からなる地球上でも、ケイ素はケイ酸塩中で酸素と結合した状態で存在するだけではない。ケイ素と炭素の化合物である炭化ケイ素（SiC）は自然界に存在する。[15] 恒星間物質でも、SiN（一窒化ケイ素）、SiCN（シアン化ケイ素）、SiS（一硫化ケイ素）といった、数多くのケイ素化合物の存在が観察されている。こうしたことから、ケイ素は宇宙規模で特異な化合物を形成することがわかる。私たちはケイ素の化学的性質よりも炭素の化学的性質をはるかによく知っているので、何らかの先入観をもっている。ケイ素の化学的性質をさらに深く探究していけば、驚くべき発見があるだろう。ケイ素原子は炭素と結合することで多彩な化合物を形成するようにも思える。[16] そうした有機ケイ素化合物のなかには、鎖状の構造をつくるものもある。ひょっとしたら、これら二つの元素のどちらが優れているかという二者択一の議論をしていると、炭素もケイ素も利用する、いわばハイブリッドの生命体が存在する可能性を見落としてしまうかもしれない。[17]

チャンスさえあれば、ケイ素はさらに有望な化合物をつくることができる。そうした構造の一つに、シルセスキオキサンという、何とも発音しにくい名前のかご状の分子がある。この分子の核にさまざまな構造を加えて、多種多様なほかの分子をつくることができる。実験室の適切な条件のもとでは、生物の分子を構成する長鎖化合物のように、ほかのケイ素化合物から、ケイ素原子を二〇個以上連ねた分子をつくることも可能だ。

ケイ素の化学的性質をめぐる探究の旅で、複雑なケイ素化合物に驚くほど多くの種類が存在することがわかったが、生命のほうも何もせずにいたわけではない。進化の過程でこの元素をさまざまな機能に利用しようとはしてきたが、これまで知られている限り、「ケイ素ベースの生き物」と呼べるほど幅広くケイ素を使って生命の主要な分子を構築した生物はいない。ケイ素を含んだ植物でも、その細胞は糖やタンパク質、脂質といった炭素化合物でできている。生命がケイ素を利用すれば、細胞はおのずとそれを岩石のように扱って、植物ケイ酸体や骨片など、構造を支持する素材として利用する。生命がケイ素を利用した構造は、地球の生命が進化で炭素を選んできた歴史に残ったケイ素の痕跡の一つではあるかもしれないが、生物は生存の可能性を高めるうえで、ケイ素を多くの化合物に使うメリットを見いだせば、それを使うだろう。地球における進化の実験が示すのは、この惑星の条件下では、ほぼすべての生化学反応で炭素がケイ素に勝るということだ。

炭素やケイ素が属する第14族のほかの元素は、原子がさらに大きいために、さまざまな問題がある。ケイ素の一つ下に位置するゲルマニウムは、これまで生命体に利用されてこなかった。[18] 現在知られている限り、この元素はまた、生命体の構築に役立つ多様な化合物をつくることもできない。第14族のさらに下にあるスズや鉛を利用する生き物も、その生命を支える化学的な証拠ははるかに少なそうだ。

生命の形成に適していそうな元素を周期表でくまなく探し回ってみても、最も多様な分子をつくる元素としては、その結合の可能性の幅広さという点で炭素が群を抜いている。地球以外の場所でもおそらく、生命のプロセスは、生命を構成する基本単位として炭素を利用する方向に収斂していくだろう。そして、すでに述べたように、炭素が最適なのはパウリの排他原理があるからでもある。量子レベルで働くこの普遍的な原理が、原子内での電子配置を定める。

健全な疑念をもっている人ならば、まだ納得できない部分があるかもしれない。ほかの生命体は利用する主要な元素だけでなく、生命を営む溶媒も変えることはできるのではないか？　炭素ベースの化学反応が水と結びついているという先入観がじゃまをして、ほかの手段を思いつけなくなっていることも考えられる。生命が利用する溶媒と主要元素の組み合わせを、ほかにも考察すべきなのだろうか？　ここで、突拍子もない組み合わせを想像してみたい。[19] ケイ素ベースの生命が液体窒素の中で誕生し、進化したというシナリオだ。液体窒素の中ならば十分に温度が低いので、シラン[20]（水素化ケイ素）やシラノール（アルコールのような物質）といった複雑なケイ素化合物、通常の環境では概して不安定なケイ素化合物でも安定性を保てる。

この提案から、大胆かつ並外れた地質学的サイクルを考え出すことができる。惑星の中心核で岩石中のシリカが二酸化炭素やアンモニアといった化合物と反応して、シランやシラノールを生成する。これらのケイ素化合物はやがて液体窒素の海に運ばれ、さらなる化学反応に加わって、ケイ素ベースの生命の基礎となる。こうした斬新なタイプの生物がいそうな場所として提唱されているのが、海王星の衛星であるトリトンだ。氷に閉ざされた世界ではあるが、表面には窒素が泉のように噴き出す場所がある。ひょっとしたら、表面のすぐ下にきわめて冷たい液体窒素が眠っているのかもしれない。トリトンに限らず、ある程度の岩石と液体窒素がある場所ならば、この特異な生命のシステムは成り立つだろう。

特異な化学反応と溶媒の組み合わせを考えようとすると、ほとんど知られていない化学の領域に踏み込むことになるので、一つの原子を別の原子に変えるだけの比較的単純な入れ替えよりも、その評価がはるかに難しい。液体窒素の中でケイ素がどんな化学的挙動を示すのか、その全貌はほとんどわかっておらず、私たちがもっている化学の知識だけでは、そうした条件下で生命が存在する可能性を除外することはできない。

とはいえ、興味深い代替案を思い描いたとしても、炭素を普遍的な視点で肯定的にみる妥当な理由はありそうだ。炭素は複雑な生命体を構築するうえで原子物理学的に有望な性質をもっているだけでなく、多種多様な分子を形成する傾向がある。さらに、宇宙全体で炭素化合物が豊富であるため、仮に地球外で生命の進化が起きたとしても、その最初期の段階で、複雑性を獲得するうえで最も容易に手に入る分子として炭素化合物が選ばれるだろう。

雲のない夜に空を眺めてみれば、人類が文明をつくり上げていく歴史を、何十億個もの星がずっと見つめ続けてきたことがわかる。漆黒のキャンバスに散らばるのは、白い点となってきらめく天体だ。いつまでもそこにあるかのような不変の風景にときどき、彗星や、超新星のまばゆい輝き、地球の大気圏に入った隕石が夜空で燃えた光の筋が飛び込んでくる。とはいえ、そうした現象を除けば、人間の一生という時間のなかで見る限り、夜空は不変のように思える。

宇宙を無限に続く空虚としてみる考え方は不正確ではない。少なくとも、この小さな地球に詰まった多種多様な物質と比べたら、そのような見方になる。夜空に瞬く小さな点が恒星で、その周りの漆黒の闇は宇宙の空虚であることに私たちが気づいて以来、そうした意識が大勢を占めてきた。しかし、広大な宇宙が不毛な空間であると考えてしまうと、一見空虚な宇宙空間で繰り広げられている驚くほど複雑な化学反応を見過ごすことになるだろう。

ビッグバンが宇宙の始まりを告げたときには、物事はもっと単純だった。温度が下がり、化学反応は水素やヘリウム、リチウム、そしてそれらのイオンどうしで起きるにとどまり、ある程度の電子や放射線が放たれた。いわば、元素の再配置が起きる基本的な場となったのだ。そして、ガスの渦が現われ、それが重力で集まって十分に密度が高まると、恒星の核融合反応が始まる。その輝く球の内部では、水素原子が結合して、炭素などのさらに重い元素が形成される。

「小質量星」と呼ばれるこうした恒星のなかには、勢いをなくし、やがて燃料が燃え尽きて、「白色矮星」という形で穏やかな余生を過ごすものもある。しかし、内部で元素がタマネギのように層をなした大型の恒星のなかには、重力がガスの圧力や外向きの熱エネルギーを圧倒して大爆発を起こし、物質を吹き飛ばすものもある。「超新星爆発」だ。こうした大爆発では、周期表で鉄よりもあとに位置するさらに重い元素が新たにつくられ、宇宙へと散らばっていく。

生命に欠かせない元素の起源については、一九世紀と二〇世紀の天文学者による研究で理解が進んだ。炭素など、多くの軽い元素は主に小質量星と大質量星の核の内部でつくられるが、モリブデンやバナジウムといった、一部の生物に必要なほかの多くの重い元素は超新星の内部で合成される。

元素がどのように形成されてきたかを理解したことで、生命と宇宙との関係についての見方が大きく進歩した。天文学的な知見を得て、生命にかかわる元素の起源を知り、宇宙の物理的性質を生物の原子構造と結びつけられるようになったのだ。こうして理解が進むなかで、生命の起源が宇宙にあるとの考え方は妙に引っかかる部分がありながらも、はっとさせる何かがあった。私たちはみんな星くずなのだという見解は紋切り型になったのではあるが、そうした陳腐さを抱かせる感覚は、私たちが現代の宇宙論や天文学の理解を当然のものと受け止めている現状を表わしているにすぎないのかもしれない。古代の人々がこのような考え方を聞いたら、不可解で難解だと感じることだろう。

生命と深遠な宇宙との結びつきに対する理解を認めることは、生命の起源をまさに宇宙生物学的に理解する第一段階だったのかもしれない。二〇世紀後半になると次の段階が始まり、生物全般に使われている元素の大半が宇宙全体に存在するだけでなく、炭素の化学的性質も普遍的であることが理解できるようになった。

暗黒の空間を望遠鏡で観測する際には、あなたや私が見ることのできるスペクトルの範囲（可視光）ではなく、赤色光の先にある肉眼で見えない赤外線を特殊なセンサーで観測し、そのデータを私たちが目に見える形に変換することができる。赤外線データを研究することで、漆黒の闇に渦巻きや無限に噴出するガス、夜空を覆うほど巨大なガス雲を観測できる。かつて暗黒にしか見えなかった場所で、物質を観測できるようになったのだ。

こうして目に見えるようになった物質の大部分は、「希薄な星間雲」と呼ばれる。この名前が付いたのは、その内部のガスの濃度を一立方メートル当たりの分子やイオンの数で表わすと、およそ10^8個になるからだ。かなり多いようにも思えるのだが、私たちが吸っている空気中の分子数は一立方メートル当たりおよそ2・5×10^{25}個もあるから、それに比べればはるかに少ない。希薄な星間雲に含まれている物質の量は、地球上の実験室で再現できる真空よりも少ないのだ。とはいえ、こうした星間雲のなかにも、驚くべき化学反応を起こせる物質が存在している。(21)

学校の化学の授業で習ったことを覚えている読者もいるかもしれないが、化学反応を起こすためには、反応にかかわる物質が高い濃度で存在していなければならない。かなり薄めた硫酸に家庭用の砂糖を加えても、たいした反応は起きないものだ。生徒が興奮するのは、化学の授業で先生がどろりとした黄色の濃硫酸を取り出したときだけだ。先生がいたずらっぽくにやりと笑い、皿に置いた砂糖に濃硫酸を注いで「黒い火山」を教室に出現させる。授業中のいい気晴らしにはなるのだが、砂糖の分子が激しく分解して「噴火」してしまうと、学校の健康・安全管理者が事務仕事に追われることになる。だから疑問に思うかもしれない。実験室で再現した真空よりも物質の量が少ない星間雲で、何か興味深い化学反応が起きるわけがないだろう、と。

宇宙には豊富に存在するが、学校の教室ではなかなか見つけられないものがある。(22)それは、放射線だ。陽子、電子、ガンマ線、紫外線、そして、鉄やケイ素といった多くの重い元素のイオンが、地球の雲も含めて、星間空間に散らばっている。この放射線がイオンや分子の希薄な集まりにエネルギーを与える。

それが十分な大きさになると、分子は分解され、活動的になり、さまざまな反応を引き起こして、新たな化合物をつくることができる。星間雲はおよそマイナス一八〇℃と凍えるように冷たいのだが、放射線がイオンや分子に衝突することで、化学反応を引き起こすことができる。

天文学者たちが星間雲における化学反応の生成物の観察に利用するのは、分光法という手法だ。希薄な星間雲を光が通り抜けると、そこに存在する化合物が光の一部を吸収する。もっと正確にいうと、電子が光のエネルギーを吸収して、高いエネルギー準位へ移動する。いってみれば、電子が光のスペクトルの中にぼんやりした隙間をつくるのだ。星間雲を通り抜けた光のスペクトルを地球上の望遠鏡でとらえ、そのデータを分析する「吸光分光法」を利用することで、星間雲の化学成分を特定できる。あるいは、電子が光のエネルギーを吸収して光を再放射した場合、ひょっとすると異なる波長の光を放つこともあるから、それもまた特定の化合物を検出する手がかりになる。これら二つの分光法を利用すれば、星間雲を構成するすべての化合物を特定できるのだ。とはいえ、こうした高度な手法の結果を理解するための知識は、まだまだ発展途上にある。星間雲では光の吸収や放射が無数に起きていて、その起源はおぼろげにしか解明されていないか、あるいは何もわかっていない。星間雲のスペクトルに見られるさまざまな吸収の跡は「ぼやけた星間線」と呼ばれ、数多くの痕跡を含んでいるが、それをどのように説明すればいいのかはまだわかっていない[23]。

星間雲はいまだ謎に包まれた存在ではあるとはいえ、これまでのところ、CO、OH、CH、CN、そしてCH^+イオンといった単純な化合物が数多く特定されている。わかっている化合物はまだまだたくさんあるのだが、ここに挙げた化合物を見るだけでも、一つの特徴に気づくだろう。それは、炭素を含んだ化合物が圧倒的に多いということだ。炭素は小質量星と大質量星における核融合反応で生成され、やがて宇宙空間へと放出されて、星間雲でほかの多くの元素と反応して、単純な化合物を形成する。[24] そこに、有機炭素化合物の初期段階の構造が含まれている。

宇宙にはさらに大型で活動的な星間雲も存在するので、ほかの天体に目を向けると、話は断然おもしろくなってくる。宇宙のあちらこちらには「巨大分子雲」と呼ばれるガス雲がある。なかには幅が一五〇光年ほどもある分子雲もあり、その質量は太陽の一〇〇〇倍から一〇〇〇万倍にもなる。ここは新しい恒星が育つ「保育園」であり、ガスの密度はある程度高いので、渦巻きが集まり、生まれたての球が核融合を始めることができる。一立方メートル当たりのイオンや分子の数は一兆個ほどと、希薄な星間雲よりもずっと多い。地球の大気よりははるかに少ないものの、さらに興味深い化学反応を起こすには十分な密度だ。

こうした分子雲に含まれている物質の密度はある程度高いので、新しい恒星やほかの天体が放つ紫外線の大部分が遮られる。化学反応を促す放射線の量は少ないかもしれないが、その一方で、形成された化合物がその同じ放射線によって分解されにくくもなる。巨大分子雲の内部では、HCOOH、C_3O、C_2H_5CN、CN、CH_3SH、C_3S、NH_2CNをはじめ、一〇〇種類を超える化合物が見つかっている。全体像は今後さらに詳しくわかってくるはずだ。この恒星の保育園では、一個か二個の原子を含んだ単純な分子だけでなく、さらに興味深い構造も見られる。希薄な星間雲で観測されている化合物も驚くべきものだが、巨大分子雲ではそれがさらに一歩進んで、炭素化合物がより複雑になっている。巨大分子雲は炭素ベースの化合物に満ちているのだ！

分子雲がもちうる複雑性は目を見張るもので、数個の原子からなる化合物だけでなく、もっと入り組んだ構造が存在する。たとえば、ベンゼンなど、六個の炭素原子の環状構造は、つながり合って「多環芳香族炭化水素」になる[25]。興味深いことに、六個の炭素原子の環状構造は実験室で反応させて、キノンという物質も形成できる。これは、生物が周りの環境からエネルギーを集めるときに電子の運搬に使っている分子だ。こうした実験室での反応は、星間物質に含まれる分子はすでに、生物のエネルギー生成機構と代謝経路に役立つ前駆体への道を歩み始めていることを示している。これはきわめて興味深い。

こうした炭素の連なりはさらに特異な分子をつくると考えられている。炭素の環状構造を三次元で組み合わせると、炭素の球状分子を生成できるのだ。その一例が、炭素原子を六〇個含んだ「バッキーボール」である。C_{60}という分子式で表わされるこの分子は、炭素原子がつくる二〇個の六角形と一二個の五角形が球状に結合して、サッカーボールのような形をしている。そうしてできた球状分子が合体して、タマネギのような層状の炭素構造を形成する。つながり合った炭素原子がチューブや格子を形成して、さまざまな構造の組み合わせを探る[26]。

宇宙規模で化学反応がどのように起き、どんな物質が生成されるかを探る研究は革命的ともいえる見事な成果をもたらしたものの、これほど多様な化合物がどのように形成されたのか、その過程は依然として科学者たちの頭を悩ませている。とりわけ難しく、かつ重要な問題は二つある。そもそも、化合物が反応を起こすには互いに近くに存在しなければならない。この見解については、硫酸を例にすでに述べた。硫酸を水で薄めると、めぼしい化学反応が起きなくなるという話だ。薄めた硫酸と砂糖を混ぜても、弱酸性の砂糖水ができるだけで、教室の生徒たちを沸かすような反応は何も起きない。分子雲では分子やイオンの密度が地球の大気に比べてはるかに小さいのに、どうやって化学反応を起こすことができるのか？　しかも、分子雲の温度はきわめて低い。化学の授業で習ったように、化学反応を起こす手っ取り早い方法の一つは、加熱することだ。マグネシウムの金属片は実験室の作業台に置いておくだけでは何も起きないが、ブンゼンバーナーの炎にかざし、四七三℃を超えるまで加熱すると、マグネシウムは着火して、まばゆい白色の光を放つ。それに対し、マイナス二六〇〜マイナス二三〇℃の分子雲では、化学反応を起こせる（そして化学者を興奮させる）可能性は明らかに低い。

にもかかわらず、びっくりするような場所で化学反応は起きている。分子雲には、シリカや炭素が豊富な物質が氷に覆われた、「星間塵」と呼ばれる微粒子が存在する。分子雲に含まれているイオンや分子は、そうした微粒子に付着して集まることがある。これが、イオンや分子を寄せ集めるメカニズムの一つだ。これがなければ、イオンや分子は星間空間を当てもなく漂い続けることになるだろう。分子雲における化学反応の大部分はこうした微粒子で起きていると、宇宙化学者たちは考えている。[27] 微粒子の一つひとつが有機化合物の工場、さらにいうなら、微小な原子炉の役割を果たしているというわけだ。

宇宙に存在する炭素の量はあまりにも膨大で、なかには炭素が特徴の恒星まである。そうした「炭素星」の縁辺では、炭素化合物の形成や破壊、組み換えといった数々の反応が起きていて、有機化合物に生じる複雑性や多様性は計り知れない。地球から三九〇〜四九〇光年しか離れていないところには、「ハロー」と呼ばれる光の輪を伴った恒星がある。[28] これは、秒速五〇キロを超える速さで広がる物質の「エンベロープ」を示す痕跡だ。このエンベロープ内部では六〇種類以上の分子が検出されていて、なかには線状や環状の構造をもった炭素分子も見つかっている。まさに有機化合物が宇宙空間へ吹き飛ばされている現場だ。その恒星の光を放っている領域「光球」の周囲では、CO（一酸化炭素）やHCN（シアン化水素）といった単純な化合物が検出されている。[29]

こうしてざっと見ただけでも、はっきりしてきた点がいくつかあるのではないか。宇宙は化学反応が起きない冷たい場所ではないということだ。恒星が銀河の中心の周りをただ漫然と回り、生命の原料となる周期表の基本元素を生み出しているだけではない。複雑な化学反応は宇宙のいたるところで、どれほど希薄なガスの集まりでも起きている。そうして生成される化合物には、炭素とほかの元素が多種多様な配置で結合してできる膨大な種類の有機化合物も含まれる。

少しずつ見えてきたイメージから、複雑な炭素化合物の生成において奇妙な必然性が浮かんでくる。炭素がほかの元素とさまざまな形で結合し、多種多様な分子を生成できるという性質は、地球に存在する温度や圧力の条件でしか見られない特異なものではない。生物を構築する複雑な世界で炭素が中心的な役割を果たす、特殊な惑星環境に限った事例ではないのだ。宇宙で最も寒冷な場所であっても、炭素はほかの炭素も含め、周期表に載った元素と結合して、地球の生命をつくっているさまざまな有機化合物を生成する。生命を構成する炭素化合物への道のりは、普遍的であるように思える。

当然ながら、この見解から引き出される最も興味深い疑問は、この化学反応で生命の先駆けとなる分子がどの程度まで形成されるかということだ。アミノ酸や糖、タンパク質をつくる核酸塩基、炭水化物、遺伝暗号といった、生命を構成する基本的なモノマー（単量体）を見つけ出そうとする試みは、すべてがうまくいったわけではない。コペンハーゲン大学の研究チームは、新たに生まれつつある恒星に近い星間物質の中でグリコールアルデヒドを発見した。この分子は、最終的に糖へとつながる化学合成「ホルモース反応」に加わることができる。[30] 星間物質では、アミノ酸の前駆体となりうる化合物、シアン化イソプロピルも発見されている。[31] さらに、ホルムアルデヒド（CH_2O）の存在も知られている。この化合物は、アミノ酸などの化合物につながるとみられる化学反応に加わることができる。

星間雲では、複雑な分子はHCNなどの単純な化合物に比べて少なく、それを発見するのはさらに難しいだろう。観測手法が向上するにつれて、複雑な分子の発見例は増えていくに違いない。とはいえ、全体的な結論ははっきりしている。星間物質には、生物を構築する化学合成の前駆体や中間生成物として機能しうる数々の炭素化合物が含まれているということだ。

生命を構成する基本要素が宇宙で生成しうることを示す証拠は、星間物質よりも身近にある隕石でも見つけることができる。[32] これもまた、説得力のある驚くべき手がかりだ。炭素質の隕石で見つかる七〇種類以上のアミノ酸の濃度は低いものの（およそ一〇～六〇ppm）、アミノ酸の存在自体は、太陽が形成されるもとになった原始惑星状星雲が、炭素の化学反応に適した場所だったことを示している。[33]

これまでのところ、隕石で見つかったアミノ酸が集まって単純なタンパク質の鎖を形成した証拠はない。初期の太陽系の状態はアミノ酸の形成に適していたように見えるものの、それ以上の複雑性は獲得できなかった。こうした構成要素がつながって、生命に関連する複雑な分子の鎖を形成するには、惑星の表面を覆った水の環境という、もっと穏やかな条件が必要だったのだ。

隕石にアミノ酸が含まれていることから、なぜ星間空間ではアミノ酸が検出されないのかという疑問が当然ながら浮かび上がる。なぜなのか？[34] その理由の一つとして考えられるのは、アミノ酸の濃度が低いために、隕石からは実験室で容易に検出できても、星間物質では、化合物の痕跡がほかにも数多くあるために検出しにくいのではないかということだ。あるいは、初期の太陽系にあった原始惑星系円盤がアミノ酸の形成にとりわけ適していたということも考えられる。反応に利用できる天体の表面が近くに無数にあり、温度勾配、水などの揮発性物質が存在するために、原始惑星系円盤は、生命の構成要素をもたらす反応のいくつかに適した場所となったのかもしれない。

隕石はアミノ酸以外にもはるかに多くの化合物を蓄えていることもわかってきた。炭水化物や核酸塩基（遺伝暗号の文字）の構成要素となる糖が、スルホン酸やホスホン酸などに混じって隕石中で見つかっている[35]。タンパク質、炭水化物、核酸、膜脂質という、生命を構成する四種類の主要な分子や、そのモノマーのそれぞれが、隕石中で発見されてきた。

ここで重要なのは、複雑なケイ素化合物が隕石からは見つかっていないことだ。もしそうしたケイ素化合物が存在すれば、隕石がどこかの惑星に落下したときに、炭素ベースの生命が生まれる可能性とケイ素ベースの生命が生まれる可能性のあいだでせめぎ合いが繰り広げられることだろう。しかし、隕石中に見られるケイ素化合物は、反応性があまり高くないケイ酸化合物が圧倒的に多い。隕石には複雑な炭素化合物の普遍性が表われている。

隕石は小惑星など、太陽系の形成に伴って生じた岩石質の残骸がもとになっているが、それと同じくらい重要なのが、彗星だ。この天体は、地球から約二万〜一〇万天文単位[36]離れたところに位置する球形の領域「オールトの雲」に集まっている。海王星の軌道の先にあるカイパーベルトにも、氷の天体が集まった帯状の領域がある。彗星は小惑星と同じように、太陽系形成の残骸だ。岩石と氷が混ざってできた天体で、その黒っぽい核は部分的に有機化合物によって生じたと考えられている。彗星もまた、炭素化合物の形成というたぐいまれな物語を伝えているのだ。

これまでに、地上や宇宙にある望遠鏡を利用したり、探査機を送り込んで直接観測したりすることで、こうした氷に閉ざされた小さな世界を観測する絶好の機会があった。彗星は単なる氷の塊ではなく[37]、一酸化炭素や二酸化炭素のほか、メタンやエタン、アセチレン、ホルムアルデヒド、ギ酸、イソシアン酸といった複雑な化合物を含んでいることがわかっているうえ、さらに、67Pという彗星では欧州宇宙機関の彗星探査機ロゼッタが、なんとアミノ酸のグリシンを検出した。グリシンの存在がわかったことで、生命に必要なほかのアミノ酸や、その他の種類の分子も彗星に存在するのだろうか、という重要な疑問が浮かび上がってきた。

太陽系でこのような現象が起きているとしたら、ここが宇宙でもきわめて特殊な場所ではない限り（そう考える理由はないのだが）、宇宙のほかの場所でも起きているということだ。銀河系の外、アンドロメダや地球から数百万光年離れた場所では、アミノ酸や糖、核酸塩基、脂肪酸が惑星に降り注いでいる。有機炭素化合物は普遍的なものであり、したがって、宇宙のほかの場所で生命が生まれたとすれば、それは炭素ベースになる可能性が高い[38]。

宇宙でこうした驚くべき発見があっても、私たち自身の惑星で生命に必要な化合物の一部が合成された可能性を忘れてはならない。エネルギーに満ちた環境で複雑な炭素化合物が生成される傾向があることは、一九五〇年代にスタンリー・ミラーとハロルド・ユーリーがすっきりと明快に実証している[39]。まだ炭素化合物が宇宙や隕石に豊富に含まれているとの知識がなかった頃、ミラーとユーリーは原始スープから自己複製する生命体への重要な移行がどのように進んだのかを化学的に解明しようと研究し始め、実験室で次のような簡潔かつ見事な実験を行なった。メタン、アンモニア、水素を含んだガスを容器に入れ、水蒸気を循環させる。そこに、初期の地球の雷に見立てて、二本の電極で放電させる。まさにフランケンシュタインが出てきそうな設定だ。こうしてガスにエネルギーと水を加え、初期の地球をシミュレーションした結果、何が出現したのか。それはモンスターではなく、どろりとした茶色い液体だ。そこにアミノ酸が含まれていた。グリシン、アラニン、アスパラギン酸など、数多くの化合物が合成されたのである。しかし、この実験で使われたガスは、初期の地球の大気にそれほど多く含まれていなかったと今では考えられている。最初に使うガスの組成を変えれば、結果としてできるアミノ酸やほかの化合物の種類も変わる。とはいえ、エネルギーと数種類の単純なガス、ある程度の水を混ぜればアミノ酸が形成されるという概念は、生命を構成する有機化合物が奇跡的に生まれたものではないという考え方を確立するうえで重要な役割を果たした。実際のところ、炭素原子を含んだガスの混合物にエネルギーを加えたときに複雑な有機化合物をまったく生成しないようにするのは、かなり難しい。

ミラーとユーリーの実験では、有機分子が星間空間や惑星の表面で形成されることが、これではっきりした。若い惑星は、多種多様な有機化合物が集まり、生命で利用できるようになる、るつぼのような場所なのだ[40]。若い惑星が立証された。有機化合物が宇宙だけでなく、若い惑星の表面でも形成されうること

ある程度のエネルギーと基本的な材料がある場所で複雑な有機化学反応が起きる傾向は、土星の衛星タイタンで起きているあらゆる有機化学反応が見事に実証している。そのメタンの湖は、宇宙で有機分子が生成される源泉だ[41]。茶色く霞がかった大気は、その上層で大気中のメタンが紫外線と反応して分解され、遊離基を形成して、その後エタンや有機化合物の複雑な鎖に形を変えた結果できたもので、その一部が大気の上層を漂って、独特な色を放っている[42]。

こうした物質の大半がタイタンの表面に降り注いで、有機化合物の広大な砂漠をつくり出す。タイタンには、複雑な有機化合物の砂丘が長さ数百キロにわたって表面にうねりをつくる領域があり、その高さは一〇〇メートルにも達する。エタンはC_2H_6という分子式で表わされる炭素化合物で、多くの複雑な分子の前駆体でもある。タイタンの表面で起きている現象が、太陽系が始まった頃から続いているとすれば、エタンの層の厚さは理論上およそ六〇〇メートルにもなるだろう！

タイタンに存在するさまざまな有機化合物に混じって、生命の構成要素も存在するだろうか？　現時点ではわかっていない。将来、タイタンで無人探査が実施されれば解明されるかもしれないが、答えがどんなものであるにしろ、メタンとある程度の放射線が存在する衛星で広大な砂丘、湖、大気中の有機

化合物の霞が形成されるという単純な観察結果が揺らぐことはない[43]。

地球で炭素化合物が生命を生み出すのに最適な条件が整っているのは、特異なことであるとの見方もある。しかし、これまで紹介してきた観察結果からは、それと正反対の考えが示唆される。地球とはかけ離れた条件の場所でも、炭素は反応性が高く用途の広い化合物を数えきれないほど形成している。幅広い温度、圧力、放射線の条件下で、炭素は周期表のあらゆる元素のなかで最も多様な分子を生み出しているのだ。もちろん、ほかの化合物も見つかっている。星間空間でケイ素と炭素の結合やケイ素と窒素の結合も検出されていることから、地球外の条件下では、地球上でめったに見られないような興味深い結合が形成されうることがわかる。こうした事例を見ると、私たちがもっている化学の知識がいかに限られているか、改めて考えさせられる。とはいえ、これらすべてのデータを通じてどうしても目につくのは、多様な炭素化合物だ。これは、地球上で見られるこうした種類の構造が特異なものではないことを示唆している。地球が果たしている役割は、炭素化合物が長鎖を形成でき、自己複製する存在へ進化できる環境を提供していることではないだろうか。この段階では、ガス雲や凍てついた砂丘では容易に得られない特殊な条件が必要になるだろう。しかし、この現象が起きている宇宙では、炭素化合物がいたるところでごくふつうに形成されている。

炭素以外の元素にも目を向けて、生命で広く利用されていることが知られているほかの元素について考えてみると、さらに興味深いストーリーが見えてくる。生命体をつくるためには、炭素以外の原子も必要だ。利用可能なあらゆる原子のなかで、あちらこちらで炭素と結合してより複雑な構造をつくるのは、水素、窒素、酸素、リン、硫黄という五つの原子である[44]。これらの原子は炭素も含めて、ＣＨＮＯＰＳという何とも覚えにくい言葉で呼ばれることがある。なぜこれらの原子なのか？　生命のいたるところで使われている事実も、単純な物理法則が働いた結果なのだろうか？

これらの元素の挙動もまた、炭素と同じように、パウリの排他原理の影響を受けている。水素は常にほかの原子と結合できる状態にあり、電子を一個だけ受け取れば電子対が形成され、その唯一の電子殻を満たす。水素は生物の体内のいたるところで炭素と結合している。おおざっぱにいうと、水素は利用可能な一個の電子を掃き集める役割を果たしていると見ることができる。生物のいたるところに存在しているのは、このためだ。

ほかの四つの元素（窒素、酸素、リン、硫黄）は生物の炭素ネットワークで、ボルトやナットのように生物を一つにまとめる役割を果たしていて、おもしろいことに、周期表でも炭素の近くに寄り集まっている。化学の大きな目で見てみると、この奇妙に密接な関係がなぜ生まれたのかがわかってくる。これら四つの元素はすべて電子軌道に空きがあり、ほかの原子との結合に参加することで、その空きを埋める。周期表での位置を見ても、原子の大きさがちょうどよい。これらの電子が形成する結合は切断時に大きなエネルギーがいらないので、四つの元素は、ひっきりなしに結合や切断を行なわなければならない生物の形成や成長に活用しやすい。とはいえ、これらの原子の電子がくっつき合っている強さは十分にあるので、結合は概して安定している。おおまかに言って、これら四つの元素はさまざまな性質をもつ多様な化合物を抜群に形成しやすいということだ。炭素と結合すると、生命体の繁殖と進化を順調に進めるために欠かせない多様な化学反応を起こすのに役立つ。

一見すると、窒素は生命に利用される元素としてあまり有望でないように思える。窒素原子はほかの窒素原子と三重結合をつくって、きわめて強く結びつく。そうしてできた窒素ガス（N_2）は、地球の大気のなんと七八・一％を占めている。しかし、いわゆる窒素固定菌がもつ触媒や、雷などの無生物的な作用で化学的な足かせから解き放たれると、窒素は炭素と何種類もの有用な結合を形成できるようになる。安定した配置の一つに、窒素原子が二個の炭素原子のあいだに位置するものがある。これは個々のアミノ酸をつないでタンパク質をつくるための「ペプチド結合」だ。どのアミノ酸も窒素を含んでいるので、このようにつながることができる。窒素はまた、炭素原子のあいだに配置されて環状構造も形成できるので、ＤＮＡの塩基対をはじめ、生物で利用されている主要な環状分子の多くにも含まれている。核酸に含まれている窒素は、バックボーンを構成する糖の連結部分として機能し、遺伝暗号全体をまとめる一助となっている。

ここで周期表のもう少し右のほうに目を向けて、酸素について考えてみよう。あらゆるところに存在し、動物に欠かせないこの気体は、周期表で窒素の隣に位置している。酸素原子は炭素原子と結合して環状構造をつくったり、糖など、炭素を含んだ分子どうしをつないで糖分子が長く連なった炭水化物を形成したりと、窒素と似たような機能を果たす。酸素を含んだ糖は、生命に欠かせない核酸のバックボーンの一部となる。タンパク質などの複雑な分子の合成に関与するカルボン酸をはじめ、数多くの有機分子にも、酸素は含まれている。

残りの二つ、リンと硫黄は周期表でそれぞれ窒素と酸素の下に位置していて、電子の数が多いので原子も大きい。

リンはマッチの先っぽに付いている燃えやすい物質としておなじみだが、生物に欠かせない分子の多くにも、巧みに入り込んでいる[45]。リン原子はほかのＣＨＮＯＰＳ元素より大きく、最外殻の電子が結合の形成と切断を行ないやすいので、生物の体内においてエネルギーの必要な反応の多くで主要な成分の一つとなっている。酸素との結合は必要に応じて解かれ、加水分解反応ですぐにエネルギーを放出できる。ATPは酸素原子と交互に連なったリン原子を三個含み、地球上の全生物でエネルギーを蓄える分子の一つとなった。[46] 生命にとって小さなバッテリーのようなものだ。

きわめて幅広い用途をもつリンは、細胞の構造自体にも進出している。細胞膜を構成する長鎖の炭化合物、脂質の先端にもリン原子は存在する。さらには、遺伝暗号にもリンは豊富に含まれている。DNAのバックボーンをたどっていくと、リン原子は糖と糖をつないで構造を一つにまとめ、DNAの寿命を延ばすのに役立っている。[47] 負の電荷をもつ酸素原子がリンからぶら下がっているために、DNAは負電荷を帯び、脂質の膜の内側に存在する負電荷と反発し合って細胞にとどまるようになっている。こうした負電荷はまた、DNAの加水分解も防ぎ、その分子の安定性を高めてもいる。

周期表でリンの右側に位置するのが、硫黄だ。「燃える石」とも形容され、活火山の火口を彩っている黄色い物質である。リンと同じく、炎や荒々しさをイメージさせる元素ではあるが、やはり生物にとって有用な役割を果たしている。まず、硫黄はタンパク質に含まれる。タンパク質を構成するアミノ酸の長い鎖の異なる部分に、硫黄を含んだアミノ酸が二つあり、二個の硫黄原子が隣り合って「ジスルフィド架橋」という結合をつくる。[48] この架橋構造が鎖のさまざまな部分をつないで明確な形をつくり、タンパク質の三次元構造を一つにまとめる一助となる。これによって、タンパク質は細胞内で触媒反応を起こすことができる。

ここまで、生命に必要なCHNOPSのうち四つの元素の役割を説明してきたが、四つの元素が生命で果たしている役割はほかにもたくさんある。とはいえ、たとえ少数の事例であっても、これらの原子の適応性を物語っているし、生命の機構の一部として細胞内で利用されているさまざまな特徴をいくつか示してもいる。複雑な長鎖分子の数々に利用されていることから、こうした原子がいかに有用かがわかる。

窒素、酸素、リン、そして硫黄が生命において有用な役割を果たしていることは、明らかであるように思える。進化のなかでたびたび使われてきたということは、これらの元素がいたるところに存在し、CHNOPS元素としての地位を確立した証しではあるが、ほかの元素についてはどうか？ 議論から除外してよいのだろうか？

周期表で、化学的に似たものどうしの四つの元素から右へ目を移すと、酸素の隣にフッ素（F）がある。アメリカでは戦後、虫歯予防のために少量のフッ化物を水道水に加える「フッ化物添加」で広く知られるようになった元素だ。こうしてひっそりと人間社会へ入り込んだフッ素だが、生命ではあまり使われていない。その電子殻はほぼ満たされていて、最外殻に七個の電子が存在している。八個の電子がそろえば、四対のペアができる状態だ。これら七個の電子は原子核に強く結びついているうえ、フッ素原子は電子殻を満たす八個目の電子を切望している。まるで小さな子どもが色つきのおもちゃを全色そろえたいと、最後の一色を求めてはしゃぎ回っているかのようだ。この性質があるためにフッ素は反応性が高いうえ、ほかの原子と結合すると、簡単には離れない。炭素とフッ素の結合は有機化合物で二番目に強い結合であり、あまりにも反応性が小さいために、生命でたいした使い道がないのである[49]。

とはいえ、そんなフッ素原子も生物界で相手にされていないわけではない。熱帯地方には、フッ素化合物を毒として利用して天敵を寄せつけない植物や微生物が数多くいる[50]。周期表でCHNOPSを除くあらゆる元素について言えることだが、ある元素を含んだ化合物の特定の化学的性質が生存競争に役立つことがわかれば、生命はそれを利用するように進化する。ただし、電子配置に起因するフッ素の化学的性質によって、この原子の用途は限られてしまうから、フッ素原子は生命に普遍的に利用することはできない。
周期表でフッ素の下に位置する塩素も、同様の問題を抱えている。フッ素より電子の数が多いので原子も大きく、電子殻の空白を満たす最後の一個を求める傾向はフッ素より小さいものの、それでも最後の一個を得ようとする性質はある。こうした傾向があるので、塩素も反応性が十分に高く、浴室の除菌に使う漂白剤の原料として活用されている。生物にも見捨てられているわけではない。細胞に含まれ、さまざまなイオンの濃度を調整するなどの機能を果たしているが、その化学的性質から、塩素の利用範囲は限られている[51]。

それでは、窒素や酸素、リン、硫黄の下に位置する元素はどうか？　リンの下にはヒ素、硫黄の下にはセレンがある。どちらの元素も幅広い生物に利用され、生命はどの元素も見捨てたりはしないということがわかる。とはいえ、ヒ素もセレンもCHNOPS元素より原子が大きいために、電子の結合が弱く、ほかの原子との結合が切断されやすい。結合が弱いという性質はあるものの、だからといって、新たな生命体で果たせそうな役割を探す試行錯誤が行なわれなかったわけではない。

リンの代わりに、周期表で下に位置するヒ素を使ってみると、どうなるだろうか。主要な分子にヒ素を含んだ微生物がもしいたら、エイリアンみたいで、何とも不気味だ。二〇一〇年、『サイエンス』誌にびっくりするような論文が掲載された[52]。ヒ素を含んでいることが知られるアルカリ性の塩湖、カリフォルニア州のモノ湖から単離された細菌が、DNA内でリンの代わりにヒ素を使っているというのだ。論文が発表されると大騒ぎになり、記者会見が開かれ、生命の生化学反応に対する見方を変える新発見として大きく注目された。しかし、数日も経たないうちに、科学界からオンラインや報道でこの発見に対する疑念が表明された。なぜか？　ヒ素は原子が大きいことから、その化合物は水中で急速に加水分解が進むため、DNA分子が構造を保つことは考えにくいというのだ。さらなる調査の結果、その細菌はDNAでリン酸塩を使っていることが明らかになった。[53] 私たちがよく知っている生物の系統樹でありふれた一員にすぎない。

これこそが科学のあるべき姿だと言いたい人もいるかもしれない。データが集められ、主張がなされ、時にその主張は論破される。この過程は必ずしも気分よく進められるとは限らないが、科学的手法はこのようにして知識を発展させていくものだ。前述の論文が発表されたときも、主張の信頼性に関する疑義から、反論がすぐに発表された。ヒ素イオンを含んだDNAの結合の半減期はおよそ〇・〇六秒と推定される。[54] 一方、リン酸塩を含んでいる場合、半減期は三〇〇〇万年ほどまで一気に延びる。[55] リン酸塩の代わりにヒ素が使われたDNAを生化学的に維持しようとすると、その細菌はきわめて特殊な環境か、大量のエネルギーが必要になる。これは、リン酸塩を含んだほかの分子にも当てはまる。ヒ素を利用する細菌というのは、もともとありえないような存在だったのだ。

このエピソードを好意的にとらえるとするなら、周期表でCHNOPS元素の近くに位置する元素は似たような化学的性質をもっているので、特定の状況下で互いに入れ替えられるという考えは妥当に思える。だからこそ科学者たちは、細菌がDNAでリンの代わりにヒ素を利用できると考えてしまったのだ。ご多分に漏れず、この騒ぎ以降、生物におけるヒ素の研究が活発になった。科学界ではどのような主張でも、知識を発展させる可能性を秘めているということだ。

こうした失敗はあるにせよ、生命がヒ素を取り入れている事例は知られている。その用途は謎に包まれているが、ある種の海藻ではヒ素を含んだ糖が見つかっているし、魚や藻類、さらにはロブスターの仲間でも、アルセノベタインというヒ素化合物の存在が確認されている。[56] とはいえ、ヒ素は概して生物には有害だ。電子を共有する傾向が大きいために、ほかの分子に影響を及ぼし、それらと反応して代謝機能を混乱に陥れる。多くの生物はヒ素の有害な影響を軽減したり取り除いたりする経路を備えている。

周期表でヒ素の隣に位置するセレンは、その上にある硫黄の代わりになりそうにも思える。この予測は生物で実際に確認されていて、生物において比較的珍しいアミノ酸の一つに、セレンが含まれていることがわかっている。それは、生命の二一番目のアミノ酸と呼ばれる「セレノシステイン」だ。一部のタンパク質にはこのアミノ酸が確かに含まれている。セレノシステインを取り入れるためにはエネルギー負担と遺伝暗号が変化しなければならないので、たまたま生物が硫黄の代わりにセレンを組み込んだわけではない[57]。セレンは生物にとって重要な役割を果たしているに違いない。グルタチオン還元酵素など、セレノシステインを含んだタンパク質は、「酸素ラジカル」（生物に損傷を与えうる状態になった、反応性が高い酸素原子）による損傷を防ぐのだ。セレン原子は硫黄原子より大きいので、電子を渡しやすい。この性質が、酸素ラジカルがもつ有害な自由電子を、いうなれば中和するのにひと役買っている。セレン原子はこの重要な機能を果たしたあと、硫黄よりもたやすく元の状態に戻り、また同様の反応を行なう。これはセレンが硫黄よりも電子の取得や分離を容易に行なえるからで、セレンはこの可逆性をもっているためにこうした役割に利用されている。さらに、セレンを含んだタンパク質は、さまざまな種類の化学反応で電子を失う「酸化」反応への耐性も強くなっているようだ。

ここでも同じ傾向が見られる。ヒ素とセレンは生物に避けられているわけではないが、その原子の大きさや電子の挙動がネックとなって、数多くの状況に活用できる能力までは備えていない。限られた状況で特殊な働きをするだけだ。

ＣＨＮＯＰＳ元素の周辺をめぐるツアーを終える前に、周期表で炭素の近くに位置する元素を調べておきたい。それは私たちがこれまで無視してきた元素、ホウ素である。最外殻に三個の電子を含んだ小さな原子で、ほかの元素と電子を共有することができる。窒素と結合すると、環式の炭素化合物ベンゼンに類似した「ボラジン」などを生成する。ホウ素は炭素のような用途の広さはないが、CHNOPS元素の周囲にあるほかの元素と同じように、生物に利用されている。数々の動植物や微生物に欠かせない微量元素の一つであり、細胞膜の安定化や糖の運搬といった機能をもつと考えられている[58]。これは重要な役割だ。ホウ素の欠乏は農業において微量元素の重大な欠乏症の一つであり、リンゴやキャベツといった農作物の不作を引き起こす。ホウ素は生物で多様な役割を果たしているとみられるが、それに関する知識はまだまだ足りない。

ここまでの説明で、生命を形成するうえでパウリの排他原理が果たしている役割の概要が見えてきた。中心的な役割を果たしているのは、安定した結合を形成するのに電子構造が適していながらも、その結合をほどよく簡単に解いて生命に役立つ多種多様な化合物を生成できる元素だ。炭素、窒素、酸素、リン、硫黄――これら五つが主要な元素であり、周期表でひとかたまりになっている。それに加え、水素という小さな原子が、いつでもどこでも余った電子をしっかり捕まえる。これらの元素は原子の大きさがちょうどよく、最外殻にある電子の数もほどよいので、互いにくっつき合ったり、ほかの元素と結合したりして、自己複製する生命体の構築に適した「分子スープ」を生成できる。

これら五つの元素の周りには、似たような化学的性質をもった元素がある。しかし、原子の大きさや電子の数がネックとなり、生命に欠かせない分子を生成するには安定性が少し足りなかったり、反応性がわずかに高かったりして、安定性と反応性の絶妙なバランスをつくり出すことができない。こうした元素は多様な役割を果たすには理想的ではないが、その化学的な特徴が特定の目的にぴったり合っている場合には活用される。
周期表のほかの場所に散らばっている元素もまた、程度の差こそあれ、電子が何らかの有用な役割を果たせる多くの場所で利用されている。鉄は電子を移動させながら生命に必要なエネルギーを収集する機構のなかで、中心的な役割を果たしている。これは、生物の成長と繁殖に使われるエネルギーを周りの環境から取得する重要なプロセスだ。バナジウムやモリブデンといった元素は、タンパク質で反応のスピードアップを助ける補因子（コファクター）の中など、あちらこちらで利用されている。[59]
ナトリウムや亜鉛といった金属をはじめ、CHNOPS以外の多くの元素は、塩を形成しやすい性質をもっている。食塩（塩化ナトリウム）を見ればよくわかるように、こうした原子は目に見える大きな構造を形成することができるものの、それらは特定の原子群が延々と繰り返すきわめて単調な構造をしていて、生命の形成には適していないように見える。このように塩を形成しやすい性質を考えれば、スズや亜鉛のホルタが考案されなかった理由がよくわかる。ここで、独創性豊かな人物ならば、塩の結晶に損傷を加えて、ほかの元素を組み入れたとしたら、生命に適した複雑性を実現できるのではないか、と指摘してくるだろう。自己複製して進化する結晶もありえるだろうか？[60]
地球の条件は、多種多様な結晶や塩を生むのに最適だ。しかし、四五億年も化学実験が続いてきたにもかかわらず、自己複製して進化する結晶というのはいまだに発見されていない。とはいえ、優秀な科学者ならば、この証拠だけでそうした現象は不可能であると結論づけることはない。鉱物の表面は初期の生命が構築される場として、自己複製する有機化合物の誕生を考えるうえで重要な要素の一つではある[61]が、自然環境でありふれた塩よりも生命の形成に適しているとみられる元素は、周期表にたくさんある。生命はこうした元素を使って電子の入れ替えや運搬といった作業を行なっているが、これらの元素そのものがつくる結合の様式は、生命体を構築できる複雑な分子を何種類も生成できるほど柔軟でないように思える。

進化の過程で周期表の元素がくまなく試され、生物の生存や繁殖の可能性を高める化学反応を促す電子配置をもった元素が選択されてきた。

しかし、ここでもまた永遠の疑問が出てくる。生命は炭素以外の元素をもとにして構築できないのか？　生命の化学構造は普遍的なものなのだろうか？　この質問は誘導尋問のように、私には思える。生命を構成する分子群で炭素が主要な元素であるとの特徴にもとづいて生命を分類したいのならば、地球上の生命は「炭素ベース」であると言うことはできる。とはいえ、生命は明らかに「周期表ベース」だ。一部の環境にすむ生物は、ほかの生物よりもセレンを多く利用している。ほかの環境にはフッ素を含んだ生物もいるが、それ以外の環境ではそうした生物は見つかっていない。生命は炭素に縛られているわけではない。生命の細胞は利用できる元素を利用するだけだ。ここで働いている唯一の原理は、自己複製して進化するシステムの構築に利用される元素は、生命体の完全性と継続性をもたらす化学反応と結合が可能な電子配置を備えていなければならないということだ。地球で見つかる条件や、宇宙で確認されているほかの多くの環境では、水素や窒素、酸素、リン、硫黄と結合する性質のある炭素が、自己複製して進化するシステムの基本的な枠組みを組み立てられる。ほかの元素は、システムがよりよく機能するように調整して、多様な分子を一式そろえる役割を果たす。自然淘汰の過程でさまざまな元素の用途がひっきりなしに試されてきたが（そして今も試されているが）、炭素化合物の大半をほかの種類の化合物と置き換える強い傾向を示した細胞は、まだ確認されていない。

低温や高温、さまざまな酸性度や圧力など、極限環境における多くの元素の挙動についてわかっている知識から考えると、ほかの物理条件のもとで、ほかの元素が炭素に代わって生命体に役立つ化合物群を生み出すとは考えにくいように思える。

どのような物理条件でも（少なくとも周期表にある原子が安定する条件では）、原子の基本的な電子配置が変わることはない。反応の速度や、ほかの原子との相互作用の仕方は、環境によって変わってくる。しかし、パウリの排他原理とそれが示唆する電子配置によって決まる主要な特徴は不変だ。周期表で利用できる元素の種類が限られていることを考えると、宇宙のどのような惑星であっても、地球上での進化と同じように、生命は進化の過程で周期表の元素を手当たりしだいに試して、同じ元素の組み合わせにたどり着くのではないかと、私は予想している。もちろん、地球上と同じように、どの元素を使うかや、その利用法、生命体に含まれる量には大きなばらつきがあるだろうが、生命における主要元素の基本的な役割は、宇宙のどの銀河でもおそらく同じであるだろう。

炭素が生命の構造で中心的な原子である理由や、水が生命を機能させる溶媒である理由を物理的原理で説明できるという考え方をもつことで、最終的に一つの重要な点にたどり着く。炭素と水にもとづいた生命が普遍的であるとの確信、物理的原理が生命のとりうる化学構造を狭めるとの確信に対しては、二通りの見方が考えられる。ここでは一つ目を「穏やかな見方」と呼ぼう。この見方では、液体窒素で発達したケイ素ベースの生命や、硫酸の雲で発達した酸性に強い生命といったエイリアンの生化学的性質はありうるが、まれだと考える。こうしたエイリアンに求められる特異な条件や、宇宙全体で炭素化合物と水が比較的豊富な事実を考慮すると、この種の生命は考えにくい。炭素と水に注目するバイアスの「存在量ベースの見方」と呼んでもいいかもしれない。

もう一つの見方は「頑固な見方」で、炭素と水に注目するバイアスの「化学ベースの見方」と呼んでもよい。この見方では、ほかの形の生命はありえず、ケイ素といったほかの元素の化学的性質や、アンモニアといったほかの溶媒の化学的性質は、宇宙にどれだけの量が存在していたとしても、生命の形成を促す多様性の点で不十分であるとみなす。

生命に対する私の見方は「穏やかな見方」が最低限しかなく、「頑固な見方」に強く傾いている。炭素化合物と水が豊富に存在するという事実から、宇宙のほかの場所に生命が存在するとすれば、それは炭素と水にもとづく可能性が高い。これまで見てきたように、炭素化合物と水が宇宙全体に分布し、あらゆる種類の惑星に集まる傾向があることは、これら二つの物質が生命の材料として最も可能性が高いことを示唆している。

しかし、なぜ私は、炭素と水にもとづいた生命だけがありうるという頑固な見方に「強く傾いている」という表現をするのか？　それは単に、自説を譲らない態度は科学としてお粗末だからだ。

どこか遠くの惑星系で、宇宙のその領域に液体アンモニアが異常に多いためにアンモニアの海をもつ天体が形成され、化学的な条件が整って、自己複製する単純な生物が出現する可能性を排除できるだろうか？　どこかの惑星の地殻で、酸素濃度が低いか、物理的・化学的な条件が整わないためにケイ酸塩が形成できず、ある小さな領域で自己複製するケイ素化合物群が出現する可能性を無視することはできるだろうか？

炭素と水に強く注目するバイアスを独断的に支持する魅力を強く感じたとしても、元素の化学的性質に関する知識が圧倒的に不足している段階で、これらの可能性を切り捨てるのは思慮に欠ける。元素の化学的性質と、惑星系が形成される多様な条件への理解が不十分な現状では、先入観のない視点が必要だ。そうしなければ、炭素と水に注目するバイアスが穏やかであっても、地球上の生命が何かしら普遍的な存在であり、単純な物理的原理が生物のとりうる原子構成の範囲を狭めているとの見方を抱くことになる。

第11章　普遍生物学はあるか

宇宙に炭素化合物と水が豊富に存在することを示す何らかの観察結果から、地球外での生命の構造や、その構成原子が類似している可能性について強力な結論を導きたいとの誘惑に駆られるとしても、私たちの現在の知識が限られているとの避けられない事実はどうしても残る。その結論の根拠がたった一つの惑星だけだからだ。実際に地球外生命が存在するとしても、生物に働く普遍的な物理的原理が類似あるいは同一の結果をもたらすかどうかを、地球の生物から類推しようとすると、必然的に手も足も出なくなる。これは時に「N＝1問題」と呼ばれる。どれほど自尊心に乏しい科学者であっても、一つしかない標本から結論を導き出すのは気が進まないものだ。このため、生命の特徴がどの程度まで普遍的あるいは必然的なものなのかを議論することには問題があると感じる人は多い。

地球の全生物、そして仮説上のあらゆる地球外生命に見られる共通点を見いだそうとする取り組みは、「普遍生物学」があるかどうかを発見しようとする試みと見られることもある。[1] この話をすると、生物学は独立した分野で、物理学とは異なる法則をもっているとの議論に陥りやすいのだが、呼び名についての議論は退屈だ。「普遍生物学」という用語は、「自己複製し、環境に応じて進化する物質の塊のどのような側面が、そうした物質のあらゆる標本に共通なのか？」という問いを単に短く表現したものである。[2]「自己複製して進化する物質」というのが、私が実用上使っているおおまかな「生命」の定義だと考えている。

「生物学」と「物理学」を異なる科学分野としてはっきり区別すると、言葉にとらわれる私たち自身の習性が働いて、「生物学の法則」なるものが普遍的かどうかという無意味な質問をし始めることになり、みずから問題を引き起こしてしまう。実際のところ、生物学の法則も、さらにいうなら物理学の法則というのも存在しない。あるのは、宇宙がどのように機能するかを決定する法則だけだ。そうした法則は、あらゆる種類の物質に分け隔てなく作用する。自分自身を「物理学者」や「生物学者」と呼ぶのは、残念な部族主義である。生物学者は、何か興味深い行動をする特定の物質の塊にたまたま注目しているだけであり、私たちはそれをしばしば「生命」と呼ぶ。しかし、生物学者も物理学者も、同じ宇宙に存在する物質と、この宇宙の秩序について考えられる普遍性を秘めた原理に関心を抱いている点で共通している。

N＝1問題があるために、生物のどのような特徴が普遍的なのかという問題の解明は不可能だと考える人は多いものの、おそらく私たちがもっている根拠は意外にあやふやではないだろう。[3]本書で探究してきた生命の特徴の多くは物理的原理に従っているように見え、その原理があらゆる場所に存在するすべての生命に作用すると、私たちは推測している。

炭素が生命の主要元素の一つである理由、そして、複雑な炭素化合物が宇宙全体でほかの元素より多く存在する理由を、これまで考えてきた。水はその物理的性質と、宇宙全体に豊富に存在することを考慮すると、生物が普遍的に利用する溶媒のきわめて有望な候補であるように思える。しかし、私たちは生命の普遍的な特徴について対立候補も検討してきた。タンパク質の鎖が最小のエネルギー状態をめざして折り畳まれる傾向があることから、予測可能な折り畳みの種類は少数に限られる。このような観察結果から、生命体を構成する化合物のあらゆる鎖の折り畳み方は、普遍性をもった熱力学的な要素の影響をある程度受けて、限られているとも予測できる。自然環境で分散や拡散をしやすい分子を集める物理的な作用である「細胞性」は、物質の自己複製システムの普遍的な特徴として有力な候補だ。

生物の身体のスケールで見ると、進化は形に関してたった一回ではなく、何百万回もの実験を繰り返してきた。収斂進化では、モグラをはじめとする多種多様な動物たちが、物理的原理によってそれぞれ個別に似たような形や構造を獲得してきた。猫からクジラまで多様な動物をひっくるめて、体の大きさと、代謝率や寿命などの性質との相互関係を決める「スケーリング則」から、あらゆる種類の生命に適用できる原理が示唆される。[4] こうした観察結果が示しているのは、地球のたった一つの生物圏で繰り広げられてきた実験群から、物理的原理がさまざまなスケールでどのように生命の共通の形を決めているかを検証できるということだ。生物圏が一つしかないからといって、進化の産物が物理法則によって形成される過程を表わす一般原理を突き止められないわけではない。つまりこれは、そうした原理を用いて地球外生命の性質を予測できるかもしれないということだ。地球上の全生物がいわゆる「全生物の最後の共通祖先」に由来する共通の形質を受け継いでいるから、普遍生物学に関するあらゆる議論には問題があるとの主張もある。この主張は、生化学や発生にまつわる共通の形質によって生じた類似性に気をつけるよう警告してくれているのだ。しかし、この警告を念頭に置いたとしても、地球で進化の実験を始めることができた最初の生命が、現在の生物で特徴的に利用されている原子をもっていた理由を見いだすことはできる。ある種の祖先との類似性や発生生物学的な経路があったとしても、物理的原理を反映した形態に収斂する生物を観察することはできるのだ。

一方で、偶発性が幅を利かせていそうな場所を見つけるのは、簡単でないことが多い。遺伝暗号について考えてみると、暗号で特定の塩基が利用され、四種類が最適であることは、私たちがよく知る分子群を利用した結果として十分に予測できる。以前に比べると、遺伝暗号が偶然の産物であるとはかなり考えにくくなっているものの、生物で遺伝情報を記録する化学的な暗号体系が（既知のものとは根本的に異なる暗号体系が）ほかに何種類存在しているのかという疑問は依然として残る。ゼロなのか、一〇種類、いや一〇〇種類なのか、それともほかの数字なのか。遺伝暗号についての疑問はまだまだある。暗号と実際に機能する分子のあいだに、ＲＮＡのようなメッセンジャー、つまり媒介物は必要なのだろうか、といった疑問だ。

普遍的な分子の組み合わせを明確に定義できないとしても、普遍的と予測される一般的な化学的特徴について何か述べることはできるかもしれない。負に帯電したリン酸塩のバックボーンをもつＤＮＡのように、少なくとも、ほかの生命体を構成する分子は正または負の電荷が繰り返す長い鎖でできていると予測することはできるかもしれない[5]。合成生物学の研究が進み、化学研究においても引き続き意欲的な取り組みが行なわれていけば、こうした疑問が解き明かされ、あらゆる生命に共通の特徴がさらにわかってくるだろう。

ひょっとしたら、生命の特定の構造だけに注目するのは間違いで、避けられない物理的原理との密接なかかわりを示すことができる生命の営みや生成物に目を向けるべきなのかもしれない。こうした営みや生成物のほうが、生命にまつわる普遍的な特徴を発見する経路として有望とも考えられる。

現在の地球上に見られる多種多様な生物が繁殖と進化を通じて出現するためには、生物は一つの世代から次の世代へと受け継がれる暗号を備え、さらに、その暗号には新しい生物を生み出すために必要な情報が含まれていなければならない。暗号は完璧に複製されてはならない。そうしないと、環境に応じて新たな生命体を生み出す変化が起きないからだ。とはいえ、暗号の複製があまりにも不完全だと、世代を重ねるたびに数多くのエラーが含まれ、やがてエラーの蓄積による破滅的な変化「エラーカタストロフィー」が起きて、生命がどろどろの有機物の液体へと逆戻りしてしまうことになる。もしかしたら、進化の過程と密接に関連したこの生命の特徴は普遍的かもしれない。生命は「完全無欠とエラーカタストロフィーのあわいで生殖する、暗号を含んだ自己複製する物質のシステム」であることは、生命をつくる物質の普遍的な物理的特徴の候補になりうる。それならば、物質が進化を進めるうえで欠かせない特徴を突き止めることによって、普遍性を探すこともできる。先ほど定めたように、進化は私たちが生命と呼ぶ物質の特徴の一つだ。

生命はエネルギーを消費し、エネルギーを用いて自己複製と進化を行なう物質のシステムであると考えれば、普遍的な特徴を定義しうる要素を探してエネルギー論や熱力学に目を向けることになる。たとえば、電子の伝達がエネルギー収集の普遍的な手段であると考えれば、生物がエネルギーの収集に利用できる数種の元素や分子を選び出すだろう。生命は宇宙のどこであっても、適切な生化学的機構をもっていれば、エネルギー源として水素と二酸化炭素を利用できる（その過程でメタンを生成する）ことがわかっている。それは、水素と二酸化炭素が数々の環境で熱力学的に有利なエネルギー生成反応を起こすからだ。これは物理法則によって定まった事実であり、偶然の進化によるものではない。生命が周りの環境から自由電子を集めるために利用できる普遍的な電子供与体と電子受容体を列挙するのは、むしろたやすい作業であり、この作業によって、生命が利用しうるエネルギーについて普遍的な観察ができるようになる。

エネルギーについて考察することで、ほかの予測も可能になるかもしれない。地球外生命が互いを食べるとすれば、食物連鎖も予測できる。地球上で見られるように、少数の大型捕食者がエネルギーの限られた最上位に位置し、多数の小さな生物が食物連鎖の下位にあるという姿だ。原子より小さいスケールでの電子伝達網から個体群スケールでの食物連鎖まで、生命のこうした側面は熱力学に従って動いている。さらに、熱力学の基本法則など、エネルギーの移動を表わす法則が生物にもたらした結果を研究することで、生命の普遍的な形態を突き止められるだろう。

生物の形態を予測するときには、$P=F/A$といった不可侵の数式に着目し、この数式が有機体にもたらした普遍的な結果を探ることになる。モグラや、ミミズに似た生命体を身体のスケールで見るということだ。本書で探究してきた数式の多くは、どれも普遍的に適用可能であり、生物の構造における物質の集合と全体的な収斂を予測する枠組みとなる。

普遍的と考えられる生命の営みや構造を探る研究が進展する期待はあるように思えるものの、物理法則が地球上の生命をどの程度まで制約しているのか、言い換えれば、偶発性の範囲を調べる最も確実な方法は、生命のほかの事例を調べることだ。地球外で生命のほかの事例が見つかる見込みはどれくらいあるのだろうか？

まったく異なる起源から進化の実験を通じて出現した生命を、地球外で見つけられるかどうかはわからない。太陽系では、生命が存在できたとみられる火星の太古の地形をはじめ、生命を支えうる水の環境が数多く見つかっている(6)。ひょっとしたら、火星の地下には今も生命が存在するかもしれない。木星の衛星エウロパや、土星の衛星エンケラドスとタイタンなど、外惑星の氷衛星には膨大な量の液体の水が存在している。[7] こうした場所では、それぞれ独立した進化の実験が繰り広げられているのだろうか？たとえそうだとしても、その生物相が地球の生命に関連している可能性があるとのややこしい問題も考えられる。[8] 太陽系の内部では、初期の原始惑星系円盤から惑星が誕生して以来、おびただしい量の岩石が隕石の形で惑星から惑星へと移動してきた。そうした岩石には生命が「ヒッチハイク」していた可能性もあるのだ。とはいえ、地球外で独立して進化した生命を発見できれば、生物学に普遍性があるかどうかを検証できるから、太陽系における生命探査は科学研究の目標の一つとしてふさわしいといえる。地球の生物相と関連がある生命を見つけた場合、あるいは生命をまったく発見できなかった場合、生物学に関する知識はそれほど増えないものの、生命の分布や、生命が太陽系内で発生したり移動したりする能力の有無に関する知識は得られるだろう。

太陽系の無人探査で目を見張る成果が出ているだけでなく、ほかの恒星を回る地球型の惑星を発見する探査でも驚くべき進展が見られる。こうした研究の大躍進で、普遍性をもちうる生命の特徴をめぐる疑問が解明される希望は見えただろうか？　人類がはるか遠くの惑星を周回する系外惑星を訪れ、その生物圏を実際に見る日が将来訪れたとしても、それはずっと先のことになるだろう。数光年から一〇光年しか離れていない惑星であっても、現在構築できると考えられる最高の推進システムを用いても、その探査は世代をまたぐミッションになる。系外惑星を発見したからといって、生命の普遍性を探求できる生物圏を拡大しうる真の可能性が開けたと言うのは時期尚早だ。[9]

とはいえ、ほかの生物圏を発見して、本書で紹介した見解をいくつか検証したいという向こう見ずな野望を引っ込めたとしても（いつかは実現するかもしれないという希望は維持しつつ）、目を見張る系外惑星の発見についての議論を深く掘り下げてみたい。まず、やや偏狭な見方ではあるが、少し違った質問をしてみよう。ほかの惑星の世界は地球とどれほど違うのか？　私たちが知っている地球の生命を仮説上の出発点としてとらえたとしても、系外惑星の環境では進化の道筋が異なると考えてよいのだろうか？

豊富なデータにもとづいたこれまでの知的冒険に比べて、今回はやや推論が多いように思えるかもしれない。だが、こうした思索によって私たちの故郷である地球に光が当てられることもあり、地球で進化の産物を形成する力について斬新な疑問をもたらしてくれる。ほかの惑星を利用して地球を新鮮な目で見ると、心が開かれ、しばしば豊かな実りをもたらしてくれる。だから、ここで想像の翼を広げて、生命の構造が普遍的かどうかという問題をあらゆる側面から考えるために、地球以外の惑星にまつわる新たな展望を簡単に探り、進化をめぐる思索にふけってみよう。

熱心な科学者が遠くの恒星に目を向けて惑星を見つけようとするとき、太陽系によく似た惑星系でそうした世界が見つかると考えがちだ。恒星から離れた外側の領域では、木星や土星のような巨大なガス惑星が周回している。太陽系と同じように、そうした領域でも初期の頃からの極低温の環境が残っていて、水素やヘリウムといった軽いガスが凝縮しやすい。恒星に近い内側の領域では、これらのガスは蒸発して宇宙空間へ拡散してしまい、物質が衝突してできた破片や凝結した断片といった岩石の残骸が残って、いわゆる地球型惑星が形成される。太陽系でいえば、水星や金星、火星、そして私たちの故郷である地球にあたる。恒星の近くには小さな岩石惑星が、遠くには大きなガス惑星がある。これでつじつまが合っているように思える。

だが、天文学者たちが遠くの恒星を周回する惑星を初めて発見したとき、ちょっとした驚きがもたらされた。それは何と、恒星の周りをたった五日で公転する巨大惑星だったのだ！　恒星からの距離があまりにも近すぎたので、天文学者たちはこの新しく発見した惑星を「ホットジュピター」（高温の木星型惑星）と呼ぶしかなかった。地球から五〇・九光年離れた恒星、ペガスス座51番星で、一九九五年にこの惑星「ペガスス座51番星b」がいわゆる系外惑星として初めて発見されたとき、天文学者たちはやや困惑した。[10]いったいどうやってここまで恒星に近い軌道を周回しているのか？　ふつうに考えれば、これほど大きなガス惑星は蒸発してしまうに違いない。遠くの惑星を探し始めたばかりだった天文学者たちは、太陽系が形成される仕組みのモデルを修正せざるをえなかった。巨大惑星が主星にこれほどぴったり寄り添っている理由を正しく説明できそうな仮説はただ一つ、惑星系の外側の領域から内側へ移動し、小さな岩石惑星だけが存在できると考えられていた領域に収まったという考え方だ。この発見は、太陽系が典型例ではないかもしれないと示唆する最初の事例となった。

ペガスス座51番星bの発見を皮切りに、特異な惑星や奇妙な軌道をもった惑星が続々と発見され、新発見を伝える科学論文も次々に発表された。最初の系外惑星の発見から二〇年ほどが経っても、驚きは絶えることがないが、今後長く語り継がれそうな点がいくつか明らかになった。太陽系の構造は典型的ではないということだ。ほかの惑星系では、惑星の配置はじつに多彩である。ほかの惑星をじゃまするように軌道を移動した惑星もあり、そうした惑星系では重力の働き具合に応じて小型と大型の惑星が太陽系とは異なる位置に配置されている。多くの惑星は、太陽系の主な惑星とは違って、ほぼ円形の公転軌道をもっていない。[11]惑星によっては極端な楕円形の軌道をもち、ある時期には主星からはるか遠くに離れ、別の時期には近づいて主星をかすめるように回るものもある。地球にいる私たちが見ると、やや彗星に似た動きだ。こうした極端な軌道は、惑星系の初期に新しい惑星が誕生したり惑星が移動したりした際の重力による摂動と相互作用の結果として生じた。なかには、恒星系から完全に弾き出され、無限の暗黒空間をさまよっている惑星もある。

世界中の系外惑星ハンターがこれまで発見してきたのは、何とも奇妙な惑星の数々だ。いくつものホットジュピターだけでなく、天王星や海王星ほどの大きさの比較的小型のガス惑星「ホットネプチューン」(高温の海王星型惑星)も見つかっている[12]。

奇妙な惑星はまだまだある。ある巨大ガス惑星は軌道が主星にあまりにも近く、主星の強烈な熱でガスが膨張して、巨大なエンベロープのようになっている。こうした惑星は「パフィー・プラネット」と呼ばれ、密度がきわめて低い。その一つ、HAT-P-1bは木星よりわずかに大きく、地球から四五三光年離れたところにあり、公転周期は四・四七日だ。密度は液体の水の四分の一しかない[13]。このように膨張した惑星が存在するなど、数十年前の天文学者には想像できなかっただろう[14]。パフィー・プラネットはまさにその典型である。

系外惑星の研究のなかでもとりわけ関心が高いのは、生命が存在する条件がそろった惑星の探査だ。系外惑星の検出手法が向上するにつれて、検出できる惑星も小さくなってきた。大きさでいうと地球型惑星と海王星型惑星のあいだに、小型の岩石惑星から巨大ガス惑星へと移り変わる中間領域がある。これら二種類の惑星のあいだに位置づけられる惑星は、「スーパーアース」(巨大地球型惑星)と呼ばれることもある。とはいえ、そうした惑星の位置は必ずしも地球と同様ではないので、この用語はある意味正しくない。スーパーアースの多くは生命が存在できない可能性が高いか、地球とはまったく異なる条件下で誕生したとみられる[15]。なかには、大部分が水で構成された海洋惑星とみられる惑星もある[16]。

本来の意味で地球に似た惑星を見つけるうえで重要なのは、恒星の周りで生命が生存しうる領域「ハビタブルゾーン」（ゴルディロックスゾーンとも呼ばれる）に位置する惑星を発見することだ。恒星からの放射がある程度高く、水が惑星の表面に液体として存在できる領域である。恒星に近すぎると、金星のように水が沸騰して蒸発してしまう。大気に蓄積された高濃度の二酸化炭素が熱を閉じ込める極度の温室効果もあって、水という水が蒸発してしまうのだ。一方、恒星から遠すぎると、惑星は概して極寒の世界となる。ハビタブルゾーンは温度がちょうどよく、地球における進化の実験でその可能性が試されてきた領域だ[17]。

本来の意味で地球に似た惑星として最初に発見されたのが、一四〇〇光年離れた恒星、ケプラー452を周回する惑星だ。直径が地球より六割ほど大きいものの、太陽に似た恒星を周回し、かつハビタブルゾーンにある地球に似た惑星としては最初の発見例である。およそ六〇億年前に誕生したとみられ、地球よりもやや古い[18]。

ケプラー宇宙望遠鏡などの観測機器によって集められた大量のデータから、銀河系に存在する太陽に似た恒星のおよそ五〜七%は、地球サイズの惑星をハビタブルゾーンに従えている可能性がある[19]。この数字から数を算出すると、とんでもない数字になる。天の川銀河には、生命が存在しうる地球サイズの惑星が八〇億個ほども含まれていることになるのだ！　まあ、それが本当は五〇億個なのか一〇〇億個なのか、といった議論もできるのではあるが、それはささいな問題でしかない。小型の岩石惑星がいかにありふれたものであるかを、数々の系外惑星の発見は示している。

天文学者たちはこうした惑星をどのように見つけてきたのか？　系外惑星の発見について取り上げた本は何冊もあるし、生命と物理的原理に着目した本書のテーマからはやや脱線してしまうのではあるが、簡単な概要を伝えておいても損はない。系外惑星の発見で、物理学と生物学の研究者たちのあいだに興味深い結びつきができつつある。どちらの研究者も、ほかの惑星の物理条件、生命に影響を及ぼすとみられる条件を理解したいという動機をもっているのだ。

二〇年ほど前には、天文学者と生物学者がお互いの研究について何か言うことは（カフェでのおしゃべりを除いて）ほとんどなかった。しかし、天文学者が系外惑星の探査に使っている手法によって、地球サイズの惑星が続々と発見されている。やがてはそうした惑星に生命の痕跡があるかどうかを調べることになるだろう。このような研究では、物理学と生物学が融合する。この協力関係を築くことで、天体物理学や物理学の原理が惑星形成の条件や、惑星の表面の特徴、そして、生命が出現しうる物理的環境をいかに形成するかについて、数々のアイデアが生まれることだろう[20]。これが、宇宙生物学のなかでも最も刺激的な新分野の一つだ。

それにしても、まばゆい光を放つ恒星の周りを回る惑星を、どうやって検出するのだろうか。その方法はすぐには思い浮かばない。たとえ木星ぐらい巨大な惑星であっても、それが反射する光は、核融合反応を起こして燃えさかる恒星の光の何十億分の一しかないのだ。こうした制約を乗り越えるためには、何かしらの創意工夫が必要だ。そして、天文学者にはあふれんばかりの才能がある。

遠く離れた惑星系を軌道面の横から望遠鏡で観察しているとしよう。望遠鏡のレンズを通して見えるのは、惑星系の中心に位置する明るい恒星だ。しかし、観察を続けると、恒星が少し暗くなることがある。それは公転する惑星が恒星の前を通過したときに、そのあいだだけ光がわずかに遮られるからだ。明るさの変化はごく小さく、おそらく一％かそれに満たない程度にしか暗くならないのだが、それでも高性能の望遠鏡と光の測定装置を用いれば、惑星が通過したときの光の強さの一時的な低下を検出することができる。この手法は「トランジット法」と呼ばれ、惑星系を軌道面の横から観測できなければならないという制約はある。惑星系を軌道面の上や下から観測すると、公転する惑星がいつまで経っても恒星の光を遮らないので、惑星を検出できないのだ。とはいえ、トランジット法はたぐいまれな成果をあげてきた。ケプラー宇宙望遠鏡はこの手法を用いて一〇〇〇個を超える惑星を発見した（ちなみに、望遠鏡の名の由来となった一七世紀の天文学者ヨハネス・ケプラーは、惑星の軌道を決める法則を最初に唱えたことで知られる）。惑星系を軌道面の横から観察しなければならないという制約があっても、数多くの惑星を見つけられたのだ。

天文学者たちは、系外惑星を発見する優れた手法をほかにも見いだしてきた。その一つが、惑星の周回によって恒星に生じる回転のふらつきを観測する手法だ。結婚式の披露宴でカップルたちがダンスをしている場面を想像してみよう。一組のカップルが手を取り合って激しく回転している。二人は共通の重心、つまり二人のあいだのどこかにある仮想の軸の周りを回っていて、最後には二人とも目が回ってしまう。ダンスを終えてフロアを離れようとしたそのとき、不運にもその若い女性は大柄な叔父につかまり、ダンスに誘われてしまった。小柄な彼女は叔父の手を取ったものの、叔父は体重が重すぎるためにフロアでほとんど動かず、彼女だけがぐるぐる回ることになった。とはいえ、叔父も微動だにしなかったわけではない。二人のあいだにある共通の重心は、巨漢の叔父のすぐ近くか、あるいは体の中にあったと想像される。叔父のほうも共通の重心の周りでふらついたり回転したりしているが、その影響は、巨漢の周りをぐるぐる回っている小柄な彼女よりもはるかに小さい。ダンスを終えたとき、彼女は間違いなく目が回っているし、叔父のほうも体がふらついて、おぼつかない足取りでテーブルに戻ることになるだろう。

天体物理学の世界でも同じことが起きる。厳密にいうと、惑星は恒星の周りを回っているわけではない。両方の天体が共通の重心の周りを回っているのだ。しかし、恒星はあまりにも重いので、共通の重心は実質的に恒星の内部にある。ちっぽけな惑星が周りを回っていても、惑星の重力は恒星にほとんど影響しない。影響はわずかだとはいえ、惑星は存在するので、先ほどの叔父と同じように、恒星のほうもわずかにふらついている。公転する惑星が多ければ、動きはさらに複雑になり、ふらつきの速さやパターンから、多くの惑星の存在が明らかになる。

何百光年、あるいは何千光年離れた地球から、このごくわずかな変化をどうやって観測するのか？アイスクリームを例に説明してみよう。アメリカなどでは、毎年夏になると、アイスクリーム売りのトラックがメロディーを流しながら通りを走る光景をよく目にする。このときトラックが近づいてくると、メロディーの音程は高く聞こえ、遠ざかっていくと（車をうまく止められなかったら悔しくて物理学どころではないだろうが）、音程は低くなる。同じ現象は、救急車が出すサイレンでも起きる。

こうした音程の変化を起こしているのが「ドップラー効果」と呼ばれる現象だ。オーストリアの物理学者クリスチャン・ドップラーが一八四二年に提唱した現象で、理屈はそれほど難しくない。アイスクリーム売りのトラックはメロディーを流しながら走っているが、だんだん近づいてくるので、音波が出る場所もだんだん近くなる。このため、音の波と波との間隔も短くなる（周波数が高くなるので、音程も高くなったように聞こえる）。一方、トラックが遠ざかっていくと、音波が出る場所も遠くなり、音程が低く聞こえるようになる。いうなれば音波が伸張した状態だ。

それでは、このアイスクリームの移動販売は系外惑星と何の関係があるのか？　ドップラー効果は光にも見られることが知られている。光も音と同じように波の形で移動するからだ。恒星のように光を放つ天体が地球に近づいてくると、恒星が静止している場合に比べて、光の波長がわずかに縮んで短くなるので、光はスペクトルでほんの少しだけ青色に近づく。同様に、恒星が遠ざかっている場合、波長は伸張して長くなるので、光はわずかに赤色に近づく。

巨大な恒星が、その周りを回る惑星との共通の重心の周囲でふらついたとき、その現象を地球上で横から観測できたとすると、恒星がわずかに近づいたり遠ざかったりしているように見える。このふらつきによって、恒星のスペクトルにわずかな変化が生じる。青くなったら恒星が近づいている、赤くなったら恒星が遠ざかっているということだ。この「ドップラー分光法」（視線測度法）で光のスペクトルの変化を正確に観測することによって、公転している惑星の質量を求めることができる。この手法で得たデータと、トランジット法で得た惑星の大きさに関する情報を組み合わせれば、惑星の密度を求めることができる。密度は惑星の組成を調べるうえで重要な情報だ。

奇妙な惑星が数多く見つかったいま、ケイ素でできた生命体が液体の鉄の海の海岸線を歩いているというH・G・ウェルズの空想についても考えやすくなった。[21]惑星の形態や大きさには無数の種類がありそうだとわかったいま、生物についても同じような可能性があると考えなければならない。しかし、こうした惑星で見つかりそうな物理的特徴（地球外生命をはぐくむ特異な環境を示唆する特徴）はたくさんあるとはいえ、本書では、物理的原理がどのように生命を形成しうるかを評価する議論を進めていくことにする。

光のスペクトルを観測した結果から、どの系外惑星も周期表に載っている同じ元素で構成されていることがわかっている。この知識は事実のなかでもごくささいな点ではあるが（誰もが予想していたことではあるが）、そこから多くの簡潔な要点がすぐに見えてくる。星間物質や地球上、そして生命に見られるすべての複雑な分子の材料として炭素がより適しているという、量子世界に根ざした同じ条件を、系外惑星にも適用できるということだ。どのような岩石惑星でも、ケイ素は鉱物の主要元素であり、炭素は自己複製して進化する物質の形成に使われる第一候補になると予想できる。したがって、ほかの惑星に生命が存在するとすれば、私たちは考えられる生命の構造について、原子スケールで何かしら予測することができる。

　水が宇宙に広く存在する分子であるという事実から、はるか彼方の恒星を周回する岩石惑星の表面でも、水は最も広く分布する液体である可能性が高いといえる。アンモニアや、あるいは高圧下では液体の二酸化炭素などの化合物と混ざっている可能性はあるものの、おそらく水は、生命の実験につながる現象が始まった瞬間から、その場に存在する豊富な溶媒の一つとなるだろう。

　ほかの惑星の生命体が電子の自由エネルギーから集めると考えられるエネルギーも、地球上で見られるエネルギー源と同種であるに違いない。周期表に含まれている電子供与体と電子受容体、あるいは普遍的な元素でできた化合物中の電子供与体と電子受容体は、宇宙のどこでも同じだ。これらは地球に特有のものではなく、元素やそれが構成する化合物の熱力学的な性質によって決まっている。地球全体で起きているように、特定の化学反応の熱力学的な妥当性は温度と圧力の条件によって変わるだろうし、生命が利用できるエネルギー源は豊富に存在する化合物の種類に応じて変化するだろう。特定の系外惑星でどういった種類のエネルギー源が適切なのか、あるいは広く分布しているのかを予測するには、その惑星の化学的性質や物理的性質について十分な知識を得なければならない。しかし、周期表に含まれている元素が起こしうる化学反応は地球上と同じだろう。

　こうした制約があっても、ほかの惑星も地球とほぼ同じくらい豊かな生物圏をもちうるはずだ。地球に似た惑星のなかには、より多様な生命を宿す特徴を示すものもある。[22]カナダのマクマスター大学に所属していたルネ・ヘラーと、アメリカ・ユタ州のウィーバー州立大学のジョン・アームストロングは、地球よりも生命が存在しやすい惑星をつくるには何が必要かを考察し、私たちの緑のオアシスよりも生命がすみやすい「スーパーハビタブルな」惑星に必要な条件をいくつも考え出した。まず、地球よりわずかに大きい惑星では維持できる生物量が多くなり、多様性も高くなるだろう。陸地や大陸棚が広いほど、生命の多様性も高くなりうることが、生態学者のあいだでよく知られている(23)。地球よりも内陸に分布する水の量が多く、乾燥地帯が狭い惑星は、維持できる生物量も多くなるだろう。恒星から届く光に紫外線の量が少なければ、生命は放射線による損傷を受ける懸念も小さくなり、惑星の表面で暮らしやすくなるだろう。惑星の大きさや、陸と海の割合、表面の温度、大気の組成が変わると生命の状況がどのように変化するかを、私たちは想像することができる。

とはいえ、地球の歴史だけを見ても、生物の多様性や生物量に影響を及ぼす大きな変化は何度も起きてきた。大陸は移動し、大気の組成は変わり、陸地における乾燥地帯の面積も増減してきた。小惑星や隕石の衝突といった天文現象も、地球は周期的に経験してきた。なかにはあまりにも甚大な影響をもたらしたために、生物の大量絶滅を引き起こした出来事もある。動植物の生物量で見れば、現在の地球は五億年前に比べて生物がすみやすい環境になっている。しかし、惑星がこうした状況変化を経てきても、生命が受ける物理法則の制約が変わることはなかった。

このように書いたからといって、系外惑星にすむ生命も地球の生命みたいで平凡だと言っているかというと、そういうわけでもない。ウェルズが想像したような奇抜な形の生命は、物理法則に制限され、進化の実験で生まれてこないだろうが、物理的条件が地球とは異なる惑星で多様な生命が生まれる余地はまだまだある。

ほかの惑星の異なる物理的条件のもとでどのような生命が形成され、目を見張る多様性が生まれうるかを探ってみるなかで、いくつかの可能性についてざっと思索してみると、何かしらひらめくことがあるだろうし、楽しい経験になりそうだ。地球上のあらゆる生命に働き、宇宙のほかの惑星でも同じように働く物理的な要素が一つある。ダーウィンも自著の最終段落で触れていたその要素とは、重力だ。数多くの岩石質の系外惑星では、重力の大きさが地球とは異なることもあるだろう。このたった一つの要素が、生命にどのような影響を及ぼすのか？　どのような惑星についても、簡単な関係式を用いて、表面における重力加速度（g）を求めることができる。重力加速度は惑星の質量に比例し、惑星の半径の二乗に反比例し、次の数式で表わされる。

$$g = GM/r^2$$

Gは万有引力定数（$6.67 \times 10^{-11}\ \mathrm{m^3kg^{-1}s^{-2}}$）、$M$は惑星の質量。

ここで、直径が地球の一〇倍ある系外惑星を考えてみよう。惑星の質量はその体積と関連している。体積は$(4/3)\pi r^3$で求められるので、半径の三乗に比例する。重力を求めるためには質量をr^2で割るから、簡単にいうと重力はr^3/r^2、つまりrに比例する。話を単純にするために、惑星全体の密度が地球と同じだとすると、地球の一〇倍の直径をもったこの惑星では、重力も地球より一〇倍大きいということだ。

このはるか彼方の惑星で、ウシに似た大きな生物が野原をぶらぶら歩いている姿を想像してみよう。ほかの要素が地球と同じだとすると、その生物の体重は（生物の質量mに重力加速度gを掛けて求めるので）地球上の一〇倍になる。それだけの重さを、すべての脚の断面積で支えなければならない。体重が一〇倍になったとすると、脚の直径を三・二倍にすれば、脚の断面積が一〇倍になる。脚の直径が増したことで、脚の断面積にかかる下向きの力が、地球上でウシの脚の断面積にかかる力と同じになる。ほかの惑星のウシは大きな重力に対応するために、地球のウシより脚が太くなければならず、おそらく体が小さいだろう。生物によっては重力が大きい環境で骨や筋肉が強くなって、体つきが地球の生物とそれほど違わないものもあるかもしれないが、おそらく大型生物では、重力の大きな環境の影響が解剖学的な特徴に表われるだろう。

それでは、ほかの惑星の魚はどうだろうか？　流体中で働く力は $mg - \rho Vg$ で求められるということを思い出してみよう。最初の項は魚の体重を表わしている。重力が地球より一〇倍大きい系外惑星では、魚の体重も一〇倍重くなる。しかし、浮力を表わす項 ρVg にも重力 g が含まれているから、魚が押しのけた水の重さも重力に比例するので、やはり一〇倍になる。重力が一〇倍になっても、魚は実質的に影響を何も受けない。魚やクジラは、地球にいようがスーパーアースにいようがほとんど関係ないということだ。

小さな生物は、重力の違いの影響がさらに小さくなるだろう。テントウムシぐらいの大きさになると、重力はほとんど無関係になる。前に説明したように、テントウムシの世界では分子の力が幅を利かせているからだ。足元に水の薄い層があるだけでも、その引力が重力に打ち勝って、垂直な壁でも落ちることなく、くっつき続けることができる。とはいえ、テントウムシも重力の影響を何も受けないわけではない。飛んでいるときに翅鞘を閉じれば、人が崖から飛び降りたときのように、地面へ落ちてしまう。とはいえ地球上では、テントウムシのような軽い生き物は空気抵抗を受けて、落下速度があまり上がらない。

ほかの惑星で崖や、樹木のような植物の枝から飛び降りたとしたら、生き物は重力からどんな影響を受けるのだろうか。物体は落下するとやがて「終端速度」に達して、それ以上速度が上がらなくなる。これは下向きにかかる重力と、空気や流体の抵抗の大きさがつり合うためで、これが落下の最大速度（Vt）となる。この値は次の式で求めることができる。

$$Vt = \sqrt{(2mg/\rho ACd)}$$

mは物体の質量、gは重力加速度、ρは物体が落下する空気や流体の密度、Aは物体の表面積、Cdは物体の抵抗係数（抵抗が物体の速度をどれだけ落とすかを表わす係数）。

数式を見ると、生き物の質量が含まれていることに気づく。これは重要で、体重が重いほど、終端速度は速くなるということだ。地球上にいる人間の場合、終端速度は時速一九五キロ前後と、かなり速い。落下してからだいたい一二秒後、四五〇メートルほど落ちたところでこの速度に達する。一般的に、時速一九五キロで地面に激突したら即死だが、終端速度に達しなければ死なないかというと、そういうわけでもない。木のてっぺんから落ちただけでも、大変なけがをすることになる。

上空から落下して命が助かったという、驚愕のストーリーはいくつかある。ペルーでドイツ系の家庭に生まれたユリアナ・ケプケは一九七一年一二月、乗っていた飛行機がペルーの密林上空で落雷に遭い、およそ三キロ上空から墜落したが、命は助かった。座席でシートベルトをつけて座ったまま地面に落ちたからか、右腕に深い傷を負い、鎖骨を骨折しただけで済んだのだ。[24] 第二次世界大戦中には、飛行機から雪原に落ちて命拾いしたというパイロットの逸話もあったが、これらは幸運な例外でしかない。

人間が落下したときの生存確率の低さと、アリの落下を比べてみよう。アリはとても軽いので、終端速度は時速六キロほどしかない。これは人間のおよそ三〇分の一だ。終端速度で落下しても、たいていのアリはほとんど無傷で生き延びるだろう。

次に、終端速度の数式に含まれているもう一つの要素、重力について考えよう。重力が地球の一〇倍ある系外惑星では、どうなるのか。終端速度は重力の増加に応じて上がる。大型動物にとっては、障害物を跳び越えたり上空から落ちたりしたときの災難が増えるだけだが、小さな昆虫の場合、終端速度は上がることは上がるものの、それでも十分に遅いので大けがをすることはない。大気の密度が地球と同じだとすると、アリの終端速度は時速二〇キロほどにまで上がるが、それでも地球におけるネズミの終端速度より遅い。アリは終端速度に達しても無事に着地し、何事もなかったように歩き去ることができる。このアリの例を見ると、小さな生き物にとって重力はそれほど重要な力ではないのだとよくわかる。はるか彼方のスーパーアースでは、重力が大きくても、ごく小さな生命体にはほとんど影響しないだろう。

このような事例には、ほかの惑星で進化のテープをもう一度再生するとまったく新しい認識不可能な生命体が誕生すると考える、説得力のある理由は見当たらない。その代わり、不変の物理法則が生命を形づくる場面が繰り広げられることになるだろう。生命に働く普遍的な法則の範囲で予測できるように、生命は形成されるのだ。そうした法則から生まれた形態の細部には多様な特徴が見られるだろうが、法則が導いた解決策は一定の範囲に限られていて、私たちになじみ深い形態が多くなるだろう。

さて、もう少し楽しむとしよう。重力の話を続けて、この要素が空飛ぶ生き物にどんな影響を及ぼすかをちょっと考えてみる。ほかの惑星の上空を飛ぶ、ムクドリやガンのような生き物だ。

エディンバラ空港から離陸する航空機でもいいし、ムクドリの群れでもいいのだが、こうした空飛ぶ機械や生き物は飛び続けるために揚力を維持しなければならない。空中にとどまるために必要な揚力は、次の数式を使って求めることができる。

$$L = (C_L A \rho v^2)/2$$

揚力L（物体を空中にとどまらせる上向きの力）は、翼の表面積（A）と空気の密度（ρ）、その中を物体が移動する速度（v）の二乗を掛け合わせて求める。

お気づきだろうが、この数式にはC_Lという奇妙な項がある。これは「揚力係数」と呼ばれるものだ。こうした係数は「誤差」や「補正係数」といわれることもあり、重要なたぐいの定数ではないが、数式でうまく表わせないあらゆる複雑な要素を吸収するために使われている。揚力は翼の表面積だけに関係しているわけではなく、翼の幅や、翼の素材と空気のあいだにどのような相互作用が働くか、翼の角度（迎え角）といった条件も関係している。C_Lは実験によって導き出さなければならないこともある。航空力学の研究者が航空機の模型を風洞に入れて実験するのはこのためだ。こうした実験を通じて、正確な結果を得るために必要な係数を求める。

この数式が伝えているのは単純なことだ。大気の密度が高いほど、重い生き物が空を飛べるようになる。そしてまた、重力が小さいほど生き物は下へ引っぱられにくくなり、重い生き物が空を飛べるようになる。

この単純な物理的原理がもたらした奇妙な結果を説明するのに最も適しているのが、土星の衛星タイタンだ。[25]直径が五一五二キロと地球の直径の四割しかなく、重力加速度は一・三四メートル毎秒毎秒で、地球の重力加速度のたった一三・七％だ。しかし、大気の密度は一立方メートル当たり五・九キログラムもある。地球の大気の密度は一立方メートル当たり一・二キログラムだから、それと比べるとかなり高い。

この数値に目ざとく着目したのは、想像力豊かな人たちだ。人の体重は七分の一になり、高密度の大気によって揚力が上がるので、人間が飛べるようになる可能性が一気に高まったのである。

体重が七〇キロの人がいるとしよう。その人がタイタンに行くと、体重はおよそ九四ニュートンになる。空を飛ぶためには、この値以上の揚力を得なければならない。揚力の数式で、速度は低めを想定して、秒速五メートル（時速一八キロほど）と考える。揚力係数は〇・五（典型的な値）とする。タイタンの大気の密度を代入して、翼に必要な表面積を求めると、二・五平方メートルという値が得られる。この程度の大きさの翼なら、着用可能なスーツに簡単に装着できる。人間が（もちろん宇宙服を着て）タイタンの崖からジャンプすれば、鳥のように悠然と優美な弧を描きながら、タイタンの大空を舞うことができるのだ。

地球上でも、十分な速度を出せば、人間はウイングスーツを着用して空を飛ぶことはできる。しかし、低重力で大気の密度が高いタイタンでは、ユーチューブに投稿されているような迫力映像とも悲惨な事故とも無縁で、ゆったりと優雅に滑空できるのだ。

こうして簡単に考察しただけで、物理法則には逆らえないとはいえ、はるか遠くの惑星の特徴が地球とはわずかに異なるだけでも、進化の可能性がいかに広がるかがわかった。大気が薄い大型の惑星では、空中を飛ぶこと自体が不可能になりうるので、地球でいうトビウオやムササビのように、短時間しか飛翔できない生き物がすむ生物圏が生まれるだろう。一方、大気が濃い小型の惑星では、さまざまな大きさや種類の空飛ぶ生き物が大空を埋め尽くす光景が見られそうだ。

このような違いによって、進化で思いもよらない極端な現象が起きる可能性はあるだろうか？　地球よりも小さく、大気が濃い彼方の惑星で、生命が進化したとしよう。その惑星で人間ほどの大きさの生物が誕生し、さらに知性を獲得した。だが、人間とは違った点もある。鳥のように翼が生えているのだ。

知覚をもった生物が飛翔能力を獲得したことで、その歴史にも甚大な影響が表われた。歴史記録が始まったときから、自分たちの惑星を一周したり、はるか遠くまで旅したりできた。仕事に行くときも飛べばよいので、車や電車で長時間通勤する必要もない。そもそも、自動車を発明しようという気運はまったく生まれなかった。知覚をもった生物の例に漏れず、その生物も攻撃的な側面をもってはいるが、空を飛んで、上空からほかの仲間や街を俯瞰して客観的に観察できるために、破壊的な感情を抱く性向は影を潜めていった。広大な土地全体を見渡せる能力をもつ彼らは、原始時代から生態系や環境に対する意識が高かった。そのため、彼らは科学的手法を発見した直後から、惑星全体や生態系の地図をつくる取り組みを始めた。その結果、惑星規模で同じ生物種としての仲間意識が生まれることとなった。

もともと空を飛ぶ能力をもっているから、飛行機の概念をつかむのも早かった。一〇代前半の天才たちは、退屈な授業で自分たちの翼を観察するだけでその仕組みを理解し、飛行機の開発に生かすことができた。たとえ自分自身で飛ぶ能力があっても、観光やビジネスの目的で数百人が一度に飛行する需要はあるので、彼らは早くから飛行機を開発した。

初期の頃から環境意識が高かったために、彼らは平和な暮らしを送っていた。しかし、戦争が起きることもあった。ひとたび起きれば、甚大な被害がもたらされる。上空から敵に向けて物体を落とす能力があるので、社会が形成されてまもない頃から空中戦が繰り広げられた。

翼によってもたらされた重要な技術の一つが、宇宙飛行だ。世界を三次元で見る習慣がもともとあり、社会を天から見下ろす視点をもった彼らは、大気の外へ飛行することを早くから夢見た。金属の鋳造技術や基本的な化学反応の制御法を身につけるとすぐ、ロケットの実験に取りかかった。飛行機を製造できるようになってまもなく、宇宙旅行も可能になった。

ここまで、いささか奇妙な話をもち出して脱線したのは、生命の形態が物理法則によって大きく制約されていても、多種多様な生命が生まれうることを示したかったからだ。ありそうにない知的生命を例に出したのは、物理的原理はどこでも同じだといっても、惑星における物理条件にちょっとした違いがあるだけで（この例の場合は大気の密度が高いだけで）、出現する生物や進化の道筋には、あらゆる種類の間接的な影響がそこかしこに表われるだろうし、とりわけ文化への影響は私たちにとってわかりやすい。重力を例に出したのは（私の例ではかなり単純化したとはいえ）、数式で表わされた物理的原理が、架空の生物相に及ぼす影響を探るのに利用できることを示したかったからだ。

系外惑星が続々と発見されたことで、宇宙には多種多様な惑星が存在しうることが明らかになった。地球とそっくりな惑星はないだろう。ほかの惑星で進化の実験が繰り広げられるとすれば、重力や大気の密度、地形、海と陸の割合といった要素のわずかな違いはすべて、実験の範囲や中身に影響する。地球と瓜二つの生物圏が、ほかに生まれることもない。色や形といった細かい特徴には無限の多様性があるので、途方もなく多様な生き物が生まれるだろう。しかし、そうした生物圏では、小さなスケールで見ると複雑な炭素化合物がつくる構造や、主要な分子に繰り返し現われる要素、細胞における区画化はすべて同じになるだろう。大きなスケールでは、重力に対処する方法や、空を飛ぶ方法、海中を泳ぐ方法も同じになる。地球には、生命の数式が織りなす見事な調和を基礎としながらも、多様性や偶発性が許される余地がある。ほかの惑星に生命が存在するとしたら、そこでもやはり同じ状況だろう。

今のところ、はるか彼方の系外惑星の生物圏にすむ生命体そのものを近々研究し、分析可能な進化の実験の標本数を二つ以上に増やせる見通しは立っていない。近いうちにその可能性をもたらしてくれそうなのは、太陽系に存在しうる生命だけだ。研究対象になる独立した進化の実験をどの程度まで見つけられるかはさておき、系外惑星が発見され、その環境が明らかになれば、岩石惑星の物理的条件の多様性に関する観察上の知識が増えるだろう。こうした新たな惑星像を知ることで、地球における進化の実験をはるか彼方の惑星で再現したときに、その特徴がどれぐらい異なるかについて、より深い考察ができるようになる。そうすれば、地球の物理的条件がそこで進化する生命を形成してきた過程をもっと理解できる。そうやって新たな展望を得れば、生命がもつ普遍的な特徴について知見を深められるようになる。

第12章　生命の法則——進化と物理法則の統合

物理法則と生命の法則が同じと言っても、驚く人はいないはずだ。[1] 宇宙でエネルギーが散逸して平衡に向かうのは不変の現象であり、それが局所的な複雑性をもたらし、その一部として生命がある。しかし、多様な分子が集まったそうしたオアシスに含まれる物質や、オアシスが存在する惑星でさえも、やがては極寒の深い闇へと散っていく。[2] 最大規模のスケールで見れば、生命はかすかな灯火でしかなく、最後には、宇宙で最も執拗な物理法則である熱力学第二法則によって吹き消されてしまう。

物理法則が生命の種類や特色に忍び込んでくるのが嫌だという気持ちはよくわかる。多くの人にとって物理法則は恐ろしい還元主義をもたらすものだ。それは地球にすむ豊かな生命を、数式で理解しようとする冷徹な見方であり、生命は動かない物質とは異なるという従来の見方を弱めるものでもある。

長年、生命は特有のエネルギーや予測不可能性をもたらす力や物質に満ちているという「生気論」が、物質界と生命の領域を区別する壁をつくるうえで欠かせない考え方の一つだった。この壁がなければ、生物、したがって人間でさえも、無生物と隣り合うグレーゾーンへ格下げされる危うい立場に追い込まれる。こうした区別が多大に影響して、物理的原理の観点で進化の実験を理解する研究が遅れてしまった。本書では、原理が生命のあらゆる階層でどのような制約を課しているかを探ってきた。物理的原理が生命に及ぼす影響は、何も驚くようなものではないはずだ。しかし、生命に対する人々の歴史的な見方と物理法則に対する理解が対立してきた歴史を簡単に振り返ってみると、無生物を支配している法則と同じ逆らえない法則に縛られた作用として生命が理解されるまでに、なぜこれほど長い歳月がかかったのかが理解しやすくなるだろう。

長年、無生物と生物の相違の核心にあったのは、自然発生という概念だった。無生物から生物へ移行するには、物質を変化させる何らかのとらえがたい力が存在しなければならない。論文審査の体制や科学界、科学的な議論を行なう場がなかった時代には、奇妙きてれつな「生命のレシピ」が無数に発表されていた。たとえば、ヤン・バプティスタ・ファン・ヘルモントは一六二〇年、まるで料理のようにネズミをつくる方法を発表している[3]。

口の開いた容器に、汗まみれの下着をいくらかの小麦といっしょに入れておくと、およそ二一日後にはにおいが変化し、下着が放った酵素が小麦の殻の中に入り込んで、小麦をネズミに変える。さらに目を見張るのは、雌雄両方のネズミが出現することであり、二匹は正常に生殖して子を産む。親から自然に生まれた子をである。さらに一段と目を見張るのは、小麦と下着から生まれたネズミは子ネズミではないということである。小柄な成体でも、発育不全のネズミでもなく、大人のネズミが出現したのである。

多くの人々が自然発生の概念を覆そうとした。動物実験は簡単だった。一七世紀には、イタリアの医師フランチェスコ・レディが、ウジは肉から自然発生するとの考えを覆した[4]。肉をガーゼで包み、生命力を通す状態にして放置したところ、肉がウジに変わる現象は起きなかったのだ。その後、ウジの発生にハエが欠かせないことを示すのに、たいした時間はかからなかった。

しかし、微生物の存在が、この新たに生まれつつあった科学的な合意の形成を阻むことになる。ファン・レーウェンフックが微生物を発見してから六〇年あまり経った頃、一八世紀の著名な科学者ジョン・ターバーヴィル・ニーダムが、羊肉のスープを使った実験の結果を報告した[5]。自宅の暖炉にあったスープを小さなガラス瓶に入れ、栓をして密閉したところ、外界から遮断されていたにもかかわらず、その後、スープからはさまざまな生き物がわいてきたのだという[6]。この結果は自然発生の証明であると、ニーダムは推測した。スープの有機物には、自律的な生命力が含まれていたのだと。

現代の私たちならば、おそらくニーダムが使ったスープには微生物が入り込んでいたのだとわかる。カエルの臓器の再生に関する先駆的な研究で知られるラザロ・スパランツァーニも、ニーダムのスープの実験を試みたが、実験の再現にあたってはさらに慎重を期した。小さなガラス瓶に湿らせた種子を入れ、存在しうる生き物を死滅させるために、密封したあと熱を加えた[7]。短時間だけ加熱したガラス瓶では、大きめの極微動物がすぐに死んだという。現代の知識では、それはアメーバだったとみられている。小さめの極微動物（おそらく細菌）は動きを止めるまで加熱しても、まだ熱に耐えていた。しかし、十分長く加熱すれば、「完全に不毛の状態」にすることができる。スパランツァーニは殺菌の概念を示したのだ[8]。

これらの先駆的な実験を受けて、自然発生説の賛成派もようやく主張を取り下げることになったと思う読者もいるだろうが、そうはいかなかった。生命が生まれなかったのはガラス瓶の中の物質が空気を取り込めなかったからだと、賛成派がすぐに反論したのである。スパランツァーニはガラス瓶を密封したことで、生命に欠かせないガスそのものを有機物が取り込めなくしてしまった。

こうした歴史的な経緯を経て現われたのが、かの有名なフランス人化学者、ルイ・パスツールだ。パスツールは実験を考案することに長けていて、牛乳を短時間だけすばやく加熱することで味を変えずに殺菌して保存期間を延ばす低温殺菌法（パスチャライゼーション）を考案することになる。そんなパスツールが、自然発生説をめぐる積年の問題に取り組む方法として考案したのは、簡潔かつ独創性豊かな実験だった。先が細く、首の部分がS字形の優美なカーブを描いた「白鳥の首フラスコ」（パスツールフラスコ）を作成し、微生物がスープに直接舞い降りてこないように防ぎながら、スープに酸素を送り込めるようにした。パスツールは一九世紀末までに、自然発生説の信憑性を徹底的に打ち砕いただけでなく、液体を殺菌して、そのまま保存する方法を実証した。

この歴史に込められているのは、生命にはほかとは異なる何かがあると固く信じる深い信念だ。科学の猛烈な進歩のなかで、自然発生説が跡形もなく消え去ってしばらく経ったあとでさえも、生物は物理的な作用に形態を操られるような何かと見なすべきではないとの根強い見方が残っていた。地球中心説がコペルニクスによって否定されたあと、そのうえに人類が類人猿から進化したという考え方まで受け入れるのは困難だったものの、少なくとも類人猿も人類も生物界にあり、無生物の領域にあるわけではなかった。ダーウィンの進化論に対しては、創造主が究極の目的を達成するために進化を道具として用いているとの説明を加えることができた。進化は天地創造をつかさどる機構ではあったが、依然として特別視された。

生物学と物理学がなかなか結びつけなかった背景には、生命にとって心地よい特別な居場所を探してきた長い歴史だけでなく、それぞれの分野がもっている文化や研究課題に対する取り組み方の違いもあった。研究者人生のほとんどを生命科学者として過ごしてきた私が、物理学科に加わったときのことを今でも覚えている。私はびっくりするようなことに気づいた。生物学者と座って共同研究について話していたとき、彼らは最も上位の階層から話を始める。たとえば、まず微生物について話し、それから質問に応じて、だんだん下の階層へ話をもっていって答えを探すのだ。この習慣はおそらく、生態系や生物全般が途方もなく複雑であることに由来するのだろう。モグラの生物学的性質について説明するとき、その原子を構成する粒子の観点からいきなり話すのは、とんでもなくむなしい作業になりそうだ。それよりもまずモグラ自体のことから話し始め、その一つ下の階層である基本構造や付属肢についての質問に答えるほうがよい。生物学者が上位から下位へ話をもっていく性分であるのは理解できる。

一方、物理学者とお茶を飲みながら議論を始めると、正反対の光景を目にすることになる。彼らは本能的に最も下位から始め、議論の対象にしている作用の単純なモデルを構築しようとする。もしかすると、数式として表現してみたりするかもしれない。ウシを球体で表わすような単純なモデルが出てくる。この習慣もまた理解できる。物理学という分野には、私たちの周りの世界をつかさどる物理的な基盤を探り、そうした特徴を数学的関係で表現して、家を建てるように、知識の体系を基礎的な原理から上へ向けて構築してきた歴史がある。

どちらの取り組み方も間違いではない。むしろ、どちらの取り組み方もそれぞれの分野の研究課題にはぴったり合っているように思える。物理学者は、物質の塊の挙動を数式で要約できる階層まで突き詰めて、明確性を得ようとする。一方、生物学者は生物圏の途方もない多様性や複雑性に直面するなかで、物事を解きほぐしやすくできるように単純化する方向へと下っていって、確実性を探求する。しかし、これら二つのアプローチで提示される証拠からは、まったく異なる二種類の物質群が存在するように思える。物理学と生物学は対局に位置しているかのようだ。こうした正反対に思える文化が生まれた過程をもっと詳しく知るために、物理学者と生物学者が研究している物質について簡単に探っていきたい。

物質の最下層を詳しく調べていると、物理的性質を把握するのが難しくなってくる。量子力学の創始者ハイゼンベルクが解き明かしたように、小さなものはとらえどころがない。原子より小さい粒子の位置を測定しても、それがもっている運動量はわからない。反対に運動量を測定すると、その位置が不明瞭になる。粒子がもっているこの根本的な性質、いわゆる「ハイゼンベルクの不確定性原理」は、小さなものたちが織りなす量子の世界に見られる挙動の一つである。物質を構成する粒子、とりわけ原子より小さな粒子は、テーブルや椅子とは違って、特定の場所にはっきりと存在しているわけではない。量子という極小のスケールで見ると、粒子は光と同じく波のような性質をもっている[9]。このため、粒子の位置はどの場所でも厳密な値ではなく、確率として表わされる。量子の世界にはほかにも、私たちのふだんの体験からはとても想像できないような奇妙な性質がある。

しかし、もっと大きなスケールで見ると、たとえば気体の原子どうしのさまざまな違いは平均的にならされ、物体に関する情報を把握できるようになる。あなたや私になじみのあるスケールだ。スケールが大きくなると、不確定性は膨大な数の粒子に紛れてしまう。単純な数式をつくることも可能だ。たとえば、次に示す理想気体の法則では、気体の圧力と体積、温度の関係を予測することができる。

$$PV = nRT$$

気体の圧力（P）と体積（V）は、気体のモル数（n）と温度（T）、気体定数（R）に関係している。[10]

気体に含まれた個々の原子の周りでどのような不確定性が渦巻いていようとも、この数式は必然性を与えてくれる。物理的な性質は最小のレベルでは識別できないが、視点をもっと上の階層へ移すと、だんだん識別できるようになってくるということだ。物理学者が（量子の世界を研究している学者を除いて）物質の全体的な挙動を数式でとらえられるレベルまで階層を上りながら現象を記述しようとすることが多いのは、このためでもある。

このアプローチを、生物学者の生き物に対する見方と比較してみよう。生物の構造は小さなスケールでは、私たちがふだん大きなスケールで観察しているときの多様さに比べて、はるかに単純に見える。細胞の機構には、予測可能性がある。[11] 分子は熱力学の原理に従って折り畳まれ、遺伝暗号の塩基対の結合は単純な化学的条件がもたらす一見予測可能な方法で行なわれるし、遠い昔から受け継がれてきたエネルギー経路は熱力学によって説明可能だ。生物界全体に見られる多様性と無限の形態からはあまりにもかけ離れていて、それらと比べるとはるかに説明しやすい。生物の身体ぐらい大きなスケールになると、生物は予測不可能であるように思える。進化を通じて生物圏に加わった生物は、異なる来歴を経てさまざまな細部の特徴を偶然獲得することで、無限とも思えるほどの種類を生み出し、その果てしない多様性で見る者を圧倒する。

以上のようなことを考えれば、生物学者が情報の大洪水を逃れ、生物の構造で一つか二つ下の階層で働くより扱いやすい原理を追い求めるのも納得できるのではないだろうか。生物学的な現象は小さなスケールでは予測可能だが、身体のスケールでは気まぐれで予測不可能になると考えてもよさそうだ。対照的に、物理学的な現象は小さなスケールでは把握できないが、肉眼で見えるスケールでは、ハイゼンベルクの不確定性原理と量子の奇妙な挙動が影を潜めて、予測しやすくなる。生物学はどう考えても物理学の対極にある。

この見解にはよい点があるものの、私にとっては、それと同じくらい魅力的なもう一つの見方もある。生物学と物理学の調和と、両分野の研究対象となる物質の類似性を際立たせる見方だ。

実際のところ、小さなスケールで見ると、生物学にも物理学と同じような不確定性がある。遺伝暗号とその翻訳で生じるタンパク質は、かつて考えられていたよりも偶発的なものではなく、予測しやすいように思えるが、生物学には、小さなスケールで識別しにくい重要な側面が一つある。遺伝暗号という、次の世代へ忠実に複製されるはずの情報が変化することがある、つまり遺伝子の突然変異が起こりうるという側面だ。

突然変異の原因の一つに、環境放射線などの電離放射線がある。太陽から降り注ぐ紫外線もDNA損傷の原因となりうる。紫外線から受けるエネルギーによって、遺伝暗号のアデニン塩基が結合して、「ピリミジン二量体」と呼ばれる物質を形成することがある。遺伝子を複製する機構がそうした塩基に出合うと、遺伝暗号の読み間違いが起き、複製にエラーが混入してしまう。

たばこに含まれる発がん性物質による突然変異など、化学物質もDNAを損傷することがある。さらに驚くのは、放射線や有害な化学物質がなくてもDNAに突然変異が起きることだ。突然変異はごく自然に起こりうる。一部の塩基（アデニンとグアニン）は二重らせんから抜け落ちることがあるのだ[12]。複製が行なわれるとき、遺伝暗号のそうした穴が原因で、新しく複製されたDNAにエラーが入り込んでしまう。

これらの現象すべてが示すのは、DNAもあらゆる機械と同じで完璧ではないという、意外ではない事実である。環境で起きる偶然の出来事や、自然の化学反応、複製の不備の影響を受けると、遺伝暗号にエラーが紛れ込んでしまう。こうした突然変異が遺伝暗号のどこで起きるかを正確に予測することはできないので（特定の分子が受けやすい損傷を挙げることはできるが）、時間が経つにつれて遺伝暗号がどのように変化していくかを原子や分子のレベルで予測することはできない。このような不確定性のほとんどは、量子の世界でいうところの不確定性と同じというわけではない。遺伝の機構は化学物質や放射線から予期せぬ影響を受けやすい自然環境で働いているうえ、機構自体にも弱点はある。遺伝暗号にまつわる不確定性は、遺伝機構の不完全性によって生じた予測できない変化といえる。

しかし、物理学者や生物学者になじみ深い不確定性がまったく同じ意味になることもあり、そうなったときには両分野が見事に調和する。たとえば、スウェーデンの科学者ペル＝オロフ・レフディンは、DNAの突然変異の一部が量子効果によって生じた可能性があるという考えを示した。[13]

DNAの二重らせんにおける塩基対の結合は、一方の塩基の水素（陽子）と、もう一方のDNA鎖の塩基にある酸素原子や窒素原子が結びついて成り立っている。この水素結合によって、DNAの二重らせんを構成する二本の鎖が一つにまとまるのだ。一方で、細胞分裂時にDNAを複製するときや、遺伝暗号をタンパク質に翻訳するときには、この水素結合が解かれてDNAは二本の鎖に分かれる。

しかし、この陽子はペアの相手を変えることがある。[14] たとえばアデニンの水素結合にかかわっている陽子が、DNAのもう一本の鎖に跳び移って、チミンと結びつくのだ。陽子が新しい分子に移ると、DNAの複製機構が混乱することがあり、さまざまな問題が生じる。この変化が起きたアデニンは複製時に、新たに合成されたDNA鎖のチミンと結合するのではなく、誤ってシトシンと結合してしまうことがある。こうして突然変異が生じ、遺伝暗号は破損してしまう。

レフディンの説で興味深いのは、このような突然変異が生じるメカニズムだ。DNAの二重らせんをまたいで一方の塩基からもう一方の塩基へ陽子を跳び移らせるのは、簡単なことではない。車で丘を越えてスーパーマーケットまで行くためには、ある程度のエネルギーが必要であり、アクセルを踏んでスピードを上げなければ丘の向こうへたどり着くことはできない。それは化学的な現象でも同じだ。化学変化を起こすためには、陽子も比喩的な丘を跳び越えるエネルギーが必要になる。しかし、気前のよい隣人が丘を貫く便利なトンネルを掘ってくれたとしたら、どうなるだろうか? 丘を越えるためのエネルギーがなくても、トンネルを通って難なく丘の向こうへ行くことができる。

陽子が置かれた奇妙な量子の世界では、まさにこうした近道が生じうる。大量のエネルギーを使って丘を越えるのではなく、陽子は一つの塩基から「量子トンネル」を通って別の塩基へ楽に移動することができる。一部の突然変異の根幹には量子効果があるのではないかと、レフディンは推論した。彼の説に対してはモデル化の試みが数多くなされ、今でもある意味で関心の的になっている。量子トンネル効果が本当に起きているとしても、果たしてそれはよくあることなのか、そして重要なことなのだろうか? にもかかわらず、私がこの疑問を取り上げたのは、小さなスケールでは、生物学と物理学における不確定性のなかに量子という共通の要素に起因するものがあるからだ[15]。量子生物学という分野は、あらゆる物質を構成する最小の要素の挙動をまとめる物理的な不確定性の研究が基礎にある。その物質がガスなのか、ガチョウなのかの違いだけだ。

物理学者のように、こうした予測不可能な突然変異からスケールを大きくしていくと、また違った姿が見えてくる。そして、生命の階層の上位でも、両分野に共通のテーマを見いだすことができる。大きなスケールでは、気まぐれな変異は容器中のガスにおける原子の位置や動きのように、目立たなくなる。原子や分子のレベルで何が起きていようとも、生物は大きなスケールの法則に従うようになるのだ。モグラは $P=F/A$ に従い、その円筒形の体と先がとがった顔は、土の中を最適な力で掘り進めるような形をしていて、収斂進化につながった。予測不可能な突然変異がさまざまなモグラの遺伝暗号のどの塩基にどれだけ起きようとも、その変異が致命的なものではない限り、モグラが大きなスケールで地中暮らしをつかさどる法則に従って予測可能な行動をとるために必要な要素がなくなることはない。

進化にまつわる生物学でも物理学でも、それらの法則が作用する物質は原子スケールでは不確定性をもっているが、スケールが大きくなるにつれて、不確定性は目立たなくなり、物質のシステムがおおまかに予測可能になってくる。こうして二つの分野が一つになる。

しかし、物理学と生物学、つまり生物と無生物に明らかな相違が一つあることは認めなければならない。生物と無生物のあいだにあるその決定的な違いは、原子や分子のスケールで存在する不確定性が、より大きなスケールで起こす変化の過程にある。フランスの分子生物学者ジャック・モノーが説得力のある言葉で指摘しているように、小さなスケールでは、ほとんどの物質における変化は最終的に劣化や破滅の原因となることが多い[16]。たとえば、結晶中に小さな傷が一つできただけで、結晶が粉々に崩れてしまうことがある。橋梁建設に携わっている人なら、金属中の原子が一つ移動すると、そこが弱点の元になって、最終的に構造の欠陥につながることはわかるだろう[17]。結晶では欠陥が発達することがあるとはいえ、そこには一つ問題がある[18]。結晶が欠陥をのちの世代へ確実に受け継ぐ手段が概してないために、一定の状況下でその欠陥をもつ結晶の構造が欠陥をもたない結晶よりも長く持続するかどうかを調べることができないのだ。無生物の物体は繁殖しないので、欠陥のある結晶のかけらを物理的・化学的条件の異なる遠く離れたさまざまな環境へ拡散させて、それがいずれかの環境で次世代の結晶に受け継がれるような長所を結晶に与える一方で、欠陥のない結晶の多くが粉々になってしまうのかどうかを簡単に調べる方法はない。

しかし、生物では、DNAで起きる分子スケールの小さな突然変異は、多様性の源泉となる。こうした遺伝暗号の変化、言ってみれば高エネルギーの粒子のいたずらでDNAの塩基対に偶然生じた変化から、遺伝暗号に変異が生じる。生命がもつ暗号は「生命に不可能はない」という不屈の目的を生命に与えているかのようだ。しかし、こうした目的は幻想でしかない。生命が存続するのは、遺伝暗号の違いによって、それぞれ数多くの独特な性質をもった個体が続々と生まれるからである。さまざまな特徴をもった個体が存在するため、その一部が環境のなかで生き延びて堂々と子孫を残し、入手可能な資源を利用してできる限り環境を占有していくだろう。一方で、ほかの環境では仲間たちが滅びてしまうかもしれない。この淘汰の過程によって、生命が意志や粘り強さのようなもの、生命体を奮い立たせるような決意をもっているとの幻想が生まれるのだ。こうした生命の特徴、遺伝暗号から生まれた営みは独特な特徴ではあるのだが、だからといって、生命を端(はな)から物理学と切り離せるものでもない。暗号を用いた営みというのは物理的な作用であり、この特徴をもっているからこそ、生命は物理的な作用を具現化した独特の存在になるのだ。

人は生物と無生物のあいだに横たわるこの溝を、何か計り知れない神秘的なものとしてとらえがちだ。生命の挙動が宇宙のほかの物質から脱却した事実のなかに、生気論を追い求める長年の願望を再び抱く機会を見いだす向きもあるかもしれない。生命は有機化学の興味深い一分野でしかないという不快な結論から逃れられるのではないかとの期待もあるだろう。生命は特別な分子群に表われた物理的原理の独特な集まりであるとの考え方は、とても興味深いのだが。残念ながら、生命を特別視したい人々にとって、この考え方は目を見張るほどのものではない。

生物学と物理学がいっしょになってできる最も興味深い取り組みの一つは（これこそ本書で実行していることだ）、アリの巣の社会生物学的な側面から生命の構成原子までを旅することである。生命の一つひとつの階層は、それぞれ異なる研究者たちによって研究されているといっても差し支えないだろう（巻末の参考文献に目を通せばよくわかる）。とはいえ、本書をじっくり読めば、それらの研究全体に一つの共通のテーマがあることがわかる。多くの研究グループがそれぞれ個別に、同じ概念へと回帰しているのだ。生命が選んだアミノ酸を見れば、その選択はアミノ酸の物理的性質に根ざしていることがわかる。タンパク質の折り畳み方を観察すれば、ほぼ無限の種類がありそうなアミノ酸の鎖が、たった数種類の形にしか折り畳まれない事実を見いだすことになる。生命の構造を詳しく見れば、細胞は普遍的だとわかる。動物や植物の形を調べれば、単純な物理的関係がその形態を鋲を打つように制限していることがわかる。鳥やアリ、魚の群れの配置に目を奪われていると、その驚くべき大群の中に単純な法則が働いていることに気づく。生命を構成する最小の要素から個体群全体まで、物理的原理が生命をごく限られた可能性の囲いに閉じ込め、がんじがらめにしていることが明らかになった。ここ数十年で生物学が成し遂げた偉業の一つは、生物学者と物理学者の研究が一つに収斂してきたことに助けられて、途方もない複雑性と計り知れない多様性を、明快な単純性に変えたことである。

そうした科学者たちは、高層ビルのそれぞれ異なる階にある多数の研究室で、生命の構造の異なる階層を研究しているようなものだが、それでも同じ結論を導き出しているように思える。生命は驚くほど、ひょっとしたら愕然とするほど限られた法則に縛られている。そうした法則が生物のシステムを支配している仕組みについて理解を深めれば、生命の構造を、詳細にとはいかないまでも、少なくとも概略程度には予測することさえできるかもしれない。合成生物学者たちはすでに、みずから考案した遺伝暗号を用いてどのような生命体が生まれるかを予測するだけでなく、新たな生命体をつくり出すというトワイライトゾーンに足を踏み入れた。

生物学と物理学がこのように結びついたとしたら、この中に偶発性が入り込む余地はあるのか。歴史のいたずらや気まぐれ、あるいは、以前の形態からは予測できない進化の飛躍、生物学の新たな領域に突入するような飛躍は起こりうるのだろうか？　そうした可能性はかなり限られているというのが私の考えではあるが、まったく異なる考えをもつ人々もいることはよく知られている。[19]

スティーヴン・ジェイ・グールドは、少なくとも生物の身体のスケールでは偶発性を支持している。グールドにとって、進化では偶然がすべてだ。その根底に物理法則があることは認識していたものの、背後で物理法則が働いていても、動物の特定のボディプラン（体の基本構造）の成功や、哺乳類の出現、知性の誕生といった、進化で生じた興味深い現象はすべて、究極的には偶発的な結果であると、かたくなに考えている。[20]途中で消えていった特徴は、さいころの目の出方が違ったというのだ。こうした考え方のもとになったのは、カナディアン・ロッキー山脈の山腹に埋もれていた五億八〇〇〇万年前の化石層、バージェス頁岩での経験だった。グールドは著書『ワンダフル・ライフ』でこの見解について詳しく書いている。[21]板状にはがれやすい頁岩の中に残されているのは、最古級の動物たちの痕跡だ。多細胞の複雑な生命をめぐる初期の実験が、世界的に見てもひときわ良好に保存されている。世界中で似たような化石群が見つかっており、三〇億年にわたる微生物の時代を経て、多細胞生物が一気に花開いた時代を今に伝えている。動物のなかには体節や脚、触角、ほかの付属肢の配置が奇妙なものもあり、そうした特徴は生物が偶然によって生まれたことを示唆しているように見える。このような見慣れない形態の生物たちから、人類の系統が現代まで生き残ってきたのは、コイン投げのような偶然なのだと、グールドは主張している。

二股に分かれた触角、変な場所に配置された体節、そして奇妙な方向を向いた脚——こうした化石を解剖学的に詳しく長い時間をかけて分析した科学者が、その多様性に目を見張り、偶然の力が働いた一例だと考えるのも無理はない。しかし、私は無脊椎動物の複雑さを研究して、それに魅了されたわけではなく、図書館に四日間こもって、バージェス頁岩から産出するモンスターの復元図とにらめっこしただけの部外者として、その無限の可能性には魅了されなかった。むしろ感銘を受けたのは、生き物たちの並外れた同質性だ。生命の歴史で、あの時代には無限に実験できる可能性があった。文字どおり開けた海があり、新しもの好きの動物たちが試したり利用したりできたのだ。しかしその形態には、類似性がいくつも認められる。ほとんどの動物はあなたや私のように左右対称で、前部に口があり、後部に肛門がある。[22] こうした動物は細かな特徴をもち、奇妙にねじ曲がった形をしているとはいえ、互いに似ている部分がいくつもある。流体力学や拡散など、いくつか従わなければならない法則に直面して、その束縛から必死に逃れようとした末に、結局は独創性に乏しい特徴を獲得することになった。そんな実験を物語っているように思える。そこに偶発性があるのは確かではあるが、驚愕するほどのものではない。[23] 生物が自由に進化する機会を与えられたこの独特な時代の産物に見られる類似性のほうが、形態をめぐる冒険よりもはるかに目を見張る。実際、グールドが偶発性を礼賛して以降、バージェス頁岩の動物たちの（すべてではないにしろ）多くが現代の動物の分類群に関連していることが、数々の研究を通して明らかになった。[24]

ここで二つの点について書いておかなければならない。細胞を包む膜の枚数、ガの翅の模様、恐竜の顎のカーブといった、生物の細部の特徴には偶発性があるということだ。特徴が洗練されてゆくなかで淘汰圧にさらされても、生殖年齢に無事達するかどうかにあまり影響しなかった場合、細部に表われた偶発性は引き続き残り、偶然といくぶんかの来歴が混合することになる。[25] まさにこの事実が、地球の生命の桁外れの多様性につながっていった。

生物の細部の特徴や種類、色が好きな人たちにとっては、偶発性がすべてだろう。祖先から受け継いだ形態や発生上の制約により、多くの特徴に関して、進化の結果を正確に予測できないことは十分に考えられる。[26] しかし、生物のより深いレベルでは、細胞膜、翼や翅を収斂させる空気力学的な力、食物を砕くようにつくられた顎の構造など、生命を根本で束縛する物理的特徴と比べれば、細部の特徴はささいなものだ。

偶発性が一つの役割を果たしうる領域はもう一つある。それは、地球上の生命の能力に明確な違いをもたらす激変によって起きた、進化上の大きな移行だ。そうした移行は細部だけにとどまらず、生命の体系を形づくってきた。

なかには、必然性の痕跡を残しているように見えるものもある。細胞性の出現は、生化学的な反応を快適な区画に囲い込み、もっと広い世界へ解き放つのに必要だった。この段階がなければ、生命は岩石や熱水噴出孔で局所的に自己複製する分子の域をいつまで経っても出なかっただろう。

必然であることを証明できる移行であっても、そのタイミングは不確かなこともある。六六〇〇万年前に小惑星が地球に衝突して恐竜の王国を滅亡に追いやって以来、哺乳類はネズミみたいな生き物から、電波望遠鏡を建造できるサルへと変貌を遂げた。しかし、動物が陸地と海、空を支配してから一億六五〇〇万年ほど経ったあとでも、恐竜は爬虫類として知性を獲得するまでにはいたらなかった。とても宇宙計画を推し進められるような段階ではなかった。たとえ恐竜が最終的に宇宙開発機関を設立するまでになったとしても、知性の獲得など、進化の主要なイベントのタイミングのなかには偶然に左右されるものもあるだろう。認知能力の獲得を促すちょうどよい淘汰圧が、たまたま働くこともありうる。

グールドはバージェス頁岩の動物とその祖先の化石種に、偶発性がそうした移行を促した具体的な瞬間を見いだした。グールドにとって、これらの化石を最初に調べた古生物学者を戸惑わせた動物の目新しい形態は、多種多様な軌跡につながる可能性を示すものだった。時代を少しさかのぼって、エディアカラ紀の世界をのぞいてみよう。この名前の由来となったオーストラリア南部の景勝地、エディアカラ丘陵には、これまでに確認されたなかでは最古の動物の化石が眠っている。どの動物も体が軟らかく、ほとんどが葉のように扁平で、キルトやパンケーキのように見える。これらの生物は、バージェス頁岩に保存された無数の形態を生んだ「カンブリア爆発」より前に出現した。

なぜ扁平な動物が出現したのだろうか？　細胞と同じように、動物も栄養分の摂取やガス交換のために体の表面積を広くする必要がある。私たちの系統でいえば、この特徴は内臓において実現されている。個々の動物で実質的に表面積を広げているのは、肺や小腸だ。肺は微小な管を網の目のように張りめぐらすことで、およそ七五平方メートルもの表面積を確保している。小腸は体内でとぐろを巻き、内壁にひだをもつことで、テニスコートほどもある二五〇平方メートルもの広々とした表面で、食物の栄養分を吸収している。しかし、エディアカラ紀には、現代と同じ物理法則、つまり食物とガスを拡散によって出入りさせる必要性に直面した動物は、違った解決策を選んだ。どの部位からも表面が離れすぎないように、体の形態を扁平にしたのである。こうしたエディアカラ紀の動物が地球上で生き残り、生命に必要な物質を内臓で取り込む大きな動物たちを駆逐したとしたら、バージェス頁岩から出土する動物たちの王国は扁平な体の寄せ集めでしかなかっただろうと、グールドは主張している。進化が分かれ道に達したときに異なるボディプランにいたる道をたまたま選択したら、つまり偶発性が進化の方向を決めたら、今とはまったく違う世界になっていたかもしれない。

エディアカラ紀の動物たちが引き続き地球を支配していたら、動物はそれ以上ほかの特徴を発達させることがなかったといえるだろうか？　きっと、この実験から出現した数多くの系統の一つが遅かれ早かれ、栄養分の吸収や酸素の取り込みの能力が高い陥入部を体内で発達させるのではないだろうか？表面積が増えたことで、そうした動物は優位に立ち、より複雑な動物、ひょっとしたらより競争力の高い動物が出現する道が開けるのではないだろうか？[27]

あれこれ思いをめぐらすのは楽しいのだが、進化の実験をもう一度実行することはできない。偶発性があるのかどうか、パンケーキ形の生き物が生物圏全体を永遠に支配するようになるほど重大な歴史の偶然があるのかどうかという問いに対する答えは、まだ見つかっていない。[28]

進化発生生物学の研究を通じて、生命の階層に見られるモジュール構造や、発生で激変が起きうる仕組みが解き明かされたことから、少なくとも生物の身体に及ぶ大規模な変化が起こりうることが示唆される。クジラの骨盤は、陸地に暮らしていた経験を帳消しにして海に戻った大胆な決定の名残だが、それと同時に、生命は海から陸への進出後も海に戻り、生命の数式に合わせて自在に変化できるという、たぐいまれな能力を物語る証拠でもある。ひょっとしたら、パンケーキ形の動物もやがて大きくなり、脚を生やしたのかもしれない。

自己複製する分子が誕生してから、宇宙船を建造し、進化の実験の複雑化を止める力をもった文明が出現するまでに、ほかにも偶発性はあっただろうか？　クジラの心変わりのように、遺伝暗号や代謝経路もまた変わりやすいようだ[29]。集まりつつある証拠が示唆するのは、生命の核心にあるプロセスがもともと柔軟性をもっているために、生命は「凍結された偶然」を逃れて新たな可能性を探り、あちこちに奇妙な名残を残しながらも、淘汰圧のもとで特徴の最適化や改善をしていけるということだ[30]。それでは、多細胞生物や複雑な生命の出現についてはどうだろうか[31]？

生命の歴史でそうした偶発的な出来事の存在を実証できたとしても、二種類の生物圏、ひょっとしたら複雑さが異なる二つの世界をつなぐ一つか二つの大規模な移行は、私にとって興味深く、驚くべき瞬間とまでいえるものだ。しかし、それらは物理法則が奏でる音楽を交響曲に見立てれば、単なる独奏部のようなもので、特異な転換の瞬間でしかない。ここで重要なのは、そうした偶然の瞬間が存在するならば、二種類の進化の経路（複雑な多細胞生物を経て最終的に知性の獲得へいたる経路と、そうでない経路）のどちらかが選択されることによって、宇宙で知的生命がまれな存在になるかどうかが決まりうることだ。地球外生命が存在するとすれば、生命が微生物というスタート地点からどれだけ早く脱却するか、あるいは、そもそも生命が微生物から脱却するかどうかを決定する偶然の瞬間は、宇宙の生物圏におけるさまざまなレベルの複雑性の分布と、それに付随する生命体にとっては重要かもしれない。しかし、このようなもう一つの世界は、知性を重視する知的な観察者、つまりそうした相違を重要だと考える生物種だけが興味をもつものだ。

私たちはまた、偶発的な出来事によって複雑性が変化した生物圏を調べることもできる。知的生命が含まれていたとしても、チョウの多種多様な翅と同じように調べられるのだ。地球上の生命、そしてひょっとしたら地球外の生命にも見られるかもしれない無数の可能性は、生命が繰り広げる進化の大実験が複数あることを表わしている。生命という物質の塊（本書で探究した概念）が目を見張るのは、そこにどのような偶発性があるかではない。既知の宇宙に見つかる物理的・化学的条件のごく小さな泡の中で、これほど多種多様な能力が制約されうることに驚嘆するのである。

生命のこまごまとした特徴は好奇心を大いに刺激し、じっくり調べる喜びはあるが、究極的に生命を束縛する経路の狭さを理解することこそが、生命にまつわる無数の疑問をそぎ落とすものとなる。炭素ベースの化学反応と、水を溶媒として使用することが、生命にとって唯一の選択肢なのだろうか？ 現在の代謝経路と遺伝暗号はどのように生まれたのか、そして、異なる代謝経路や遺伝暗号はありうるのだろうか？ 細胞が今のような形になったのはなぜか？ 生命はどのように新たな環境に適応していくのか、そして、そこにはどんな制約があるのか？ 動物が車輪のような特徴をもたずに、脚をもっているのはどうしてか？ 生物圏自体の極限環境の境界は物理的な制約によってどのように決まるのか？ そして、地球外に生命が存在するとしたら、それは地球の生命と似ているのだろうか？ 疑問は果てしなく続く。

これらの疑問が暗に問いかけているのは、偶発性が一定の役割を果たしているかどうかだ。進化をもう一度最初から始めて、偶発性の作用を観察することはなかなかできないものの、科学的な観察や実験を通じて生命を形づくる要素を研究することはできる。[32] 今日では、遺伝暗号に手を加えて、新たな遺伝暗号を探ることも可能だ。いつか、はるか遠くの世界を探査するなかで、ほかの進化の実験そのものを発見し、生物学の普遍性についてもっと説得力のある説を導き出せるかもしれない。生命の予測可能性（共通の特徴、制約、境界）こそ、私たちが魅了されるべきものである。

物理法則がどれほど生命を制約しているか、偶然がどこで（生命の特定の部位だけでなく、階層全体でより総合的に）一役を担っているのかをさらに詳しく知ろうとする研究は、生物学と物理学の融合を深める大きな可能性を秘めている。私たちは、情報が遺伝暗号から身体へと階層の上位へ伝わるなかで働く物理的原理を調べることができる。環境からの影響が階層の下位へ及んでいくにつれて働く原理をさらに詳しく調べれば、進化を説明する能力を高めることができる[33]。とりわけ、特定の環境にすむ生物に淘汰圧の形で物理的原理が働き、そこから遺伝暗号に作用して、将来の世代に受け継がれていく過程を調べることができる。

生物の階層の異なるレベルを必ずしも互いに結びつける必要はない。生命に関して何が予測可能かをより厳密に理解するためには、生命の一つのレベルにほかのレベルの性質とは関係なく作用する物理的原理を定義する必要がある。たとえば、なめらかな紡錘形をしたイルカの体は、自然淘汰を通じて身体に働いた流体力学の作用で形成された[34]。そうした淘汰圧は最終的に、その生物が細胞以下のレベルで構成される仕組みにも作用していくことになるが、その影響は大きくない。同様に、穴掘りに適した体をもつモグラが地球外に存在するとしたら、その生物がケイ素ベースの化合物で構成されているとしても、その見かけは私たちがよく知る穴居性の動物に似ているだろう。生物の階層の一つのレベルに見られる多くの偶発性や必然性は、ほかのレベルに見られる偶発性や必然性とは別個のものである。このように理解することによって、生物の異なる部分に働く物理的原理の予測、あるいは少なくとも特定が、かなり簡単になるだろう[35]。

生命に働く物理的原理を数式で表わすことによって、進化のプロセスの構造や結果を予測するうえで説得力を高められる魅力的な可能性を手にすることになる。生物学的なプロセスにおいてこの取り組みの対象範囲を広げる努力がさかんになると、自己複製の性質を定義する物理的な枠組みも広がり、物質の進化のシステムがよりはっきりと解き明かされ、モデル化や研究がしやすくなっていくだろう。

このように物理的原理に魅了されていることは、退屈な還元主義ではない。サイモン・コンウェイ＝モリスは収斂進化に関する重要な著書を締めくくるにあたって、生物の複雑な構造を常に遺伝子的な決定論に単純化しようとする人たちの「わびしい還元主義」を嘆いている[36]。

還元主義は必ずしもわびしいわけではない[37]。物理的な単純性には美しさがある。生物の体に表われた数式に、目を見張る簡潔さや魅力のようなものはないのだろうか？　モグラの鼻の動かし方や掘る動作に反映された $P=F/A$、あるいは厳格な浮力を示す $B=\rho Vg$ といった冷徹かつ基本的な数式が、細長い体や魚のすばやいダンスに生き生きと表われているのではないか？

私たちの周りには、驚くべき無限の細部をもった生物圏がある。しかし、そこにすむ生き物の形態はきわめて簡潔だ。三本脚や五本脚の恐ろしい野獣も、不規則な形をしたグロテスクな動物も、あっけにとられるような輪郭の生物群も、際限のない進化の偶発性や実験が生んだぞっとする生き物たちも、そこには見られない。それは対称性や予測可能なスケール、心地よい比率のある生物圏だ。生化学的な構造の中核からアリや鳥の群れまで、生命の形態や構造の根底にはパターンが存在する。それこそが、物理法則と生命の不変かつ揺るぎない融合である。

謝辞

きわめて幸運なことに、長年にわたって何にもじゃまされることなく数多くの科学分野を自在に横断し、それらのあいだで心躍る反応が起きるのを目にすることができた。その間、本書に記したアイデアを探究する刺激を与えてくれた多くの機関や人々に感謝したい。一九八〇年代後半にブリストル大学で生化学と分子生物学の学位を取得したことで、分子を調べる新たな手法やツールを用いた研究が全盛を迎えようとしていた時代に、生命の基礎構造に関する知識や学説に触れることができた。オックスフォード大学で分子生物物理学の博士号を取得したことで、生物学と物理学のあいだに新しいつながりが生まれつつある現場を目にすることができた。生命に関する知識と物理的原理、つまりごく最近まで交わろうとしなかった二つの科学分野が融合した現場だ。この境界領域で進む研究は、生命の形成を導く基本的な原理について、わくわくするような眺望をもたらしてくれる。

カリフォルニアにあるＮＡＳＡのエイムズ研究センターでのポスドク時代には、研究の興味を微生物学へと移し、微小な生命の世界をのぞく日々を過ごした。とりわけ幸運だったのは、宇宙生物学が誕生し、この分野がＮＡＳＡ宇宙生物学研究所という形で新たに活気づいた時代を目撃したことだ。有人宇宙探査と宇宙での居住に強く興味をもっている私は、生物学と宇宙科学を同時に心ゆくまで研究することができた。エイムズでは数多くの優秀な人たちに影響を受け、生命を天文学的な視点で見る機会をもらった。それが、本書のテーマでもある、地球の生物の構造が普遍的であるといえるかどうかという問題を解き明かすことにつながっていくだろう。

ケンブリッジにある英国南極調査所に微生物学者として赴任し、ペンギンからアザラシまで、さまざまな関心をもった科学者たちに混じって研究するなかで、生態学や進化の視点で生命をとらえる能力を養うことができた。まるで異世界の大陸のような南極のアデレード島では、ロセラ研究基地の向こうに横たわる丘陵でオオトウゾクカモメの巣のあいだを歩いているとき、さまざまな鳥の類似性を形成する原理について考え始めるようになった。あらゆる生物はどこをすみかにしようとも狭く制約された形態に束縛されるのならば、それはどの程度まで制約されるのか。この疑問について熟考する絶好の環境を、「白い大陸」の異世界のような風景は与えてくれた。本書はそうした南極での思索を発展させ、より深く熟考したものであると思う。そして、イギリスのミルトンキーンズにあるオープン大学に移り、惑星科学の研究所に勤めるようになると、惑星規模の現象やそれと生命とのつながりについて多くを学んだ。この環境に置かれると、惑星の条件によって進化の産物がどのように形成され、どの方向に向かうかについて考えざるをえなくなる。そして今、生命に対してもっと還元主義的な見方が根強く存在する、エディンバラ大学の物理学者や天文学者に混じって研究している。どの場所にも研究する喜びや、アイデアの豊かな源があった。生命の構造のさまざまな階層で進んでいる研究を目の当たりにする幸運に浴し、それに関する書籍を執筆できて、非常に楽しい経験を得ることができた。

本書がどのように受け止められるにしろ、少なくとも数人の進化生物学者と物理学者が、目を見張る進化の産物に対して共通の関心をもってくれたらうれしい。そして、どうしようもなく複雑に思えるものの中にある美しい単純性に畏敬の念をもって注目するよう、人々を駆り立ててくれたらありがたい。

本書を執筆した当時の研究グループ（ロージー・ケイン、アンディ・ディキンソン、ハンナ・ランデンマーク、クレア・ラウドン、ターシャ・ニコルソン、サム・ペイラー、リアム・ペレラ、ペトラ・シュウェンドナー、アダム・スティーヴンズ、ジェン・ウォッズワース）には、その寛容の精神に礼を言いたい。また、提案や論文を電子メールで寄せてくれた数多くの友人や同僚にも感謝したい。本書に記した思索にさまざまな形で影響をもたらしてくれた。ハリエット・ジョーンズ、ハンナ・ランデンマーク、シドニー・リーチ、そしてレベッカ・シドルには、原稿を読んで詳しいコメントを寄せてくれたことに感謝する。この五年間、エディンバラ大学がすばらしい知的活動の拠点を提供してくれたこともありがたかった。

エージェントのアントニー・トッピングには、このプロジェクトを進めるにあたって助言をくれたことに大いに感謝している。ベーシック・ブックスのT・J・ケレハーとアトランティック・ブックスのマイク・ハープリーには、編集上の提案を寄せてくれ、本書を出版へと導いてくれたことに御礼申し上げる。

訳者あとがき

世の中には、人と違った視点をもつことが大切な職業がある。アーティストや作家、写真家といった、創造性が求められる職業がその代表例だろう。そのなかでも現代において、かつてなく独自の視点が求められているのは、写真家ではないだろうか。デジタルカメラで誰もが手軽にきれいな写真を撮れるようになったいま、単に写真がうまいだけでは食べていけない。人を撮るにしろ、風景を撮るにしろ、動物を撮るにしろ、たくさんの人の心に響く作品を撮るためには、これまで誰ももたなかった視点や表現で被写体をとらえることが必要だ。そうした作品は驚きや新たな発見を与えてくれる。

新たな発見をもたらすために独自の視点が必要なのは、科学者も同じだろう。科学者として名を成すためには、すでに誰かがやっている研究ではなく、まだ誰も解明していない謎に挑まなければならない。なかには、先人たちが長年取り組んできたにもかかわらず解き明かせなかった謎もあるだろう。そうした謎に挑むためには、人と違った視点をもたなければならない。

本書の著者、チャールズ・コケルもそんな科学者の一人だ。「科学でまだはっきりと解明されていない問いのなかでもとりわけ興味をそそるのは、従来の分野と分野のはざまに位置している問いだ」と、コケルは序文で書いている。科学的な問いを一つの分野に当てはめるのは「知的活動において逆効果になることもある」として、分野と分野の境界領域に目を向ける。めざすのは、物理法則が生命の進化で果たしてきた役割の解明、そして進化と物理法則の統合だ。

物理法則という抽象的な概念を伝えるために、コケルは生命をいくつかの階層に分け、その上位から下位へとだんだん下りながら、物理法則が生物に表われた具体例を紹介している。アリや鳥の群れから始まり、テントウムシやモグラの体、細胞、DNA、水やタンパク質といった分子、炭素や酸素などの原子、そして最後には、量子の世界に行き着く。

生き物を見るときには、体の形や色、模様といった目に見える特徴にどうしても注目してしまう。だが、コケルが本書でとりわけ力を入れて解説しているのは、細胞やDNA、分子、原子など、肉眼で見えない世界で物理法則が果たしている役割だ。地球上の生物が体内で水を必要とする理由を考察した第9章では、水がいかに生化学反応に適しているかを示すだけでなく、アンモニアや硫酸を使う生命が存在しうるかどうかを議論したうえで、水が生命に最適な液体であるとの持論を示す。

生物が炭素ベースの有機化合物でできている理由を探った第10章では、スター・トレックに登場する地底怪獣「ホルタ」を例に、ケイ素化合物でできた生命体が存在しうるかどうかを論じ、ケイ素ベースの生命が存在しにくい根拠を示す。そして、炭素と水にもとづいた生命が普遍的であると述べながらも、異論を受け入れる態度も見せる。「自説を譲らない態度は科学としてお粗末だから」というのがその理由だ。

なぜコケルは、ここまで慎重な態度をとっているのか。それは、人類がこれまで地球上でしか生命の進化を観察していないからだ。観察した標本が一つしかない状態で、炭素と水にもとづいた生命が普遍的であると結論づけることはできない。結論を出すためには、地球以外で生命の進化を観察しなければならない。

さまざまな可能性を考慮しながら議論を展開していくその姿勢からは、実直かつ厳格な科学者の姿が目に浮かぶ。しかし、コケルは第8章で、みずから異星人のコスプレをして講義したエピソードを披露し、茶目っ気たっぷりな一面も見せている。硫酸塩からエネルギーを得ている異星人という設定で、講義中にときどき石膏（硫酸カルシウム）に見立てた角砂糖をボリボリ食べる。生命は多様な物質をエネルギー源として利用できることを示し、私たちの現在の知識はまだ限られているかもしれないとの疑問を学生たちにもたせるのが、その目的だ。

一方的に自説を主張するのではなく、ほかの説やさまざまな可能性を検証し、さらには異論や反論を受け入れる態度も見せる。生命と物理法則の関係を探究した本ではあるのだが、訳者には、もっと本質的な何か、つまり科学のあるべき姿を示してくれているようにも感じる。先ほど紹介した第8章のほか、テントウムシの物理学を学生たちに考えさせた第3章からもわかるように、コケルは優れた教育者でもある。本書を通じて、自説を構築するうえでほかの意見に耳を傾ける姿勢の大切さも伝えているのではないだろうか。

最後になりましたが、編集の労をとってくださった河出書房新社の揖木敏男さん、そして数々の的確な指摘をくださった校正者の方々に御礼申し上げます。

二〇一九年秋

藤原多伽夫

(37) 私は好戦的な還元主義者ではないし，本書は生物をごく単純な物理的原理で表わそうとする陳腐な試みでもない．とりわけ複雑な生物のシステムでは，階層の上位になると，構成要素どうしの相互作用で個々の要素に表われていない性質がしばしば生じるために，還元主義は往々にして階層の上位の情報を破壊する，とマイヤーは述べている（たとえば，Mayr E. [2004] *What Makes Biology Unique?* Cambridge University Press, Cambridge, 67 を参照）．実際のところ，自己組織化とそこから生じる複雑性の研究は，生物の階層の上位における挙動は階層の下位に見られる挙動の単なる総和ではないとの理解にもとづいている．本書の第 2 章をはじめとする各所で示してきたように，鳥の群れやアリの巣など，生物の集団全体にも物理的原理や数式を適用することができる．物理学と生物学の融合は，生物学的な現象を最小の要素に分解するという長年の願望を必ずしも意味しているわけではないが，歴史的にはそれを意味することが多く，それが有用であることもしばしばだ．

し，これは進化の順序を制御下で再現した実験ではない．環境も変化しているから，どれが偶然で，どれが生物の形成条件が変化した結果なのかを厳密に区別するのは難しいし，ひょっとしたら不可能かもしれない．実験室や，十分に制御された野外でも，もっと簡単に進化の実験を行なって，偶発性の役割を証明することもできる．トカゲからグッピーや微生物までの研究をまとめた良書として，Losos J. (2017) *Improbable Destinies: How Predictable Is Evolution?* Allen Lane, London（ジョナサン・B・ロソス『生命の歴史は繰り返すのか？——進化の偶然と必然のナゾに実験で挑む』的場知之訳，化学同人，2019 年）をお勧めする．とはいえ，実験室，あるいは野外での実験であっても，地球の歴史の入り組んだ現実を再現しているわけではない．

（33）生命の周期表については，McGhee G. (2011) *Convergent Evolution: Limited Forms Most Beautiful.* Massachusetts Institute of Technology, Cambridge, MA で提案されているが，私はそこまでするのは気が進まない．生命体は制約を受けているかもしれないが，「周期表」という用語を使うと，進化の範囲が，元素の原子構造の単純性や，電子配置と似たような構造の周期性と同等であるとの印象を与えてしまうからである．私は進化の中核に働く物理的原理について議論しているものの，物理的原理による生命のキャナリゼーション（道づけ）の結果として生まれた生物群が原子構造ほど単純であると主張しているわけではない．もしかしたら，「生命体のマトリックス」というような呼び方のほうがいいのかもしれない．とはいえ，周期表におおまかに似た表形式で，合意のとれたいくつかのパラメーターに従って系統的に分類するアイデアは刺激的だ．こうした分類は，生命体における限界を明確な形にする一つの方法になるだろう．同様の試みはニッチの分類にも役立つかもしれない．Winemiller KO, Fitzgerald DB, Bower LM, Pianka ER. (2015) Functional traits, convergent evolution, and the periodic tables of niches. *Ecology Letters* 18, 737–751 を参照．

（34）ジョージ・マギーはこう明言している．「エウロパの海に，泳ぎの速い大型の生物が存在している——はるか遠くの木星を公転する衛星で，その世界を永遠に覆う氷の下を泳いでいる——とすれば，その生き物は流線形かつ紡錘形の体をしているだろうと，私は絶対の自信をもって予測する．つまり，それらはネズミイルカや，魚竜，メカジキ，サメによく似ているだろう」．エウロパの海に生命が存在するとしても，大型の海洋生物が存在する可能性は微生物よりも小さいとはいえ，生物レベルでの収斂進化に対する物理法則の影響についてのマギーの論点は明確であり，それが普遍生物学の概念を暗示していることは明らかだ．McGhee G. (2007) *The Geometry of Evolution.* Cambridge University Press, Cambridge, 148 を参照．

（35）生命構造の階層のさまざまなレベルで収斂を観察することで，生物の構築の法則を単純化できる期待も出てくる．一例として，生物の身体レベルで収斂を比較した研究については，Zakon HH. (2002) Convergent evolution on the molecular level. *Brain, Behavior and Evolution* 59, 250–261を参照．

（36）Conway-Morris. S. (2004) *Life's Solution: Inevitable Humans in a Lonely Universe.* Cambridge University Press, Cambridge.（サイモン・コンウェイ＝モリス『進化の運命——孤独な宇宙の必然としての人間』遠藤一佳・更科功訳，講談社，2010 年）

(27) エディアカラ紀の動物からカンブリア紀の動物への移行を引き起こした要素については，Budd GE, Jensen S. (2017) The origin of the animals and a "Savannah" hypothesis for early bilaterian evolution. *Biological Reviews* 92, 446–473 で興味深い仮説を参照できる．この論文では，エディアカラの「扁平な形」を抜け出す移行を引き起こしたメカニズムが提示されている．動物の形態とボディプランについての良書に，Raff RA. (1996) *The Shape of Life: Genes, Development, and the Evolution of Animal Form*. University of Chicago Press, Chicago がある．この本を読むと，陥入部が生じて，パンケーキ形の動物が内臓を備えた複雑な生物に変わったとの私の見解がいささか軽率だったかもしれないと思い知らされる．ボディプランの構造と来歴，およびその系統発生論は複雑で，いまだに議論がやまない分野だ．とはいえ，私のコメントは，「生命はボディプランの行き詰まりに追い込まれるしかないのか」という問いを純粋に投げかけるためのものである．

(28) 現在の地球上でさえも，クラゲなど，体の細胞が外側の表面近くに位置するパンケーキ形の構造をもった生物もいる．

(29) ここでもまた，生命の経路や選択の可変性と，物理法則による生命の制約の厳しさの違いに焦点を当てている．この二つは矛盾しない．生命は過去の選択をふりほどく柔軟性をもちうるが，それでも，限られた形態群に導かれるということだ．

(30) とりわけ進化発生生物学におけるこうした発見は，進化は既存のプランや形式をいじりまわす修理屋でしかないのか，それとも，環境に合わせてまったく新しい何かをつくり出すエンジニアのように振る舞うのかについて，重要な問いを投げかける（Jacob F. [1977] Evolution and tinkering. *Science* 196, 1161–1166）．進化は何もない状態から始めることはできず，既存の何かを利用しなければならないことは確かだが，新しいものを生み出す試みに対する制約は，これまで考えられてきたほど厳しくないかもしれない．ジェイコブは新たな形の進化を考えるなかで，こう明言している．「SF とは異なり，火星人は私たちに似ていることはありえない」．だが，悪魔は細部に宿る．「私たちに似ている」とはどういう意味なのか？　細部までそっくりだという意味ならば，ジェイコブに同意しなければならない．しかし，同様の感覚器官や，歩行のための脚，重力に逆らって身体を支える構造を指しているのならば，火星人はおそらく奇妙なほど私たちに似ているだろう（もちろん，ここでいう「火星人」は地球外生命全般を指す比喩であり，文字どおりの火星人は，現存していたとしても微生物である可能性が高い）．

(31) しかしながら，多細胞生物でさえも単純な物理的原理の作用で出現しうる（したがって不可避であるかもしれない）という説得力のある見解が，Newman SA, Forgacs G, Müller GB. (2006) Before programs: The physical origination of multicellular forms. *International Journal of Developmental Biology* 50, 289–299 に記載されている．

(32) もちろん，生物を形成するうえで偶発性や過去の来歴が作用したことを示すような退化した器官や遺伝的な痕跡を見つけることはできる．絶滅までの進化の経路と，それ以降の進化を比較することもできるだろう．たとえば，爬虫類の進化を調べ，それを白亜紀末以降の哺乳類の進化と比較する，といったようなことだ．しか性質の源になることがある.

(18) キラルの性質をもつ物質の結晶は，後続の結晶でもこのキラルの痕跡を複製することができる．自己複製する結晶にまつわるさらに入り組んだ概念については，Schulman R, Winfree E. (2005) Self-replication and evolution of DNA crystals. In *ECAL 2005*, edited by M Capcarrere et al. LNAI 3630, 734–743 などを参照.

(19) Losos J. (2017) *Improbable Destinies: How Predictable Is Evolution?* Allen Lane, London（ジョナサン・B・ロソス『生命の歴史は繰り返すのか？——進化の偶然と必然のナゾに実験で挑む』的場知之訳，化学同人，2019 年）は，収斂とその可能性について，豊かな学識にもとづいた知見をもたらしてくれるおもしろい著作だ．ロソスの見解は，とりわけ近縁な系統のあいだでは進化は予測可能だが，偶発的なイベントが進化の道筋を形成する余地もかなりあるというものである．一方，私の見解は，生命体のすばらしい多様性における偶発性は制約されているが，それは物理学的な解決策も多種多様な生命を生めるほど変化に富むとの考えと矛盾しない，というものだ.

(20) Gould SJ. (1989) *Wonderful Life: The Burgess Shale and the Nature of History*. Hutchinson Radius, London, 289–290.（スティーヴン・ジェイ・グールド『ワンダフル・ライフ——バージェス頁岩と生物進化の物語』渡辺政隆訳，早川書房，1993 年）

(21) バージェス頁岩の発見に関するグールドの著作では，彼のチームが地下に眠っていたこの至宝の謎を解き明かした偉業について語られている．(20) に同.

(22) この予測可能な構造はグールドによって指摘された.「頭と尾をもつ左右相称動物は、ほとんど必ず運動能力をそなえている。そういう動物は、感覚器官を最前部に集中させ、肛門は最後尾に位置させている。進む先のことを知り、後ろに残すものから離れる必要があるからである」(前掲書，156)（『ワンダフル・ライフ』渡辺政隆訳，p.229）

(23) サイモン・コンウェイ＝モリスはグールドと対照的な見解を表明している. Conway-Morris S. (1999). *The Crucible of Creation: The Burgess Shale and the Rise of Animals*. Oxford University Press, Oxford.

(24) 現状の知識を現代の遺伝データに関連づけてまとめたよい論文に，Budd GE. (2013) At the origin of animals: The revolutionary Cambrian fossil record. *Current Genomics* 14, 344–354 がある.

(25) 生物の来歴がもたらす制約の概説については，Maynard Smith J et al. (1985) Developmental constraints and evolution. *Quarterly Review of Biology* 60, 263–287 を参照. この論文では，殻をもった生物が使うらせん構造を物理的な要素がどのように制約するかについても議論されている．これは，進化を牽引する物理的（生体力学的）な要素が視覚的によく表われた一例だ.

(26) とはいえ，私が白旗を掲げたと読者に受け取られる前に説明しておくと，この見解は主に細部に向けたものだ．たとえば，脊椎動物の多種多様な骨格構造を見ると圧倒されるかもしれないが，この多様性でさえも数少ない明確な形態に制約されうる．この制約に関する詳しい議論については，Thomas RDK, Reif W. (1993) The skeleton space. A finite set of organic designs. *Evolution* 47, 341–356 を参照.

(12) これは，プリン（塩基のアデニンとグアニン）の損失を引き起こすので「脱プリン」イベントと呼ばれる．加水分解反応で起き，太古の時代から保存されてきたDNAの分解を引き起こす主要な経路の一つだ．がんを誘発する一因でもある．ピリミジン塩基（シトシンとチミン）の損失でもがんは生じうるが，反応速度は大幅に遅い．

(13) DNAの突然変異のなかにプロトン（陽子）トンネリング，つまり量子の挙動に起因するものがあるとすれば，大きなスケールにおける生物のバリエーションのなかに，量子によって原子レベルで生じた不規則性に起源をもつものがあるというのは，十分に受け入れられる考えだ．突然変異を引き起こすDNA塩基対におけるプロトントンネリングについては，Löwdin P-O. (1963) Proton tunnelling in DNA and its biological implications. *Reviews of Modern Physics* 35, 724–732で論じられ，その後，Kryachko ES. (2002) The origin of spontaneous point mutations in DNA via Löwdin mechanism of proton tunneling in DNA base pairs: Cure with covalent base pairing. *Quantum Chemistry* 90, 910–923など，数多くの論文でも議論されている．

(14) これらは「互変異性体」と呼ばれ，同じ分子式をもち，簡単に相互変換する化合物だ．

(15) Lambert N et al. (2013) Quantum biology. *Nature Physics* 9, 10–18; Arndt M, Juffmann T, Vedral V. (2009) Quantum physics meets biology. *HFSP Journal* 3, 386–400; Davies PCW. (2004) Does quantum mechanics play a non-trivial role in life? *BioSystems* 78, 69–79. 量子生物学の分野では，量子スケールにおけるほかの効果が，より大きなスケールの生物学的な作用にどのような影響を及ぼしうるかについての知見も得られるだろう．光合成は，量子効果に影響されているとみられる作用の一つだ．たとえば，Sarovar M, Ishizaki A, Fleming GR, Whaley KB. (2010). Quantum entanglement in photosynthetic light-harvesting complexes. *Nature Physics* 6, 462–467を参照．

(16) モノーのこの著作は，タンパク質の化学的性質や遺伝暗号に関する知見が初めてもたらされつつあった1970年代に執筆され，分子レベルでの生命の挙動と，それがほかの物質との違いをどのように生んでいるかを見事に説明したものである．しかし，そんなモノーでさえも，生命がほかの物質と異なる度合いの大きさに驚き，当惑している．「漠然とした《一般システム理論》によってではなく，以上のような基礎に立ってはじめて，生物体が物理学の法則に従いながら，なおかつじっさいにこれを超越して，いまやそれ自身の目的を追求し達成しようとするものとなったことの本当の意味をつかむことができるのである」(Monod J. [1972] *Chance and Necessity*. Collins, London,〔81，J・モノー『偶然と必然』渡辺格・村上光彦訳，みすず書房，1972年，p.93〕)．生命が物理法則に従うのならば，どのようなレベルでもそれを超越することはない．とはいえ，モノーの著作で探究された一般的なテーマの多くは前述のSmith and Morowitz (1982)で発展し，生命とほかの種類の物質との決定的な違いは分子レベル，具体的にはエラーの修復と変化の複製を行なうDNA暗号にあるのだとされた．

(17) とはいえ，欠陥や，原子の置換といった変化もまた，強度の増加など，新しい

informs the origin of life. *Physical Chemistry Chemical Physics* 18, 20005.

(4) Gottdenker P. (1979) Francesco Redi and the fly experiments. *Bulletin of the History of Medicine* 53, 575–592.

(5) Needham JT. (1748) A summary of some late observations upon the generation, composition, and decomposition of animal and vegetable substances. *Philosophical Transactions of the Royal Society* 45, 615–666.

(6) 昔は台所の食べ物や，残りもののスープ，腐った出し汁などが，科学を発展させる優れた手段となった．

(7) 湿らせた種子は，さまざまな微生物を自然に付着させて増殖させる栄養分となるので，微生物をガラス瓶の中で増殖させるのによく用いられた．

(8) Spallanzani L. (1799) *Tracts on the Nature of Animals and Vegetables*. William Creech et al., Edinburgh.

(9) これはニールス・ボーアも関心をもった問題．ボーアは，量子の不確定性の場合と同じように，原子レベルで生物を観察すると生物の機能を大きく阻害する（もしかしたら殺してしまう）ことになり，信頼性のある観察ができなくなるため，生物は簡単には物理法則で表わせないと考えた（Bohr N. [1933] Light and life. *Nature* 131, 457–459）．その後，さまざまな手法が開発されて，ボーアの見解はいくぶん影が薄くなった．現代の科学者たちはそうした手法を用いて，生物を傷つけたり機能を大きく阻害したりすることなく，信頼性の高い観察ができる．とはいえボーアは，生物は多くの物理システムと比べてあまりにも複雑であり，生物に対する還元主義的なアプローチ，とりわけ原子レベルでのアプローチはきわめて困難だという指摘もしている．たとえば，ガスの取り込みや老廃物の排出の能力は，生物に属している原子と属していない原子の区別を難しくしている．しかし，1930 年以降，生化学や生物物理学では原子やそれ以下のレベルで生命の営みを解明する研究で劇的な進歩があったことは書いておきたい．新しい技術と知識に照らしてボーアの見解を議論した最近の研究に，Nussenzveig HM. (2015) Bohr's "Light and life" revisited. *Physica Scripta* 90, 118001 がある．

(10) 化学にあまり関心のない読者に向けて，「モル」の説明をしておく．化学では，アボガドロ数（6.022×10^{23}，この数は 12 グラムの炭素 12 同位体に含まれている原子の数）の原子を含んだ物質の量を 1 モルとしている．とはいえ，奇妙なユーモアのセンスをもった読者向けには，1 匹のモグラ（mole）が何モル（mole）になるかを議論したウェブサイトがあることを伝えておこう．それはあまりにも大きい数なので，惑星の形成について考えることに時間を費やす人たちは興味をもつことだろう．私はここまでにしておくが．

(11) Smith TF, Morowitz HJ. (1982) Between history and physics. *Journal of Molecular Evolution* 18, 265–282 は，生物学と物理学の共通領域を探ったきわめて興味深い優れた論文であり，両分野の共通点と相違点の両方に目を向けた研究者や研究をいくつか取り上げている．著者らは，生化学的な経路のレベルで物理的な決定論を裏づける力強い主張を展開している．

るのは，たとえば，溶鉱炉の温度より何千度も熱い液体の鉄の海だ」．Wells HG. (1894) Another basis for life. *Saturday Review*, 676.

(22) Heller R, Armstrong J. (2014) Superhabitable worlds. *Astrobiology* 14, 50–66.

(23) これはいわゆる「種数面積関係」というものだ．この現象そのものはモデル化や物理学的な解釈に適している．たとえば，Connor EF, McCoy ED (1979) The statistics and biology of the species-area relationship. *American Naturalist* 113, 791–833 を参照．

(24) Koepcke J. (2011) *When I Fell from the Sky*. Littletown Publishing, New York.

(25) この衛星に関する優れた入門書に，Lorenz R, Mitton J. (2010) *Titan Unveiled: Saturn's Mysterious Moon Explored*. Princeton University Press, Princeton, NJ がある．

第12章

(1) 新たな知見として生物学の「法則」を見つけようとする果敢な試みは数多くある．たとえば，Bejan A, Zane JP. (2013) *Design in Nature: How the Constructal Law Governs Evolution in Biology, Physics, Technology, and Social Organization*. Anchor Books, New York（エイドリアン・ベジャン，J・ペダー・ゼイン『流れとかたち――万物のデザインを決める新たな物理法則』柴田裕之訳，紀伊國屋書店，2013年）は，生物は「流れ」を高める解決策に向けて進化するという概念を探究し，あらゆる生命体を統合する要素の一つであると提唱している．しかしこれは，熱力学第二法則を言い換えたものでしかないのではないか？　また，McShea DW, Brandon RN. (2010) *Biology's First Law: The Tendency for Diversity and Complexity to Increase in Evolutionary Systems*. University of Chicago Press, Chicago も参照していただきたい．彼らの「ゼロ・フォース進化法則（Zero-Force Evolutionary Law）」では，進化の期間を通じて観察される多様性や複雑性の高まりは法則であるという立場をとっている．しかしこれは，遺伝暗号，つまりDNAでの突然変異やほかの変化で，自然淘汰なしに多様性やバリエーションが必然的に生まれる現象のことを言っているだけではないのか？　私自身の見解を述べると，はっきりした生物学的な法則を見つけようとする数々の試みは，より単純な物理的原理に根ざした生物の現象を綿密に記載したものにすぎず，物理学的な考え方を使ったほうがうまく公式化できるかもしれない．ほかには，情報理論やエントロピーを用いて進化を記述する試みもある．たとえば，Brooks DR, Wiley EO. (1988) *Evolution as Entropy*. University of Chicago Press, Chicago を参照．このような例は，個々の生物から個体群のスケールまでの進化の問題を練るための数学的・物理学的なアプローチを提供してくれる．

(2) こうした避けられない熱力学の法則の範囲内で生命が存在することと，エントロピーが増大する傾向は矛盾しないし，法則に反しているわけでもない．たとえば，Kleidon A. (2010) Life, hierarchy, and the thermodynamic machinery of planet Earth. *Physics of Life Reviews* 7, 424–460 を参照．

(3) Hall BK. (2011) *Evolution: Principles and Processes*. Jones and Bartlett, Sudbury, MA, 91 での引用より．生命の起源にまつわるより広い議論で触れている例もある．Chen IA, de Vries MS. (2016) From underwear to non-equilibrium thermodynamics: Physical chemistry

(17) ハビタブルゾーンは，この種の多くの概念と同じように，単純化されすぎている．たとえば，木星の衛星の一つ，エウロパには広大な海が含まれているが，木星自体はハビタブルゾーンのはるか外側にある．エウロパ内部の海は太陽からの熱によって維持されているのではなく，木星のほかの衛星との引力の相互作用による変形やゆがみによって維持されているから，ハビタブルゾーンのはるか外側でも液体の水を含んでいるのだ．とはいえ，ハビタブルゾーンという概念は，はるか遠くの恒星を回る地球型惑星が見つかりそうな領域，つまり表面に膨大な量の液体の水が存在しうる領域を特定するのに便利ではある．

(18) 探索の対象を地球型の惑星だけに限る必要はない．私たちの故郷よりもっと奇妙な惑星はあるかもしれない．地球から22光年あまりのところには，赤色矮星の周りを，2個のK型星からなる二重星（連星）系が回っている三重星系がある．その赤色矮星の周りのハビタブルゾーンには，少なくとも2個のスーパーアース（グリーゼ667Cbおよびc）がある．これらの惑星に生命が存在するとすれば，それらは1日3回の日没という驚くべき光景を定期的に目にすることになるだろう．『スター・ウォーズ』では，惑星のタトゥイーンでルーク・スカイウォーカーが1日2回の日没を堪能する場面があるが，現実はスター・ウォーズの想像力豊かな脚本家をも凌駕するということだ．Anglada-Escudé G et al. (2012) A planetary system around the nearby M Dwarf GJ 667C with at least one super-Earth in its habitable zone. *Astrophysical Journal Letters* 751, L16.

(19) Petigura EA, Howard AW, Marcy GW. (2013) Prevalence of Earth-size planets orbiting Sun-like stars. *Proceedings of the National Academy of Sciences* 110, 19,273–19,278.

(20) 本編に書いた手法のほかにも，独創的な手法はある．重力レンズ効果を用いた手法では，宇宙にある巨大な天体が光をゆがめる性質を利用して，はるか彼方の恒星を回る惑星の光のわずかな変化をとらえる．その光の痕跡が，地球上の観測装置とのあいだにある巨大な天体の重力で光が曲げられるレンズ効果で短時間だけ拡大されるのだ．系外惑星のなかには望遠鏡で直接観測できるものもある．これはトランジット法よりいささか難しいのだが，恒星の光を遮ることで，惑星が反射したかすかな光をとらえられ，個々の惑星についてわずかな知識が得られる．この見事な芸当を成し遂げるには「コロナグラフ」という装置を使う．巨大な日よけを付けて，主星のまぶしい光を遮断し，惑星を検出しやすくした望遠鏡だ．地上型の望遠鏡でも，木星の10〜80倍ほどもあるガス状の惑星，褐色矮星の検出が可能だ．それを長期にわたって観測すれば，恒星の影響を受けてガスや熱が対流することによる大気の変化さえとらえることができる．つまり，天文学者はほかの惑星の気象も観測してきたというわけだ．直接観測が最も有効なのはきわめて大型の惑星だというのは想像がつくだろう．だから，褐色矮星が有力な候補の一つとなっている．系外惑星の探索や研究については，以下の文献をはじめ，数多くの一般書が刊行されている．Perryman M. (2014) *The Exoplanet Handbook*. Cambridge University Press, Cambridge.

(21)「ケイ素とアルミニウムでできた生物——ケイ素とアルミニウムでできた人間としようか——が，硫黄ガスからなる大気の下で，海岸をぶらぶら歩く．その先にあ

formation of "chaos terrain" over shallow subsurface water on Europa. *Nature* 479, 502–505; Collins GC, Head JW, Pappalardo RT, Spaun NA. (2000) Evaluation of models for the formation of chaotic terrain on Europa. *Journal of Geophysical Research* 105, 1709–1716. 土星の衛星エンケラドスについては，たとえば以下の論文を参照．McKay CP et al. (2008) The possible origin and persistence of life on Enceladus and detection of biomarkers in plumes. *Astrobiology* 8, 909–919; Waite JW et al. (2009) Liquid water on Enceladus from observations of ammonia and 40Ar in the plume. *Nature* 460, 487–490; Waite JH et al. (2017) Cassini finds molecular hydrogen in the Enceladus plume: Evidence for hydrothermal processes. *Science* 356, 155–159. 衛星タイタンについては，Raulin F, Owen T. (2002) Organic chemistry and exobiology on Titan. *Space Science Reviews* 104, 377–394 を参照．

(8) たとえば，以下の論文を参照．Horneck G et al. (2008) Microbial rock inhabitants survive hypervelocity impacts on Mars-like host planets: First phase of lithopanspermia experimentally tested. *Astrobiology* 8, 17–44; Fajardo-Cavazos P, Link L, Melosh JH, Nicholson WL. (2005) *Bacillus subtilis* spores on artificial meteorites survive hypervelocity atmospheric entry: Implications for lithopanspermia. *Astrobiology* 5, 726–736.

(9) 惑星の大気中で酸素などの気体を探すことで，そうした生物圏を検出できる．これ自体は，地球外生命が利用している代謝作用の種類について何らかの情報を伝えているのではあるが，その生命を実験室で調べられる標本がなければ，本書で論じてきたさまざまな階層の構造について得られる知識は限られるだろう．

(10) この発見について記載している論文は，Mayor M, Queloz D. (1995) A Jupiter-mass companion to a solar-type star. *Nature* 378, 355–359. 惑星の名前はペガスス座 51 番星 b だ．惑星は通常，英字を使って順番に名づけられる．

(11) こうした発見は，太陽系の惑星が現在の配置になった過程を解明する研究に再び火をつけることがある．その一例として，Tsiganis K, Gomes R, Morbidelli A, Levison HF. (2005) Origin of the orbital architecture of the giant planets of the Solar System. *Nature* 435, 459–461を参照．

(12) Santos NC et al. (2004) A 14 Earth-masses exoplanet around μ Arae. *Astronomy and Astrophysics* 426, L19–L23.

(13) Bakos GA et al. (2007) HAT-P-1b: A large-radius, low-density exoplanet transiting one member of a stellar binary. *Astrophysical Journal* 656, 552–559.

(14) Mandushev G et al. (2007) TrES-4: A transiting Hot Jupiter of very low density. *Astrophysical Journal Letters* 667, L195–L198.

(15) スーパーアースが初めて発見されたのは 1992 年．パルサーの PSR B1257+12 を公転している惑星だ．パルサーは，超新星爆発後に残った崩壊した中性子星なので，その惑星はハビタブルであるとも，海が存在するとも考えられていない．Wolszczan A, Frail D. (1992) A planetary system around the millisecond pulsar PSR1257 + 12. *Nature* 355, 145–147.

(16) Charbonneau D et al. (2009) A super-Earth transiting a nearby low-mass star. *Nature* 462, 891–894.

体が紛れ込んでいて，それを収容していた研究室を乗っ取り，地球の環境中に逃げ出してしまう．さいわいなことに最後には，害の少ない生命体へと変異する．

(61) 鉱物質の表面はポリマーを組み立てる整然とした構造を提供し，そのポリマー自体も整然とした構造をとるようになる．自己複製する遺伝子構造が初めて構築されるうえで鉱物が果たしたとみられる役割については，Cairns-Smith AG, Hartman H. (1986) *Clay Minerals and the Origin of Life*. Cambridge University Press, Cambridge を参照．また，この領域に関する優れた論評に，Arrhenius GO. (2003) Crystals and life. *Helvetica Chimica Acta* 86, 1569–1586 がある．

第11章

(1) 以下は，この問題をうまく要約した文献．Mariscal C. (2015) Universal biology: Assessing universality from a single example. In *The Impact of Discovering Life Beyond Earth*, edited by Dick SJ, 113–126; Cleland CE. (2013) Is a general theory of life possible? Seeking the nature of life in the context of a single example. *Biological Theory* 7, 368–379.

(2) 本書で多用しているのではあるが，「物理的原理」という言葉には居心地の悪さも感じる．「物理的」とは本当のところ何を意味するのか？ 「原理」とは単に宇宙を動かしているものを意味している．「物理的」という言葉は物理学者と他分野の科学者を区別し，中立性をなくして，分野の境界の死守を堂々と助長している．単に「原理」とだけ言うべきなのかもしれない．にもかかわらず，私がこの言葉を使っているのは，法律や道徳といったほかの原理ではなく，物質についての原理を指していることを強調するのに都合がよいからだ．

(3) 生命に関して普遍的な特徴のリストの決定版を提案したいとの誘惑に駆られる．ただ，そこで二の足を踏んでいるのは，一人の人物が一つ間違った予測をすれば，リストは N = 1 問題の一例になってしまうからで，それは逆効果だ．かといって，おおまかな提案をするのは，もっとしみったれた感じがする．そうしたリストを細かく定義し，それに反論する実験を行なうことで，価値のある興味深い結果が得られるだろう．そうやって時間をかければ，生命のあらゆるスケールで，私たちの大部分が普遍的であると認める特徴を挙げた，より説得力のあるリストが得られるかもしれない．一例として，Cockell CS. (2016) The similarity of life across the Universe. *Molecular Biology of the Cell* 27, 1553–1555 を参照．

(4) West GB. (2017) *Scale: The Universal Laws of Life and Death in Organisms, Cities and Companies*. Weidenfeld & Nicolson, London.

(5) Benner SA, Ricardo A, Carrigan MA. (2004) Is there a common chemical model for life in the Universe? *Current Opinions in Chemistry and Biology* 8, 672–689.

(6) たとえば，Grotzinger JP et al. (2014) A habitable fluvio-lacustrine environment at Yellowknife Bay, Gale Crater, Mars. *Science* 343, doi:10.1126/science.1242777 を参照．

(7) エウロパの海について論じた論文は，以下をはじめとして数多くある．Hand KP, Carlson RW, Chyba CF. (2007) Energy, chemical disequilibrium, and geological constraints on Europa. *Astrobiology* 7, 1–18; Schmidt B, Blankenship D, Patterson W, Schenk P. (2011) Active

phosphates. *Science* 235, 1173–1178 がある.

(46) Maruyama K. (1991) The discovery of adenosine triphosphate and the establishment of its structure. *Journal of the History of Biology* 24, 145–154.

(47) この構造を解明した有名な論文は, Watson JD, Crick FH. (1953) A structure for Deoxyribose Nucleic Acid. *Nature* 171, 737–738 である. もちろん, リンを含んだバックボーンなど, DNA の性質については, その後も大きく理解が進み, 膨大な量の論文に記載されている.

(48) 硫黄を含んだアミノ酸, システインの2つの分子. ジスルフィド架橋については, Sevier CS and Kaiser CA. (2002) Formation and transfer of disulphide bonds in living cells. *Nature Reviews Molecular Cell Biology* 3, 836–847を参照.

(49) Blanksby SJ, Ellison GB. (2003) Bond dissociation energies of organic molecules. *Accounts of Chemical Research* 36, 255–263.

(50) O'Hagan D, Harper DB. (1999) Fluorine-containing natural products. *Journal of Fluorine Chemistry* 100, 127–133.

(51) Baltz JM, Smith SS, Biggers JD, Lechene C. (1997) Intracellular ion concentrations and their maintenance by Na+/K+-ATPase in preimplantation mouse embryos. *Zygote* 5, 1–9.

(52) Wolfe-Simon F et al. (2010) A bacterium that can grow by using arsenic instead of phosphorus. *Science* 332, 1163–1166.

(53) Rosen BP, Ajees AA, McDermott TR. (2011) Life and death with arsenic. *BioEssays* 33, 350–357.

(54) ここでいう半減期とは, 化合物など, 何らかの物質の半分が分解されるのにかかる時間.

(55) Fekry MI, Tipton PA, Gates KS. (2011) Kinetic consequences of replacing the internucleotide phosphorus atoms in DNA with arsenic. *ACS Chemical Biology* 6, 127–130.

(56) Edmonds JS et al. (1977) Isolation, crystal structure and synthesis of arsenobetaine, the arsenical constituent of the western rock lobster *Panulirus longipes cygnus* George. *Tetrahedron Letters* 18, 1543–1546.

(57) Reich JH and Hondal RJ. (2016) Why nature chose selenium. *ACS Chemical Biology* 11, 821–841. この論文はウェストハイマーの論文「なぜ自然はリン酸塩を選択したのか」の要点を繰り返したものだ.

(58) たとえば, Blevins DG, Lukaszewski KM. (1998) Functions of boron in plant nutrition. *Annual Review of Plant Physiology and Plant Molecular Biology* 49, 481–500, および Nielsen FH. (1997) Boron in human and animal nutrition. *Plant and Soil* 193, 199–208 を参照.

(59) 生命におけるさまざまな元素, とりわけあまり知られていない元素の役割についても, 多くの研究がある. バナジウムとモリブデンについては, Rehder D. (2015) The role of vanadium in biology. *Metallomics* 7, 730–742 や Mendel RR, Bittner F. (2006) Cell biology of molybdenum. *Biochimica et Biophysica Acta* 1763, 621–635 などを参照.

(60) これについてよく知られている例は, マイケル・クライトンの1969年の小説『アンドロメダ病原体』だ. 地球に帰ってきた宇宙カプセルに, 結晶でできた生命

IRC +10216 between 330 and 358 GHz. *Astrophysical Journal Supplemental Series* 94, 147–162.
(30) Coutens A et al. (2015) Detection of glycolaldehyde toward the solar-type protostar NGC 1333 IRAS2A. *Astronomy and Astrophysics* 576, article A5.
(31) Belloche A, Garrod RT, Müller HSP, Menten KM. (2014) Detection of a branched alkyl molecule in the interstellar medium: iso-propyl cyanide. *Science* 345, 1584–1586.
(32) Pizzarello S. (2007) The chemistry that preceded life's origins: A study guide from meteorites. *Chemistry and Biodiversity* 4, 680–693.
(33) Sephton MA. (2002) Organic compounds in carbonaceous meteorites. *Natural Product Reports* 19, 292–311; Pizzarello S, Cronin JR. (2000) Non-racemic amino acids in the Murray and Murchison meteorites. *Geochimica et Cosmochimica Acta* 64, 329–338.
(34) ほかの多くの種類の分子についても，食い違いはある．
(35) Deamer D. (2011) *First Life: Discovering the Connections Between Stars, Cells, and How Life Began*. University of California Press, Berkeley.
(36) 天文単位は，太陽と地球の平均距離に相当する．
(37) Altwegg K. (2016) Prebiotic chemicals—amino acid and phosphorus—in the coma of comet 67P/Churyumov-Gerasimenko. *Science Advances* 2, e1600285.
(38) 単純な炭素化合物から，自己複製する生命体にいたる道のりはあまりにも遠く，液体の水と適切な物理的条件を備えた惑星ならば必ず生命を宿すかどうかはわからない．本書では，宇宙で生命がどれくらいありふれた存在なのかという問題は取り扱わない．それよりも，出現した生命が普遍的な特徴をもつかどうかに注目している．生命を出現させた放電や環境条件が何であれ，それがありうるかどうかにかかわらず，恒星系が出現する条件があれば有機化合物の優勢な環境が生まれるという見解を述べているわけではない．
(39) この実験の説明については，Miller SL. (1953) A production of amino acids under possible primitive Earth conditions. *Science* 117, 528–529 を参照．この結果を検証している最近の研究については，Bada JL. (2013) New insights into prebiotic chemistry from Stanley Miller's spark discharge experiments. *Chemical Society Reviews* 42, 2186–2196 を参照．
(40) Chyba C, Sagan C. (1992) Endogenous production, exogenous delivery and impact-shock synthesis of organic molecules: An inventory for the origin of life. *Nature* 355, 125–132.
(41) Raulin F, Owen T. (2002) Organic chemistry and exobiology on Titan. *Space Science Reviews* 104, 377–394.
(42) Sagan C, Khare BN. (1979) Tholins: Organic chemistry of interstellar grains and gas. *Nature* 277, 102–107.
(43) Lorenz RD et al. (2008) Titan's inventory of organic surface materials. *Geophysical Research Letters* 35, L02206.
(44) Goldford JE, Hartman H, Smith TF, Segrè D. (2017). Remnants of an ancient metabolism without phosphate. *Cell* 168, 1–9 を参照．現代の生物につながる前駆体で，リンなしでも機能するとみられる物質についての説得力ある仮説が記載されている．
(45) これについての画期的な論文の一つに，Westheimer FH. (1987) Why nature chose

Lewis RD, Chen K, Arnold FH. [2016] Directed evolution of cytochrome c for carbon-silicon bond formation: Bringing silicon to life. *Science* 354, 1048–1051）．しかし，こうした能力を生命に組み込めたとしても，進化のテープをもう一度最初から再生した場合にそれらの経路が使われるかというと，必ずしもそうとは言えない．細胞に組み込むことができた人工の経路は，必ずしも自然界で見つかるとは限らないし，実際の惑星環境で淘汰圧にさらされた生命がやがて利用するとも言いきれない．

（18）Johnson OH. (1952) Germanium and its inorganic compounds. *Chemical Reviews* 51, 431–469. 古い論文であることは確かだが，より現代的な知識を加えたところで，ゲルマニウムの生命体はありそうにないという基本的な結論は変わらない．

（19）Bains W. (2004) Many chemistries could be used to build living systems. *Astrobiology* 4, 137–167.

（20）シランは，1 個以上のケイ素原子がほかのケイ素原子，またはほかの化学元素の 1 個以上の原子と結合した化合物だ．Si_nH_{2n+2} という一般式で表わされる無機化合物の連なりを構成する．炭素化合物でいうアルカンに似ている．

（21）Snow TP, McCall BJ. (2006) Diffuse atomic and molecular clouds. *Annual Review of Astronomy and Astrophysics* 44, 367–414.

（22）イオンは，電子を得たり失ったりして，それぞれ正または負の電荷を帯びた原子．

（23）Herbig GH. (1995) The diffuse interstellar bands. *Annual Review of Astronomy and Astrophysics* 33, 19–73.

（24）たとえば，以下の文献を参照． Kaiser RI. (2002) Experimental investigation on the formation of carbon-bearing molecules in the interstellar medium via neutral-neutral reactions. *Chemical Reviews* 102, 1309–1358; Marty B, Alexander C, Raymond SN. (2013) Primordial origins of Earth's carbon. *Reviews in Mineralogy and Geochemistry* 75, 149–181; McBride EJ, Millar TJ, Kohanoff JJ. (2013) Organic synthesis in the interstellar medium by low-energy carbon irradiation. *Journal of Physical Chemistry* 117, 9666–9672.

（25）多環芳香族炭化水素やほかの複雑な炭素化合物については，さまざまな議論がある．たとえば，以下の文献を参照． Tielens AGGM. (2008) Interstellar polycyclic aromatic hydrocarbon molecules. *Annual Reviews in Astronomy and Astrophysics* 46, 289–337; Bettens RPA, Herbst E. (1997) The formation of large hydrocarbons and carbon clusters in dense interstellar clouds. *Astrophysical Journal* 478, 585–593; Bohme DK. (1992) PAH and fullerene ions and ion/molecule reactions in interstellar circumstellar chemistry. *Chemical Reviews* 92, 1487–1508.

（26）Iglesias-Groth S. (2004) Fullerenes and buckyonions in the interstellar medium. *Astrophysical Journal* 608, L37–L40.

（27）Herbst E, Chang Q, Cuppen HM. (2005) Chemistry on interstellar grains. *Journal of Physics: Conference Series* 6, 18–35.

（28）IRC+10216（しし座 CW 星）．

（29）Groesbeck TD, Phillips TG, Blake GA. (1994) The molecular emission-line spectrum of

(4) フェルミ粒子は亜原子粒子の一つで，それに含まれる陽子もこの挙動を示す．パウリの排他原理については，Massimi, M. (2012) *Pauli's Exclusion Principle: The Origin and Validation of a Scientific Principle*. Cambridge University Press, Cambridge を参照．この原理を詳しく知りたい読者におすすめの一冊だ．

(5) より正確にいうと，2つのフェルミ粒子が同じ量子数，その状態を定義する4つの数（主量子数），その軌道における角運動量（角運動量量子数と呼ばれる），軌道の利用可能性（磁気量子数），およびスピン量子数をもつことはない．半整数スピンをもつ粒子（電子など）の場合，その波のような性質を記述する波動関数は反対称である．これはつまり，2つの粒子が同じ場所に存在している場合，2つの波が互いを打ち消し合って，粒子の存在が消えてしまうということだ．これはありえない．したがって，こうした現象を防ぐために，スピンもほかの性質も同じであってはならない．

(6) 実際には，これら2つの電子は，それぞれ2pxと2pyという異なる軌道にある．pxとpyは同じ準位にあり，エネルギーも同じなので，互いに離れる性質がある電子は，これらの異なる軌道に入る傾向にある．

(7) 炭素と同様，最外殻の3p軌道に入った二つの電子は，3pxと3pyという異なる軌道にある．

(8) McGraw-Hill. (1997) *Encyclopedia of Science and Technology*. McGraw, New York.

(9) Alcock NW. (1990) *Bonding and Structure: Structural Principles in Inorganic and Organic Chemistry*. Ellis Horwood Ltd., New York. この情報は，ほかの標準的な化学教科書にも載っている．

(10) Emeléus HJ and Stewart K. (1936) The oxidation of the silicon hydrides. *Journal of the Chemical Society* 677–684.

(11) ケイ酸塩の構造には，層状（層状ケイ酸塩，フィロケイ酸塩），鎖状（イノケイ酸塩），独立したケイ酸塩の四面体（ネソケイ酸塩）などがある．さまざまなケイ酸塩について書かれた良書の一つに，Deer WA, Howie RA, Zussman J. (1992) *An Introduction to the Rock-Forming Minerals*. Prentice-Hall, New York がある．

(12) Brzezinski MA. (1985) The Si:C:N ratio of marine diatoms: Interspecific variability and the effect of some environmental variables. *Journal of Phycology* 21, 347–357.

(13) たとえば，Currie HA, Perry CC. (2007) Silica in plants: Biological, biochemical and chemical studies. *Annals of Botany* 100, 1383–1389 を参照．

(14) Müller WE et al. (2011) The unique invention of the siliceous sponges: Their enzymatically made bio-silica skeleton. *Progress in Molecular and Subcellular Biology* 52, 251–281.

(15) Shiryaev AA, Griffin WL, Stoyanov E, Kagi H. (2008) Natural silicon carbide from different geological settings: Polytypes, trace elements, inclusions. *9th International Kimberlite Conference Extended Abstract No. 9IKC-A-00075.*

(16) Röshe L, John P, Reitmeier R. (2003) *Organic Silicon Compounds. Ullmann's Encyclopedia of Industrial Chemistry*. Wiley-VCH, Weinheim.

(17) 細胞を操作することで，有機結合にケイ素を組み込むことができる（Kan SBJ,

（17）以下の論文は火星についての計算だが，桁の推定としては地球に適用できる（Pavlov AA, Blinov AV, Konstantinov AN. [2002] Sterilization of Martian surface by cosmic radiation. *Planetary and Space Science* 50, 669–673）.

（18）Dartnell LR, Desorgher L, Ward JM, Coates AJ. (2007) Modelling the surface and subsurface Martian radiation environment: Implications for astrobiology. *Geophysical Research Letters* 34, L02207.

（19）Price PB, Sowers T. (2004) Temperature dependence of metabolic rates for microbial growth, maintenance, and survival. *Proceedings of the National Academy of Sciences* 101, 4631–4636; Lindahl T, Nyberg B. (1972) Rate of depurination of native deoxyribonucleic acid. *Biochemistry* 11, 3610–3618; Brinton KLF, Tsapin AI, Gilichinsky D, McDonald GD. (2002) Aspartic acid racemization and age-depth relationships for organic carbon in Siberian permafrost. *Astrobiology* 2, 77–82.

（20）地質学的に活発な作用によって生じた化学的な不均衡.

（21）Lorenz R. (2008) The changing face of Titan. *Physics Today* 61, 34–39.

（22）Stevenson J, Lunine J, Clancy P. (2015) Membrane alternatives in worlds without oxygen: Creation of an azotosome. *Science Advances* 1, e1400067.

（23）McKay CP, Smith HD. (2005) Possibilities for methanogenic life in liquid methane on the surface of Titan. *Icarus* 178, 274–276.

（24）Strobel DF. (2010). Molecular hydrogen in Titan's atmosphere: Implications of the measured tropospheric and thermospheric mole fractions. *Icarus* 208, 878–886.

（25）ここで「大部分」と書いたのは，タイタンの表面への衝撃で，表面を温める局所的な熱水システムが生じる可能性があるからだ．さらに，タイタンの地下の海が，前生物的あるいは生物学的な作用が生じる場となる可能性もある.

（26）カイパーベルトは，海王星の軌道の外側で天体が円盤状に集まった領域．火星と木星のあいだに存在する小惑星帯に似ているが，その規模は 20～200 倍ほどもある.

（27）一例として，Klare G. (1988) *Reviews in Modern Astronomy 1: Cosmic Chemistry*. Springer, Heidelberg を参照.

第10章

（1）私はスター・トレックの誠実なファンである.

（2）従来の生命に代わる生命体の探索そのものは，宇宙生物学者がさかんに議論している興味深い問題の一つだ．化学組成に関する前提を最小限にして，地球外生命を検出するにはどうすればよいか．もちろんスター・トレックでは，乗組員がトリコーダー（周りの環境をスキャンする装置）の設定を変えるだけで，ケイ素をもとにした生命を検出できる．しかし，ケイ素が平均 40～70% 含まれる岩石惑星に暮らすケイ素ベースの生命をどのように検出したらよいだろうか.

（3）オガネソンは，ロシアの原子物理学者ユーリ・オガネシアンにちなんだ名前．周期表で最も重いこの元素の発見で中心的な役割を果たした人物だ.

Rana sylvatica. Journal of Comparative Physiology B 155, 29–36.
(8) 以下の論文は古いが，水の反応性を具体的に示す反応のいくつかを記載している．Mabey W, Mill T. (1978) Critical review of hydrolysis of organic compounds in water under environmental conditions. *Journal of Physical and Chemical Reference Data* 7, 383–415.
(9) 細胞における水の役割についての優れた論評に，Ball P. (2007) Water as an active constituent in cell biology. *Chemical Reviews* 108, 74–108 がある．著者が認識しているように，水の働きに関する理解はめまぐるしく変わっている．しかし，生化学反応において水がきわめて多様かつ複雑な役割を果たしていることは，もはや疑いようがない．
(10) Robinson CR, Sligar SG. (1993) Molecular recognition mediated by bound water: A mechanism for star activity of the restriction endonuclease EcoRI. *Journal of Molecular Biology* 234, 302–306.
(11) Klibanov AM. (2001) Improving enzymes by using them in organic solvents. *Nature* 409, 241–246.
(12) Benner SA, Ricardo A, Carrigan MA. (2004) Is there a common chemical model for life in the universe? *Current Opinions in Chemical Biology* 8, 672–689.
(13) アンモニアの性質は昔からよく知られていた．たとえば，Kraus CA. (1907) Solutions of metals in non-metallic solvents; I. General properties of solutions of metals in liquid ammonia. *Journal of the American Chemical Society* 29, 1557–1571 を参照．
(14) こうした可能性のいくつかについては，Schulze-Makuch D, Irwin LN. (2008) *Life in the Universe: Expectations and Constraints*. Springer, Berlin で優れた議論が読める．この文献では，さまざまな溶媒の利点と欠点がいくつか検証されているが，水よりも優れた既知の溶媒は，低温下のアンモニアを可能性として挙げられること以外にないと，著者らは結論づけている．
(15) 金星の雲に袋状の生命が漂っているとの説については，Morowitz H, Sagan C. (1967) Life in the clouds of Venus. *Nature* 215, 1259–1260 を参照．金星の大気中で硫酸塩を還元する細菌が硫酸塩化合物を食べていることについては，Cockell CS. (1999) Life on Venus. *Planetary and Space Science* 47, 1487–1501 を参照．硫黄については，Schulze-Makuch D et al., Grinspoon DH, Abbas O, Irwin LN, Mark A, Bullock MA. (2004) A sulfur-based survival strategy for putative phototrophic life in the Venusian atmosphere. *Astrobiology* 4, 11–18 でも取り上げられている．これらの思考実験は冗談半分なので，その論文の著者が金星における生命の存在を本気で信じていると考えるべきではない．しかしながら，こうした議論が往々にしてそうであるように，前述の研究も私たち自身の生物圏について刺激的な問いを投げかけるきっかけを提供してくれる．金星の生命について熟考することで，たとえば，以下の二つのような疑問が浮かぶ．表面に生命が存在できない惑星で，大気中に永続的な生物圏が存在しうるのか？地球の大気中に袋状の生命が漂っていないのはなぜなのか？
(16) Benner SA, Ricardo A, Carrigan MA. (2004) Is there a common chemical model for life in the universe? *Current Opinions in Chemistry and Biology* 8, 672–689.

Science 213, 340–342, および Minic Z, Hervé G. (2004) Biochemical and enzymological aspects of the symbiosis between the deep-sea tubeworm *Riftia pachyptila* and its bacterial endosymbiont. *European Journal of Biochemistry* 271, 3093–3102.

(24) Lin L-H et al. (2005) The yield and isotopic composition of radiolytic H_2, a potential energy source for the deep subsurface biosphere. *Geochimica et Cosmochimica Acta* 69, 893–903.

(25) Dadachova E et al. (2007) Ionizing radiation changes the electronic properties of melanin and enhances the growth of melanized fungi. *PLoS ONE* 2, e457.

(26) Schulze-Makuch D, Irwin LN. (2008) *Life in the Universe: Expectations and Constraints.* Springer, Heidelberg.

(27)「原生動物」とは，ゾウリムシ属の種など，繊毛虫類のこと．

(28) ここでは，熱勾配の直接利用のことを言っている．地熱で生じた光（波長がおよそ 700nm を超える光）を利用した光合成は熱水噴出孔で報告され，熱環境とエネルギー獲得の結びつきを示す．しかし，そうした生物が利用しているのは従来の光合成器官であり，それがたまたま太陽起源ではない光子を利用しているというわけだ（Beatty JT et al. [2005] An obligately photosynthetic bacterial anaerobe from a deep-sea hydrothermal vent. *Proceedings of the National Academy of Sciences* 102, 9306–9310）．

第9章

(1) Samuel Taylor Coleridge. (1834) *The Rime of the Ancient Mariner*.（『対訳　コウルリッジ詩集』〔上島建吉編，岩波文庫，2002 年〕収録の「古老の船乗り」）

(2) アメリカ地質調査所の 2017 年 12 月時点のウェブサイトから引用．

(3) 天体物理学者のフレッド・ホイルは，その傑作 SF 小説（*The Black Cloud*, William Heinemann, 1957〔『暗黒星雲』鈴木敬信訳，法政大学出版局，1970 年〕）で，感覚をもった巨大な雲が太陽系に入り込み，太陽光がそれに遮られて地球に届かなくなった世界を描いている．感覚をもった存在は，この岩石の球に生命が存在しうることに驚きを表わす．

(4) 水以外の溶媒で機能する自己複製する分子（あるいは細胞）を合成生物学者や化学者がつくるのは，不可能ではないかもしれない．しかし，人工的に改変された遺伝暗号や，新たなアミノ酸のタンパク質への組み込みと同じように，実験室でそうした分子を合成しても，それが自然界で出現するかどうかについて得られる知識はほとんどないだろう．

(5) 水の状態図（相図）はきわめて複雑であり，高圧・高温下で水素結合のネットワークの向きが変化して氷が生じるという奇妙なことも起きる．たとえば，Choukrouna M, Grasset O. (2007) Thermodynamic model for water and high-pressure ices up to 2.2 GPa and down to the metastable domain. *Journal of Chemical Physics* 127, 124506 を参照．

(6) GPa〔ギガパスカル〕は圧力の単位で，10 億 Pa〔パスカル〕に相当する．地球の海水面における大気圧は，101,325Pa に相当する．

(7) Storey KB, Storey JM. (1984) Biochemical adaption for freezing tolerance in the wood frog,

mBio.00420-12 を参照.

(16) 生物地球化学的循環の役割やその壮大な規模については, Falkowski PG. (2015) *Life's Engines: How Microbes Made Earth Habitable*. Princeton University Press, Princeton, NJ（ポール・G・フォーコウスキー『微生物が地球をつくった——生命 40 億年史の主人公』松浦俊輔訳, 青土社, 2015 年）が見事に探究している. 海洋環境の生物地球化学的循環については, Cotner JB, Biddanda BA. (2002) Small players, large role: Microbial influence on biogeochemical processes in pelagic aquatic ecosystems. *Ecosystems* 5, 105–121 を参照.

(17) ブローダについては本が一冊書けるぐらいだ. 彼は共産党のシンパで, エリックというコードネームをもつ KGB のスパイだと疑われ, 英米の核研究に関する情報をソ連に渡す仕事に関与していたと思われていた. エネルギーに関する現象というのは, 興味深い人物を引きつけるようだ. Broda E. (1977) Two kinds of lithotrophs missing in nature. *Zeitschrift für allgemeine Mikrobiologie* 17, 491–493.

(18) Strous M et al. (1999) Missing lithotroph identified as new planctomycete. *Nature* 400, 446–449.

(19) ウランはより「還元される」, つまり電子受容体として電子を得る. Lovley DR, Phillips EJP, Gorby YA, Landa ER. (1991) Microbial reduction of uranium. *Nature* 350, 413–416.

(20) これらの反応は利用可能なエネルギー量の予測に利用できる. 科学者たちはこれを利用して, そうしたエネルギーを生む化合物を利用しているとみられる微生物を環境中で探すことができる. 一つの好例として, Rogers KL, Amend JP, Gurrieri S. (2007) Temporal changes in fluid chemistry and energy profiles in the Vulcano Island Hydrothermal System. *Astrobiology* 7, 905–932 を挙げる. エネルギーが限られうる極限環境の生物を, 一つの化学反応における「ギブズの自由エネルギー」という基本的な物理学を用いてどのように理解や予測ができるかをエレガントに解説している. この論文から, 物理学とそれが解き明かす基本的原理を利用して, 生物学の予測の力をどのように高められるのかがわかる.

(21) エネルギーがない場所で活動的な生命が存在できないのは明らかではあるが, 生命は生存のためにある程度のエネルギーが必要であり, 少量のエネルギーでは足りない生物が多いだろう. 生命の制約としてのエネルギーの役割については, Hoehler TM. (2004) Biological energy requirements as quantitative boundary conditions for life in the subsurface. *Geobiology* 2, 205–215, および Hoehler TM, Jørgensen BB. (2013) Microbial life under extreme energy limitation. *Nature Reviews Microbiology* 11, 83–94 で探究されている.

(22) Catling DC, Claire MW. (2005) How Earth's atmosphere evolved to an oxic state. *Earth and Planetary Science Letters* 237, 1–20.

(23) 以下の 2 本の論文で, この見事な共生が研究されている. Cavanaugh, CM, Gardiner SL, Jones ML, Jannasch HW, Waterbury JB. (1981) Prokaryotic cells in the hydrothermal vent tube worm *Riftia pachyptila* Jones: Possible chemoautotrophic symbionts.

そ 3 モルのグルコースに相当し，グルコース分子の数だと約 1.8 × 10^{24} 個になる．電子伝達系とその先を流れるグルコース分子 1 個につき，ATP の分子が 36 個生成されうる．つまり，生成される ATP 分子は 1 日でおよそ 6.5 × 10^{25} 個，1 時間だとおよそ 2.7 × 10^{24} 個だ．学者たちが変換や効率についてあれこれ言ったとしても，この数字が膨大なことに変わりはない．

(8) 初期のプロトン勾配を生んだ条件は，熱水噴出孔だったとも考えられる．このプロセスの初期の進化については，Martin WF. (2012) Hydrogen, metals, bifurcating electrons, and proton gradients: The early evolution of biological energy conservation. *FEBS Letters* 586, 485–493 で議論されている．

(9) Imkamp F, Müller V. (2002) Chemiosmotic energy conservation with Na(+) as the coupling ion during hydrogen-dependent caffeate reduction by *Acetobacterium woodii. Journal of Bacteriology* 184, 1947–1951.

(10) こうした初期の細胞の機構と，エネルギー獲得のための最初の勾配が形成された過程を探った良書に，Lane N. (2016) *The Vital Question*. Profile Books, London（ニック・レーン『生命、エネルギー、進化』斉藤隆央訳，みすず書房，2016 年）がある．

(11) Boston PJ, Ivanov MV, McKay CP. (1992) On the possibility of chemosynthetic ecosystems in subsurface habitats on Mars. *Icarus* 95, 300–308.

(12) 蛇紋岩化と生命の関係については，Okland I et al. (2012) Low temperature alteration of serpentinized ultramafic rock and implications for microbial life. *Chemical Geology* 318, 75–87で議論されている．

(13) Spear JR, Walker JJ, McCollom TM, Pace NR. (2005) Hydrogen and bioenergetics in the Yellowstone geothermal ecosystem. *Proceedings of the National Academy of Sciences* 102, 2555–2560.

(14) 電子伝達系にかかわるタンパク質のなかには，明らかに古いものがある．初期の論評としては，Bruschi M, Guerlesquin F. (1988) Structure, function and evolution of bacterial ferredoxins. *FEMS Microbiology Reviews* 4, 155–175 を参照．もっと最近の研究では，分岐の深い微生物におけるその機能と古さについて調査されている．一例として，Iwasaki T. (2010) Iron-Sulfur World in aerobic and hyperthermoacidophilic Archaea *Sulfolobus. Archaea*, 842639 を参照．熱水噴出孔の鉱物などで見つかる，鉄原子と硫黄原子が組み合わさった「鉄と硫黄の世界」が，生化学反応と電子伝達系を出現させた前生物的な条件となったという概念は，この説を熱烈に支持するギュンター・ヴェヒターショイザーによって提唱された．たとえば，Wächtershäuser G. (1990) The case for the chemoautotrophic origin of life in an iron-sulfur world. *Origins of Life and Evolution of Biospheres* 20, 173–176 を参照．

(15) この領域の研究は近年注目されてきた．たとえば，Rowe AR et al. (2015) Marine sediments microbes capable of electrode oxidation as a surrogate for lithotrophic insoluble substrate metabolism. *Frontiers in Microbiology*, doi.org/10.3389 /fmicb.2014.00784，および Summers ZM, Gralnick JA, Bond DR. (2013) Cultivation of an obligate Fe(II)-oxidizing lithoautotrophic bacterium using electrodes. *MBio* 4, e00420–e00412. doi: 10.1128 /

(25) 突然変異に対する安定性など，ほかの要素がタンパク質の特定の折り畳み方を選択することも考えられる．タンパク質の折り畳み方が限られている理由を探った興味深い論文には，Li H, Helling R, Tang C, Wingren N. (1996) Emergence of preferred structures in a simple model of protein folding. *Science* 273, 666–669，および Li H, Tang C, Wingren N. (1998) Are protein folds atypical? *Proceedings of the National Academy of Sciences* 95, 4987–4990 がある．ワインライヒらは，細菌のタンパク質の突然変異の過程を探った研究で，「これは，生命のタンパク質のテープはかなりの部分が再生可能で，予測可能ですらあるかもしれないことを示唆している」とはっきり述べている（Weinreich DM, Delaney NF, DePristo MA, Hartl DL. [2006] Darwinian evolution can follow only very few mutational paths to fitter proteins. *Science* 312, 111–113）．

(26) 突然変異や，遺伝子の水平伝播など，遺伝子の入れ替えや移動によって，多様性が高まることは避けられない．この傾向は法則としても提示されている（McShea DW, Brandon RN. [2010] *Biology's First Law: The Tendency for Diversity and Complexity to Increase in Evolutionary Systems*. University of Chicago Press, Chicago）．しかし，そうした傾向が本当に法則になりうるのか，それとも，遺伝暗号に容赦なく生じる変異を反映しているだけなのかについては，議論の余地がある．何らかの法則がこの仮説上の生物学的現象を動かしているのだとすれば，それはおそらく熱力学第二法則になるだろう．

第8章

(1) Borgnakke C, Sonntag RE. (2009) *Fundamentals of Thermodynamics*. Wiley, Chichester.

(2) 大部分の真核生物の細胞でエネルギーを生成する細胞小器官は，ミトコンドリアだ．私が説明した電子伝達系はミトコンドリアの膜の内部に生じる．原核生物では，電子伝達系は細胞小器官ではなく細胞膜の内部に生じる．

(3) Mitchell P. (1961) The chemiosmotic hypothesis. *Nature* 191, 144–148.

(4) ATP 合成酵素の回転は，ブラウン運動という見事な物理的原理で説明できる．陽子のランダムな動きが，歯車のような回転運動に利用されている．ほかにも多くの生化学的なプロセスで，ブラウン運動を利用して方向性をもった移動が実現されている．Oster G. (2002) Darwin's motors: Brownian ratchets. *Nature* 417, 25 を参照．細菌の鞭毛と同じく，ATP 合成酵素もまた，生物がもつ丸い車輪のような仕掛けの一例だ．地表を移動するために使われるわけではないが，回転構造には変わりない．

(5) リン酸塩は PO_4^{2-} という化学式で表わされる化学基．

(6) ATP 内のリン酸結合は、細胞のほかの場所で解かれた場合にはエネルギーを放出しない（結合を解くためにはエネルギーがいる）．ATP 以外の場所でリン酸塩を分解するために必要なエネルギーは少量ではあるものの，そのリン酸塩が分解後に水と結合するときに放たれるエネルギーよりも大きい．ATP の分解は加水分解反応であり，結合の分解と形成すべてを合わせると，全体としてはエネルギーが放出される．わずかな量ではあるが，重要な反応だ．

(7) この数字は推定値であり，数多くの要素に左右される．しかし，おおまかには，人間 1 人当たり 1 日およそ 2000 キロカロリーのエネルギーが必要で，これはおよ

(16) 多くの化合物と同様，アミノ酸にも左手型（L 体）と右手型（D 体）の 2 種類がある．「左手」や「右手」という言葉からわかるように，これら 2 つの形態は互いの鏡像になっている．左手型と右手型は偏光をそれぞれ反時計回り（左回り，左旋性）または時計回り（右回り，右旋性）に回転させるため，L 体または D 体とも呼ばれている．生物に含まれるアミノ酸のほとんどすべて（膜に含まれている一部のアミノ酸などは除いて）は L 体のアミノ酸だ．L 体が優勢なのは生命における偶然であると考えられてきたが，隕石に含まれているアミノ酸は部分的に L 体が豊富であるとの証拠もあり（Engel MH, Macko SA. [1997] Isotopic evidence for extraterrestrial non-racemic amino acids in the Murchison meteorite. *Nature* 389, 265–268 などを参照），生命の誕生以前に L 体のアミノ酸が豊富だったために，生命がそれを利用したことも示唆される．もう一つの説明として，星間雲で偏光が一方のキラルばかりを選択的に破壊したために，当初からキラル分子が豊富になり，それが前生物的な化学反応で使われるようになったという説もある（Bonner WA. [1995] Chirality and life. *Origins of Life and Evolution of Biospheres* 25, 175–190）．生命は分子認識に頼っており，すべての分子がどちらか一方の形態であるほうが単純になるため，L 体がだんだん増えて優勢になったということも考えられる．ここで興味深い問題が浮かび上がる．地球外生命が存在するとしたら，それを構成するアミノ酸は L 体と D 体のどちらなのだろうか．この問題は，進化の初期のイベントを牽引したのは偶発性と物理法則のどちらなのかという根本的な問題の核心を突いている．同じように，糖についてもこの問題を考えることができる．生命で使われている糖は主に D 体だ．

(17) Weber AL, Miller SL. (1981) Reasons for the occurrence of the twenty coded protein amino acids. *Journal of Molecular Evolution* 17, 273–284 がある．

(18) Philip GK, Freeland SJ. (2011) Did evolution select a nonrandom “alphabet” of amino acids? *Astrobiology* 11, 235–240.

(19) 一例として，Tiang Y, Tirrell DA. (2002) Attenuation of the editing activity of the *Escherichia coli* leucyl-tRNA synthetase allows incorporation of novel amino acids into proteins in vivo. *Biochemistry* 41, 10,635–10,645 を参照.

(20) ここでは自然淘汰のことを言っている．人間はいま，こうした変化を人工的に起こしている．

(21) Johansson L, Gafvelin G, Amér ESJ. (2005) Selenocysteine in proteins—properties and biotechnological use. *Biochimica et Biophysica Acta* 1726, 1–13.

(22) Srinivasan G, James CM, Krzycki JA. (2002). Pyrrolysine encoded by UAG in Archaea: Charging of a UAG-decoding specialized tRNA. *Science* 296, 1459–1462.

(23) タンパク質の折り畳み方の制約が進化の理解にもたらす意味については，Denton MJ, Marshall CJ, Legge M. (2002) The protein folds as platonic forms: New support for the pre-Darwinian conception of evolution by natural law. *Journal of Theoretical Biology* 219, 325–342 で見事に探究されている．また，この知識が，物理的原理に根ざした生物学の法則の存在をどのように示唆しているかについても議論されている．

(24) カルボキシル基のこと．

は見つかっていない．最初の生物が利用できた各種の有機分子のなかでは，現在の遺伝暗号に使われている分子が有望のように思える．とはいえ，遺伝暗号に利用できうるほかの化合物については，先入観をもたずに考えるべきだ．本章では，ヌクレオチドが遺伝暗号のベースとして進化でいったん選択されたら，暗号のほかの構造とその分子生成物は偶発性がきわめて小さく，物理的な条件に操られるという見解に絞っている．

(6) Zhang Y et al. (2016) A semisynthetic organism engineered for the stable expansion of the genetic alphabet. *Proceedings of the National Academy of Sciences*, doi: 10.1073/ pnas. 1616443114.

(7) Piccirilli JA et al. (1990) Enzymatic incorporation of a new base pair into DNA and RNA extends the genetic alphabet. *Nature* 343, 33–37.

(8) Malyshev DA et al. (2014) A semi-synthetic organism with an expanded genetic alphabet. *Nature* 509, 385–388.

(9) Eschenmoser A. (1999) Chemical etiology of nucleic acid structure. *Science* 284, 2118–2124 で概説されている．

(10) 遺伝暗号に対する強い淘汰圧としてのエラー最小化については，数多くの論文に記載されている．たとえば，Freeland SJ, Knight RD, Landweber LF, Hurst LD. (2000) Early fixation of an optimal genetic code. *Molecular Biology and Evolution* 17, 511–518 を参照．

(11) ほかの要因も提唱されている．たとえば，遺伝子の水平伝播（一つの細胞や生物から別の細胞や生物への遺伝子の移動）によって，最適な暗号の選択が進む可能性がある．Sengupta S, Aggarwal N, Bandhu AV. (2014) Two perspectives on the origin of the standard genetic code. *Origins of Life and Evolution of Biospheres* 44, 287–292 を参照．

(12) この分析は，ラスヴェガスを彷彿させるタイトルの以下の論文に記載されている．Freeland SJ, Hurst LD. (1998) The genetic code is one in a million. *Journal of Molecular Evolution* 47, 238–248.

(13) さまざまな圧力が初期の遺伝暗号を形成したという説に対する批評が，Knight RD, Freeland SJ, Landweber LF. (1999) Selection, history and chemistry: The three faces of the genetic code. *Trends in Biochemical Sciences* 24, 241–247 でなされている．生命の起源や初期の進化におけるさまざまな段階で，優勢な圧力が異なっていたかもしれないというのが彼らの説だ．遺伝暗号にいたる経路や，その過程での共進化の役割については，Wong, JT-F et al. (2016) Coevolution theory of the genetic code at age forty: Pathway to translation and synthetic life. *Life* 6, doi: 10.3390/life6010012 でも議論されている．この問題に対する優れた論評としては，Koonin EV, Novozhilov AS. (2009) Origin and evolution of the genetic code: The universal enigma. *Life* 61, 99–111もある．

(14) シュレーディンガーはこの問題に本格的に挑んでいる．Schrödinger E. (1944) *What Is Life?* Cambridge University Press, Cambridge（シュレーディンガー『生命とは何か――物理的にみた生細胞』岡小天・鎮目恭夫訳，岩波文庫，2008年）を参照．

(15) 生物の触媒である酵素は，細胞内で膨大な数の化学反応を実行し，その反応速度を大幅に高める．

alkalithermophiles. *Annals of the New York Academy Sciences* 1125, 44–57.
(30) Oger PM, Jebbar M. (2010) The many ways of coping with pressure. *Research in Microbiology* 161, 799–809.
(31) Bartlett DH. (2002) Pressure effects on in vivo microbial processes. *Biochimica et Biophysica Acta* 1595, 367–381.
(32) Billi D et al. (2000) Ionizing-radiation resistance in the desiccation-tolerant cyanobacterium *Chroococcidiopsis. Applied and Environmental Microbiology* 66, 1489–1492.
(33) デイノコッカス・ラディオデュランスは，放射線に耐えられる微生物としては最もよく知られているかもしれない（学名はギリシャ語とラテン語を組み合わせたもので，文字どおり訳すと「放射線に耐える奇妙な果実」という意味）．Cox MM, Battista JR. (2005) *Deinococcus radiodurans*—the consummate survivor. *Nature Reviews Microbiology* 3, 882–892を参照．とはいえ，その能力は独特というわけではない．高い放射線量に耐えられる細菌は，クロオコッキディオプシスやルブロバクテルなど，ほかにもある．
(34) この見解と，生命は限られた環境の中でも目を見張るほど屈強であり，驚くほど広い物理的・化学的条件の中で生きることができるという事実とは矛盾しない．地球の生命史で起きた数々の大異変を乗り切る生命の能力については，Cockell CS. (2003) *Impossible Extinction: Natural Catastrophes and the Supremacy of the Microbial World.* Cambridge University Press, Cambridge（チャールズ・S・コケル『不都合な生命——地球2億2500万年銀河の旅』大藏雄之助訳，麗澤大学出版会，2009年）を参照．

第7章

(1) Crick FHC. (1965) The origin of the genetic code. *Journal of Molecular Biology* 38, 367–379.
(2) Watson JD, Crick FHC. (1953) A structure for deoxyribose nucleic acid. *Nature* 171, 737–738.
(3) 遺伝暗号の「文字」の数については，Szathmáry E. (2003) Why are there four letters in the genetic code? *Nature Reviews in Genetics* 4, 995–1001で検証されている．
(4) Higgs PG, Lehman N. (2015) The RNA World: Molecular cooperation at the origins of life. *Nature* 16, 7–17.
(5) この主張はトートロジーだと反論する読者もいるかもしれない．ここで使われたモデルのもとになっているRNAをそもそも地球の生命が利用しているのだから，地球の生物と適合した結果をもたらすのは当然，というわけである．私からは「たぶんね」というきわめて非科学的な返答をしておこう．しかし，本章の後半で明らかになるように，数多くの新たな塩基対や分子を探求することはでき，それによって遺伝暗号に使われる化合物の選択が偶然ではないことが示唆される．生命を構成するほかの種類の分子と類似した性質をもつ，遺伝暗号に似た分子はある．たとえば，PNA（ペプチド核酸）はペプチド結合をもち，不完全ながらタンパク質のような性質をもっている．しかし，初期の地球に存在していたと考えられる生命の主要なモノマー（アミノ酸，脂質，糖など）のうち，ほかに遺伝暗号を形成しうるもの

racemization and age-depth relationships for organic carbon in Siberian permafrost. *Astrobiology* 2, 77–82 で論じられている．

（18） Grant S et al. (1999) Novel archaeal phylotypes from an East African alkaline saltern. *Extremophiles* 3, 139–145.

（19） 高い塩分濃度の問題については，Oren A. (2008) Microbial life at high salt concentrations: Phylogenetic and metabolic diversity. *Saline Systems* 4, doi: 10.1186/1746-1448-4-2 に記載されている．塩がもたらす熱力学的な限界については，Oren A. (2011) Thermodynamic limits to microbial life at high salt concentrations. *Environmental Microbiology* 13, 1908–1923を参照．

（20） Stevenson A et al. (2015) Is there a common water-activity limit for the three domains of life? *ISME J* 9, 1333–1351.

（21） Stevenson A et al. (2017) *Aspergillus penicillioides* differentiation and cell division at 0.585 water activity. *Environmental Microbiology* 19, 687–697.

（22） Hallsworth JE et al. (2007) Limits of life in MgCl2-containing environments: Chaotropicity defines the window. *Environmental Microbiology* 9, 801–813.

（23） Yakimov MM et al. (2015) Microbial community of the deep-sea brine Lake Kryos seawater-brine interface is active below the chaotropicity limit of life as revealed by recovery of mRNA. *Environmental Microbiology* 17, 364–382.

（24） Siegel BZ. (1979) Life in the calcium chloride environment of Don Juan Pond, Antarctica. *Nature* 280, 828–829.

（25） Amaral Zettler LA et al. (2002) Microbiology: Eukaryotic diversity in Spain's River of Fire. *Nature* 417, 137.

（26） 低い pH への適応に関する情報は，Baker-Austin C, Dopson M. (2007) Life in acid: pH homeostasis in acidophiles. *Trends in Microbiology* 15, 165–171 によくまとまっている．ゲノムから見た適応に対する知見については，Ciaramella M, Napoli A, Rossi M. (2005) Another extreme genome: How to live at pH 0. *Trends in Microbiology* 13, 49–51 を参照．

（27） Humayoun SB, Bano N, Hollibaugh JT. (2003) Depth distribution of microbial diversity in Mono Lake, a meromictic soda lake in California. *Applied and Environmental Microbiology* 69, 1030–1042.

（28） 私の研究室にいるポスドクのジェシー・ハリソンが，実験室で細菌の既知の株の成長範囲を利用して生命の限界を調べようとした．これはよい研究で，結果として得られた生命の境界的空間の 3 次元プロットは興味深い．Harrison JP, Gheeraert N, Tsigelnitskiy D, Cockell CS. (2013) The limits for life under multiple extremes. *Trends in Microbiology* 21, 204–212. この研究では実験室の株しか使っていないが，この論文で再現した極限環境ではない自然環境にも微生物が含まれていることは知られているから，生命の物理的・化学的な境界的空間を定義するには，まだまだ多くの研究が必要だ．

（29） Mesbah NM, Wiegel J. (2008) Life at extreme limits: The anaerobic halophilic of thermophilic adaptation. *Proceedings of the National Academy of Sciences* 102, 12,742–12,747.

（8） Cowan DA. (2004) The upper temperature for life—where do we draw the line? *Trends in Microbiology* 12, 58–60.

（9） 分子の安定性で決まる生命の温度の上限については，Daniel RM, Cowan DA. (2000) Biomolecular stability and life at high temperatures. *Cellular and Molecular Life Sciences* 57, 250–264 を参照.

（10） Cockell CS. (2011) Life in the lithosphere, kinetics and the prospects for life elsewhere. *Philosophical Transactions of the Royal Society* 369, 516–537.

（11） 生命の温度の下限を求めた論文に，Price PB, Sowers T. (2004) Temperature dependence of metabolic rates for microbial growth, maintenance, and survival. *Proceedings of the National Academy of Sciences* 101, 4631–4636 がある．温度がきわめて低くなると，細胞では，微生物によるエネルギー消費が損傷の速さにかろうじて追いつける程度にまで下がる．このトレードオフから，ある生命体が長期にわたって健全な状態を維持できる温度の下限が最終的に決まる.

（12） この問題を調べた別の論文では，「ガラス化」する（低温で細胞内が実質的にガラスのような状態に変わる）液体によって生じる難題が考察されている．ガラス化によって，おそらく気体の動きが大幅に制約されるうえ，多くの生物で温度の下限が決まるとみられる．Clarke A et al. (2013) A low temperature limit for life on Earth. *PLoS One* 8, e66207 を参照.

（13） 放射線は必ずしも有害であるとは限らない．水が放射線によって分解されると，水素が放出されることがある．微生物はその水素をエネルギー源として利用できる．たとえば，Lin L-H et al. (2005) Radiolytic H_2 in continental crust: Nuclear power for deep subsurface microbial communities. *Geochemistry, Geophysics and Geosystems* 6, doi: 10.1029/2004GC000907 を参照.

（14） 一例として，DNA における「脱プリン」がある．β-N-グリコシド（配糖体）結合が加水分解で分裂して，DNA 構造から核酸塩基のアデニンやグアニンが放出される．Lindahl T. (1993) Instability and decay of the primary structure of DNA. *Nature* 362, 709–715; Lindahl T, Nyberg B. (1972) Rate of depurination of native deoxyribonucleic acid. *Biochemistry* 11, 3610–3618 を参照.

（15） 細胞膜を構成する脂質には，炭素原子が長く連なった脂肪酸が含まれている．これはバターに含まれている脂肪と同じ物質だ.

（16） 低温で生命が直面するさまざまな難題とその解決策がまとまった論評に，D'Amico S et al. (2006) Psychrophilic microorganisms: Challenges for life. *EMBO Reports* 7, 385–389 がある.

（17） ラセミ化が起きると，キラリティー（分子の L 体と D 体）の傾向が失われる．生命で利用されているアミノ酸は主に L 体であることを思い出してほしい．ラセミ化によって，L 体と D 体が同じ量だけ生成される傾向がある．これは分子では熱の影響によって時間とともに起きうる．アミノ酸のラセミ化と低温環境については，Brinton KLF, Tsapin AI, Gilichinsky D, McDonald GD. (2002) Aspartic acid

るからだとも考えられる. Gould SJ. (1988) Trends as changes in variance: A new slant on progress and directionality in evolution. *Journal of Paleontology* 62, 319–329 を参照. とはいえ, このプロセスも単純な物理的原理の結果だ. 生物は, より大きな生物を受け入れられるニッチ（そうした生物が利用できるエネルギーがあるなど）の空きを埋めるために大型化する.

(48) 惑星に寿命があることも考慮に入れなければならない. 微生物からマンモスにいたる段階のどこかで, 惑星の条件がハビタブルでなくなった場合, 進化の実験は途中で終わってしまう. この残念な結果の原因は明らかに物理法則にもある. 恒星の進化によって, 生命の軌跡が非情にも断ち切られてしまうのだ.

(49) 生命の起源と, 多細胞生物における数多くの重要な適応のあいだに生じたイノベーションのなかで, 進化において独特なものは, あったとしてもごくわずかだという説もある. たとえば, Vermeij GJ. (2006) Historical contingency and the purported uniqueness of evolutionary innovations. *Proceedings of the National Academy of Sciences* 103, 1804–1809 を参照.

第6章

(1) Woods PJE. (1979) The geology of Boulby mine. *Economic Geology* 74, 409–418.

(2) この研究施設はショーン・ペイリングのチームによって運営されている. ブールビーでの調査にあたっては, エマ・ミーハン, ルー・ヨーマン, クリストファー・トス, バーバラ・サックリング, トム・エドワーズ, ジャック・ジェニス, デヴィッド・マクラッキー, デイヴィッド・パイバスをはじめ, 数多くの人たちにお世話になった.

(3) 極限環境微生物に関する一般向けの良書として, 以下の2冊を挙げておく. Gross M. (2001) *Life on the Edge: Amazing Creatures Thriving in Extreme Environments*. Basic Books, New York, および Postgate JR. (1995) *The Outer Reaches of Life*. Cambridge University Press, Cambridge.（ジョン・ポストゲート『スーパーバグ――超微生物 生命のフロンティアたち』掘越弘毅・浜本哲郎訳, シュプリンガー・フェアラーク東京, 1995年）

(4) 以下は, 地下深部の生命にまつわる歴史と科学に対して知見をもたらしてくれる良書. Onstott TC. (2017) *Deep Life: The Hunt for the Hidden Biology of Earth, Mars, and Beyond*. Princeton University Press, Princeton, NJ.（タリス・オンストット『知られざる地下微生物の世界――極限環境に生命の起源と地球外生命を探る』松浦俊輔訳, 青土社, 2017年）

(5) Brock TD, Hudson F. (1969) *Thermus aquaticus* gen. n. and sp. n., a nonsporulating extreme thermophile. *Journal of Bacteriology* 98, 289–297.

(6) Takai K et al. (2008) Cell proliferation at 122 °C and isotopically heavy CH4 production by a hyperthermophilic methanogen under high-pressure cultivation. *Proceedings of the National Academy of Sciences USA*. 105, 10949–10954.

(7) 以下は, 高温に対するタンパク質の適応を物理的原理の観点でどのように説明できるかを示した重要な論文. Berezovsky IN, Shakhnovich EI. (2005) Physics and evolution

（38）原核生物（英語の Prokaryote は文字どおり訳すと「核以前」）は，細胞核をもたない微生物を指す．一方，真核生物は概して細胞に細胞核がある生物を指している．真核生物には，藻類や菌類（酵母菌など）といった単細胞の微生物も含まれているが，そうした単細胞生物には細胞核やほかの細胞小器官がある．

（39）藻類や植物で光合成を担う葉緑体は，内部共生がもとになっていることが立証されている．シアノバクテリアが取り込まれたことが始まりだ．

（40）Lane N, Martin W. (2010) The energetics of genome complexity. *Nature* 467, 929–934.

（41）原核生物と真核生物のもう一つの大きな相違であるゲノムの複雑性が，動物にいたる重要な経路で果たしたとみられる役割については，Lynch M, Conery JS. (2003) The origins of genome complexity. *Science* 302, 1401–1404 で考察されている．

（42）酸素を利用した光合成の進化は一度しか起きていない．初期のシアノバクテリアがこの手法を身につけ，やがてほかの生物に取り込まれて，藻類や植物になった．光合成の出現が一度しかなかったとはいえ，これが進化による発達ではなく，まぐれ当たりだったということには必ずしもならない．実際には，この偉業が成し遂げられたあと，光合成する生物が環境中にひしめき合うようになり，この経路が二度目の進化を起こす余地はほとんどなかっただろう．

（43）ここでは一例として，Marin BM, Nowack EC, Melkonian M. (2005) A plastid in the making: Evidence for a second primary endosymbiosis. *Protist* 156, 425–432 を挙げておく．

（44）変形菌は2点を結ぶ最も効率的な経路を再構築するためにも利用できる．さらには，実験室で変形菌を地図上に置くことによって（都市や町に当たる地点に餌が置いてある），東京の鉄道システム（Tero A et al. [2010] Rules for biologically inspired adaptive network design. *Science* 327, 439–442）やブラジルのハイウェイ（Adamatsky A, de Oliveira PPB. [2011] Brazilian highways from slime mold's point of view. *Kybernetes* 40, 1373–1394）など，その地域で最適な鉄道や道路のネットワークを予測することにも利用できる．その他，多くの国の輸送ネットワークもモジホコリ属の変形菌（*Physarum plasmodium* および *P. polycephalum*）を用いて精査されてきた．

（45）これが起きうる仕組みについては数多くの説がある．細胞のコミュニケーションと，細胞の付着と合図の仕組みの遺伝的特徴に関する知見から，単細胞生物から真の多細胞（細胞分化を起こす）生物にいたる道すじが明らかになるだろう．たとえば，King N. (2004) The unicellular ancestry of animal development. *Developmental Cell* 7, 313–325，および Richter DJ, King N. (2013) The genomic and cellular foundations of animal origins. *Annual Reviews of Genetics* 47, 509–537 を参照．

（46）多細胞の構造は，物理的原理の相互作用から生まれた可能性もある．Newman SA, Forgacs G, Müller GB. (2006) Before programs: The physical origination of multicellular forms. *International Journal of Developmental Biology* 50, 289–299 を参照．

（47）Dawkins R, Krebs JR. (1979) Arms races between and within species. *Proceedings of the Royal Society* 205, 489– 511. 時には機構の大型化が求められたことについて，大型化する傾向が生じることがあるのは単に，生物は細胞の大きさの下限があるために小さくなれず，可能な形態のなかでより大きな形態空間へ必然的に移行することにな

Horowitz JM, England JL. (2017) Spontaneous fine-tuning to environment in many-species chemical reaction networks. *Proceedings of the National Academy of Sciences* 114, 7565–7570, および Kachman T, Owen JA, England JL. (2017) Self-organized resonance during search of a diverse chemical space. *Physical Review Letters* 119, 038001を参照.

(31) リチャード・レンスキーの研究グループは，大腸菌の進化において適応や偶然，来歴の影響の効果を区別できるかどうかを調べる見事な実験を行なった．その結果，適応はきわめて多面的で，生物は偶発性や来歴の影響をほとんど受けることなく変異して，類似の適応を獲得することがわかった．しかし，この特定の実験で適応にそれほど重要でない形質，たとえば細胞の大きさ（ただし自然環境では重要になりうる）などでは，変異よりも偶発性が優先されることがある．これはおそらく，そうした変異の効果がはっきりしないからだろう．来歴もまた，その後の細胞の大きさに影響を及ぼすことがあった．彼らの見解は，おそらく一般化できるといってよい．どのような生物であっても，生殖年齢までの生存にほとんど影響を及ぼさない形質は，偶然の変化に影響を受けやすいか，過去からある特異な特徴を反映するのかもしれない．Travisano M, Mongold JA, Bennett AF, Lenski RE. (1995) Experimental tests of the roles of adaptation, chance, and history in evolution. *Science* 267, 87–89.

(32) Lake JA. (2009) Evidence for an early prokaryotic endosymbiosis. *Nature* 460, 967–971 で提唱されている．

(33) この代替案が提示されているのは，以下の論文．Gupta RS. (2011) Origin of the diderm (Gram-negative) bacteria: Antibiotic selection pressure rather than endosymbiosis likely led to the evolution of bacterial cells with two membranes. *Antonie van Leeuwenhoek* 100, 171–182.

(34) 古細菌では，電荷を帯びて水に漬かった脂質の頭部は，細菌の場合のようになじみ深いエステル結合ではなく，エーテル結合によってその長い鎖とつながっている．それらの化学的な相違に関する詳しい議論は，Albers S-V, Meyer BH. (2011) The archaeal cell envelope. *Nature Reviews Microbiology* 9, 414–426 を参照．

(35) 細菌が多細胞になる能力に関する見解を述べた優れた論文の一つに，Shapiro JA. (1998) Thinking about bacterial populations as multicellular organisms. *Annual Reviews of Microbiology* 52, 81–104 がある．ほかにも，Aguilar C, Vlamakis H, Losick R, Kolter R. (2007) Thinking about *Bacillus subtilis* as a multicellular organism. *Current Opinion in Microbiology* 10, 638–643 も参照．

(36) アリや鳥，魚の群れ（第２章）と同様，細菌もアクティブマターを研究する物理学者に注目されている．これらの生物の集団行動がモデルやシミュレーションに役立っている．Copeland MF, Weibel DB. (2009) Bacterial swarming: A model system for studying dynamic self-assembly. Soft Matter 5, 1174–1187; Wilking JN et al. (2011) Biofilms as complex fluids. *Materials Research Society (MRS) Bulletin* 36, 385–391 を参照．

(37) 化学的な合図に対する多数の細胞の反応はモデル化できる．たとえば，Camley BA, Zimmermann J, Levine H, Rappel W-J. (2016) Emergent collective chemotaxis without single-cell gradient sensing. *Physical Review Letters* 116, 098101 を参照．

くなり始めることを示唆する，とても興味深い研究がある．この研究から，直径1mmを超すこともある大きなカエルの卵巣の細胞で，分子（アクチン）の骨組みが細胞核を取り囲んで重力の影響を抑え，核を安定させている理由がわかるかもしれない（Feric M, Brangwynne CP. [2013] A nuclear F-actin scaffold stabilizes ribonucleoprotein droplets against gravity in large cells. *Nature Cell Biology* 15, 1253–1259）．これが示唆していることは興味深い．重力が地球よりも小さい惑星で，ほかの条件が同じだとすれば，より大きな細胞が存在しうるかもしれないという推測もできそうだ．

（24）Beveridge TJ. (1988) The bacterial surface: General considerations towards design and function. *Canadian Journal of Microbiology* 34, 363–372. 拡散はこれまで考えられていたよりも重要な要素ではないかもしれない．細胞の内部はかなり密集していることがわかってきた．分子が受動的に流体全体に拡散するというモデルは単純すぎる．

（25）この大きさの限界を導き出したのは，微生物がとりうる最小の大きさを調べようとした研究グループだ．火星など，ほかの惑星で見つかる細胞の痕跡がどれくらいまで小さくなりうるかを突き止めたいというのが，研究の動機の一つだった．この研究は，細胞の大きさについて普遍的な限界を確かめたいという研究者の欲求に突き動かされている点で興味深い（National Research Council Space Studies Board.[1999] *Size Limits of Very Small Microorganisms.* National Academies Press, Washington, DC）．とはいえ，以下の文献では，細胞の最小の大きさとして100〜300nm〔ナノメートル〕という範囲が提示されている．Alexander RM. (1985) The ideal and the feasible: Physical constraints on evolution. *Biological Journal of the Linnean Society* 26, 345–358.

（26）最小の細菌といっても，このちっぽけな生き物は海洋の表層水における生物量の最大50%を占める．地球の海における炭素循環にとってきわめて重要だ．

（27）こうした微生物の説明，およびその生態に隠れた物理法則に関する議論が，以下の明快なタイトルの論文に記載されている．Schulz HN, Jørgensen BB. (2001) Big bacteria. *Annual Reviews of Microbiology* 55, 105–137.

（28）Persat A, Stone HA, Gitai Z. (2014) The curved shape of *Caulobacter crescentus* enhances surface colonization in flow. *Nature Communications* 5, 3824.

（29）Kaiser GE, Doetsch RN. (1975) Enhanced translational motion of *Leptospira* in viscous environments. *Nature* 255, 656–657.

（30）ここでは，ジェレミー・イングランド率いる研究グループによる見事な研究を紹介しておこう．この研究では，適応は淘汰がなくても実現しうることが示唆されている．化学システムは，環境要因そのものから受ける作用に同調することで，環境に応じて作用を微調整できるというのだ．この見解は，ダーウィンが間違っていたことを証明しようとする陳腐な試みの一つと受け取るべきではない．そうではなく，有機物が進化する能力は，環境が繁殖に成功した物質の形態を選択するように作用する前であっても，生息環境を反映した形態をとる自然の傾向に助けられている可能性が十分にあることを示している．生物の進化は無秩序にあらがって予期しない働きをするのではなく，生命を含め，物理システムに出現した複雑性はこのプロセスを好むのだということを，イングランドらの研究は示している．たとえば，

biochemically possible alternative. *Nature Communications* 6, 8427. ただし，自然界で利用された経路以外にも可能性があることも，著者らは示している．細胞内の環境条件が異なれば，ほかの経路が使われる可能性がある．

(17) 物理的な条件にもとづいた同様の強い形質が，細胞周期にかかわる調整ネットワークの研究で報告されている．その形質は変動にきわめて強いことがわかった．たとえば，Li F, Long T, Lu Y, Ouyang Q, Tang C. (2004). The yeast cell-cycle network is robustly designed. *Proceedings of the National Academy of Sciences* 101, 4781–4786 を参照．生物学的なネットワーク内の情報は完全にランダムなネットワークとは異なることもあり，どの物理的原理が，出現する生物のシステムに表われるかを理解する手段となりうる．Walker SI, Kim H, Davies PCW. (2016) The informational architecture of the cell. *Philosophical Transactions of the Royal Society A: Mathematical, Physical and Engineering Sciences* 374, article 0057 を参照．

(18) 一つの代謝経路が別の経路にどれほど変わりやすいか，そして，既存の経路が歴史の気まぐれの産物なのかどうかを探る研究には，コンピューターモデルが利用されてきた．バーヴらは，経路の柔軟性についてこんなコメントで論文を締めくくっている．「したがって，代謝はきわめて進化しやすい……歴史の偶発性は，斬新な代謝の表現型の誕生を強く制約するものではない」．Barve A, Hosseini S-R, Martin OC, Wagner A. (2014) Historical contingency and the gradual evolution of metabolic properties in central carbon and genome-scale metabolism. *BMC Systems Biology* 8, 48.

(19) 進化の可能性を予測できるかどうかというよくある問題は，生化学的な経路のスケールで関心をいくらか集めてきた．代謝のレベルでは，その生物の生息環境や生態に関する知識があれば，経路がどこでどのように発達するかを驚くほど正確に予測できそうだ（Pál C et al. [2006] Chance and necessity in the evolution of minimal metabolic networks. *Nature* 440, 667–670）．ある論文では，生化学的な経路のデザイン（トポロジー）は数種類のみが可能だとされている．この重要な研究からは，少なくとも生化学的なネットワークの構造は予測可能といえそうであることが示唆される（Ma W et al. [2009] Defining network topologies that can achieve biochemical adaptation. *Cell* 138, 760–773）．

(20) 微生物の形が環境によってどのように形成されうるかについては，Young KD. (2006) The selective value of bacterial shape. *Microbiology and Molecular Biology Reviews* 70, 660–703 に見事な解説がある．

(21) 細菌の大きさが犬ほどもある仮想世界の倫理的な影響については，Cockell CS. (2008) Environmental ethics and size. *Ethics and the Environment* 13, 23–39 で議論している．

(22) 細胞の大きさの決定に影響を及ぼす要素の範囲を探ったいくつかのエッセイが，以下の文献に収録されている．Marshall WF et al. (2012) What determines cell size? *BMC Biology* 10.101. 拡散の役割に関する簡潔かつ見事な議論が，Vogel S. (1988) *Life's Devices: The Physical World of Animals and Plants*. Princeton University Press, Princeton, NJ で読める．

(23) 細胞がおよそ 10μm〔マイクロメートル〕よりも大きくなると，重力の影響が大き生命の起源の物理的・化学的な基盤に関する興味深い解釈が記載されている．Pross A. (2012) *What Is Life?* Oxford University Press, Oxford.

(6) この研究の詳細については，Deamer D. (2011) *First Life: Discovering the Connections Between Stars, Cells, and How Life Began*. University of California Press, Berkeley を参照．ディーマーはこの本で，生命の起源にまつわるほかの多くの難問や，細胞性がいかに代謝作用の複雑化を可能にしたかについても論じている．自発的に形成される膜についての結果は，Deamer D et al. (2002) The first cell membranes. *Astrobiology* 2, 371–381 にまとまっている．

(7) 以下の論文では，自発的に形成される小胞とその繁殖の物理的性質を理解するために，理論的な手法を用いている．Svetina S. (2009) Vesicle budding and the origin of cellular life. *ChemPhysChem* 10, 2769–2776.

(8) 膜と天文学のつながりのなかでもとくに不思議なのは，小胞体（真核細胞でタンパク質の合成をつかさどる細胞小器官）で，膜の複数の層が互いに付着し合って重なり，駐車場ビルのようにらせん状の傾斜路でつながっているという観察結果だ．似たような構造が，中性子星の極限条件下にも存在すると考えられている．この形の類似性が偶然の一致なのか，それともエネルギーの最小化に関連する何らかの物理的原理を反映しているのかはわかっていないが，この奇妙な観察結果は，自然界のパターンに潜む共通の物理法則を反映しているのかもしれない．Berry DK et al. (2016) "Parking-garage" structures in nuclear astrophysics and cellular biophysics. *Physical Review C* 94, 055801.

(9) 前述の Deamer (2011) *First Life* に記載されている．

(10) 最初の原始細胞につながる環境や作用に関するいくつかの考え方が，Black RA, Blosser MC. (2016) A self-assembled aggregate composed of a fatty acid membrane and the building blocks of biological polymers provides a first step in the emergence of protocells. *Life* 6, 33 にうまくまとまっている．

(11) Martin W, Russell MJ. (2007) On the origin of biochemistry at an alkaline hydrothermal vent. *Philosophical Transactions of the Royal Society* 362, 1887–1926.

(12) Cockell CS. (2006) The origin and emergence of life under impact bombardment. *Philosophical Transactions of the Royal Society* 1474, 1845–1855.

(13) ダーウィンは友人のジョーゼフ・フッカーに宛てた手紙（1871 年 2 月 1 日付）で，生命の起源についてこう書いている．「しかし，もし（かなり大きな「もし」だが）ある暖かい池でアンモニアやリン酸塩，光，熱，電気が一式そろい，タンパク質の化合物が化学的に形成され，さらに複雑な変化を起こす基盤が整ったとしたら，現代ではそうした物質は即座に捕食あるいは吸収されるだろう．生き物が出現する以前ならば，そんなことはなかっただろうが」

(14) 専門用語では「両親媒性」と呼ぶ．

(15) Smith E, Morowitz HJ. (2004) Universality in intermediary metabolism. *Proceedings of the National Academy of Sciences* 101, 13,168–13,173.

(16) Court SJ, Waclaw B, Allen RJ. (2015) Lower glycolysis carries a higher flux than any

—past, present, and future: An introduction to the symposium. *Integrative and Comparative Biology* 53, 1–5.

(19) もちろん，節足動物もこの移行を経験した結果，昆虫が生まれることになった．

(20) Cockell CS, Knowland J. (1999) Ultraviolet radiation screening compounds. *Biological Reviews* 74, 311–345.

(21) これらの発見について記載された興味深い論文は，以下のとおり．Leal F, Cohn MJ. (2016) Loss and re-emergence of legs in snakes by modular evolution of *Sonic hedgehog* and HOXD enhancers. *Current Biology* 26, 1–8.

(22) 以下は，陸上進出と水中への回帰に関する研究の歴史を解説した，とても読みやすい書籍だ．Zimmer C. (1998) *At the Water's Edge*. Touchstone, New York.（カール・ジンマー『水辺で起きた大進化』渡辺政隆訳，早川書房，2000 年）

(23) Darwin C. (1859) *On the Origin of Species by Means of Natural Selection, or the Preservation of Favoured Races in the Struggle for Life*. John Murray, London（ダーウィン『種の起原』八杉龍一訳，岩波文庫，1990 年など）

第5章

(1) Bianconi E et al. (2013) An estimation of the number of cells in the human body. *Annals of Human Biology* 40, 463–471.

(2) Hooke R. (1665) *Micrographia*. J Martyn and J Allestry, printers to the Royal Society, London.（ロバート・フック『ミクログラフィア——微小世界図説——図版集』永田英治・板倉聖宣訳，仮説社，1985 年）

(3) ファン・レーウェンフックは極微動物だけでなく，自作の顕微鏡で観察した数多くのものについて，膨大な数の書簡を残している．微生物の観察にまつわる重要な論文の一つに，Leeuwenhoek A. (1677) Observation がある．これはファン・レーウェンフックから出版社に宛てた 1676 年 10 月 9 日付のオランダ語の手紙であり，雨水，井戸水，海水，雪解け水，さらにはコショウを煎じた水で彼が観察した小さな動物について書かれている．*Philosophical Transactions* 12, 821–831.

(4) ウイルスは DNA か RNA を含む．これらの分子は 1 本鎖か 2 本鎖の形態をしている．タンパク質の殻についていうと，そうした比較的単純な分子の成り立ちは，物理学用語を用いて理解できる．ウイルスの形状，およびタンパク質の殻を形成する数学的・物理学的な原理を論じた名論文に，Caspar DLD, Klug A. (1962) Physical principles in the construction of regular viruses. *Cold Spring Harbor Symposia on Quantitative Biology* 27, 1–24 がある．

(5) 本書では，生命の出現が必然かどうかという問題は取り上げない．これは別に白旗を掲げたわけではない．この問題は異なる種類の疑問であると考えている．水と穏やかな条件が存在する惑星で生命が必然的に生まれるかどうかは，わかっていない．生命に適した物理条件が岩石惑星に存在すれば必然的に生命が出現するかどうかは，生物学と物理学の境界領域にある深遠な問題だ．私が本書で焦点を当てているのは，いったん生命が出現したあとの制約である．とはいえ，以下の文献には，力を示している（Averof M, Cohen SM. [1997] Evolutionary origin of insect wings from ancestral gills. *Nature* 385, 627–630）.

（14）ここでは取り上げないが，鳥の飛翔の発達に関する最近の研究で，遺伝子を調節する特定の要素が翼や羽毛の発達にどのようにかかわっているかが示された．遺伝子の調節や単位における小さな変化が，生物による物理法則（この場合は空気力学の法則）の活用を可能にする特徴の獲得をいかに促すかを示す，もう一つの好例だ．たとえば，Seki R et al. (2016) Functional roles of Aves class-specific cis-regulatory elements on macroevolution of bird-specific features. *Nature Communications* 8, 14229 を参照.

（15）Denny MW. (1993) *Air and Water: The Biology and Physics of Life's Media*. Princeton University Press, Princeton, NJ（マーク・W・デニー『生物学のための水と空気の物理』下澤楯夫訳，エヌ・ティー・エス，2016 年）は，水中から陸上への移動について明確に取り上げているわけではないが，水中と空中における生物の物理的側面を考察し，両方の媒体を比較しながら，生物のシステムの構造に対する意味を探究しており，見事な著作だ．いろいろな意味で，記述の詳細さにかけては著作物のなかでも指折りで，生物学と物理学のつながりをたたえる意欲作である．デニーはまた，空気と水の界面における生物の側面も探っている．たとえば，Denny MW. (1999) Are there mechanical limits to size in wave-swept organisms? *Journal of Experimental Biology* 202, 3463–3467を参照.

（16）以下の文献では，この移行について移動運動（ロコモーション）の観点からきわめて説得力のある解説が読める．Wilkinson M. (2016) *Restless Creatures: The Story of Life in Ten Movements*. Icon Books, London.（マット・ウィルキンソン『脚・ひれ・翼はなぜ進化したのか――生き物の「動き」と「形」の 40 億年』神奈川夏子訳，草思社，2019 年）

（17）これらの知見を記載した論文はいくつもある．一読に値する論文をいくつか挙げておこう．Freitas R, Zhang G, Cohn MJ. (2007) Biphasic *Hoxd* gene expression in shark paired fins reveals an ancient origin of the distal limb domain. *PLoS One* 8, e754; Davis MC, Dahn RD, Shubin NH. (2007) An autopodial-like pattern of Hox expression in the fins of a basal actinopterygian fish. *Nature* 447, 473–477; Schneider I et al. (2011) Appendage expression driven by the *Hoxd* Global Control Region is an ancient gnathosome feature. *Proceedings of the National Academy of Sciences* 108, 12782–12786; Freitas R et al. (2012) Hoxd13 contribution to the evolution of vertebrate appendages. *Developmental Cell* 23, 1219–1229; Davis MC. (2013) The deep homology of the autopod: Insights from Hox gene regulation. *Integrative and Comparative Biology* 53, 224–232.

（18）こうしたさまざまな形の移動方法を検証した研究に，Gibb AC, Ashley-Ross MA, Hsieh ST. (2013) Thrash, flip, or jump: The behavioural and functional continuum of terrestrial locomotion in teleost fishes. *Integrative and Comparative Biology* 53, 295–306 がある．この論文は大きなシンポジウムの一部で，その会合全体を論評した論文は，水中から陸上への移行において生命が直面する全般的な問題に対する知見を含み，一読の価値がある．Ashley-Ross MA, Hsieh ST, Gibb AC, Blob RW. (2013) Vertebrate land invasions

規則であり，車輪をもつ動物より脚をもつ動物のほうが適している．巨視的なスケールで平坦な表面でも，ミリ単位で見れば不規則な構造をしていることには変わりない．プロペラに関していうと，細菌がもっているような鞭毛モーターを単純にスケールアップできるとは考えにくい物理的な理由が，ほかにもある．車輪にまつわる楽しくエレガントなエッセイ，Gould S. (1983) Kingdoms without wheels. In *Hen's Teeth and Horse's Toes*, 158–165（スティーヴン・ジェイ・グールド『ニワトリの歯——進化論の新地平』の「車輪なき王国」，渡辺政隆・三中信宏訳，早川書房，1988 年）では，鞭毛が発達した一方で，それより大きな回転構造が発達しなかった理由として，細菌の鞭毛が拡散に依存している点を指摘している．拡散の速度は大きなスケールでは遅すぎて，大型の同様の構造は進化できないというのだ．グールドの主張からは，進化にかかわる何かの説明に物理的な障壁が存在することが示唆される．彼が物理的な作用を軽視して，偶発性を好んでいることを考えれば，これは興味深い．

(11) Thompson DW. (1992) *On Growth and Form*. Cambridge University Press, Cambridge.（ダーシー・トムソン『生物のかたち』柳田友道ほか訳，東京大学出版会，1973 年）

(12) 植物の成長における数学的関係と，その物理的・生物学的基盤は長年，興味の対象となってきた．葉がらせん状に並ぶ様式は，多くの植物が成長するときに見られ，松かさでも観察される．植物の葉の配列様式は「葉序」と呼ばれている．植物を真上から見ると，葉の配列に時計回りと反時計回りの 2 種類のらせんがあることがわかる．目を見張るのは，一つの植物で時計回りと反時計回りのらせんの数が，フィボナッチ数列の隣り合った 2 つの項となることだ．これは1，1，2，3，5，8，13，21 のように続く数列で，それぞれの数は直前の2つの数の和になっている．たとえば，植物が8個と13個のらせんをもつ場合，この配列は (8, 13) 葉序と呼ばれる．このようになる理由としては，太陽光を最大限に得るため，重なり方の効率を最大にするため，あるいはその両方を目的とした葉の集まり方に関連していると考えられている．これは，それぞれの葉が前の葉に対して回転している角度に表われている．これは物理的原理によって決まるものであり，自然淘汰による偶発的な結果ではない．物理学者や数学者は長年，この興味深い数学的関係に注目してきた．詳しく知りたい読者には，Newell AC, Shipman PD. (2005) Plants and Fibonacci. *Journal of Statistical Physics* 121, 927–968，および Mitchison GJ. (1977) Phyllotaxis and the Fibonacci series. *Science* 196, 270–275 を挙げておこう．物理モデルが記載された優れた論文に，Douady S, Couder Y. (1991) Phyllotaxis as a physical self-organised growth response. *Physical Review Letters* 68, 2098–2101 がある．フィボナッチ数列と生物学のつながりもまた，生物の形態と予測可能なパターンの関係を示す美しい例だ．そこでは遺伝子が，物理的に決定されるプロセスに，形や構造，色といった特徴を与えている．

(13) Carroll SB. (2005) *Endless Forms Most Beautiful*. Quercus, London（ショーン・B・キャロル『シマウマの縞 蝶の模様——エボデボ革命が解き明かす生物デザインの起源』渡辺政隆・経塚淳子訳，光文社，2007 年）．キャロルはまた，脊椎動物の翼が四肢や指とは異なる発達の仕方をした興味深い過程を探っている．昆虫でえらが翅に変化したことも，動物のモジュールがまったく新しい構造に形を変える，驚くべき適応能照.

(2) Mayr E. (2004) *What Makes Biology Unique?* Cambridge University Press, Cambridge, 71 にはこう書かれている.「進化生物学において，物理化学的なアプローチは何の成果も生まない．生物学的な機構の歴史的な側面は，物理化学的な還元主義ではどうやっても説明できないのである」．偶発性を容易には数式で表現できないというマイヤーの見解には賛成するが，進化が歴史的なものでしかないという見解には反対だ．収斂の多くの事例は物理的原理に裏打ちされており，したがって，進化の総合説に物理化学的な説明を効果的に適用することができる.

(3) もう一つの疑問は，なぜ哺乳類や爬虫類といった大型の動物は脚が 4 本で，昆虫やほかの節足動物は脚が 6 本（あるいはそれ以上）あるのかというものだ．それに対する反応としては，有効に働いている偶発性の一例，つまり，脚の数が過去の身体のデザインを反映していて、進化でも変わらない例がついに見つかった，というのがよくある．節足動物の場合，体が複数の体節に分かれているので，多くの脚のペアの追加や削除が可能になり，6 本脚の昆虫から，700 本を超える脚をもつヤスデ（*Illacme plenipes*）まで，脚の数はさまざまだ．脊椎動物では，胸びれと腹びれを 2 組もつ祖先が 4 本脚のデザインにつながった．脚に関する偶発性の仮説が当てはまる可能性は十分ありそうだ．カマキリのように 4 本脚で走り，フリーになった 2 本の付属肢で獲物を狩る哺乳類がいたとしたら，うまく子孫を残していけるかもしれない．生体力学的な研究が進めば，脚の数がどのくらい移動に影響するかや，脚の数の選択に偶発性以外の物理的な理由が存在するかどうかが明らかになってくるだろう．とはいえ，Full RJ, Tu MS. (1990) Mechanics of six-legged runners. *Journal of Experimental Biology* 148, 129–146 は，重心を一定の距離だけ移動するのに必要なエネルギーは，脚の数が異なる多くの動物で変わらないことを示唆している.

(4) LaBarbera M. (1983) Why the wheels won't go. *American Naturalist* 121, 395–408.

(5) Dawkins R. (1996) Why don't animals have wheels? (London) *Sunday Times*, November 24.

(6) オオカミなどの動物が森を楽に横断するために道路を利用するという話がある．知的生命体が道路を建設すると，ほかの生命もそれが移動の役に立つことに気づくのかもしれない.

(7) 話をいくぶん単純にしている．魚などの水生動物が移動に利用できる方法の多様さには目を見張る．マグロなど，多くの魚は体をくねらせる動きよりも尾の動きに頼っている．ある意味，この推進法はプロペラのものに近い.

(8) Berg HC, Anderson RA (1973) Bacteria swim by rotating their flagellar filaments. *Nature* 245, 380–382 and Berg HC. (1974) Dynamic properties of bacterial flagellar motors. *Nature* 249, 77–79.

(9) 低レイノルズ数と高レイノルズ数という，両極端の世界について記述した比較的有名な論文に，Purcell EM. (1977) Life at low Reynolds Number. *American Journal of Physics* 45, 3–11 がある.

(10) なめらかな表面が優勢な惑星で車輪が役に立つことは想像できる．しかし，火星など，プレートテクトニクスなしで山脈がつくられる惑星であっても，表面は不を通じた変化に関して，ここに記載したものは最適なモデルの一種と考えることができる（たとえば，Abrams P. [2001] Adaptationism, optimality models, and tests of adaptive scenarios. In *Adaptationism and Optimality*, edited by SH Orzack and E Sober. Cambridge University Press, Cambridge, 273–302 を参照）．もちろん実際の世界では，生物にとってどの特徴が重要で，何が最適な性質なのかを知るのは，きわめて難しい．とりわけ，研究がほとんど進んでいない生物については困難だ．したがって，こうした手法には限界がある．とはいえ，私の提案で，特定の物理的なトレードオフについて理解が深まり，物理学者と生物学者が思考を集約できる場が増えるかもしれない．このアプローチは，テントウムシの熱収支や，特定の環境条件における翅鞘の厚さや代謝率と熱収支の関係など，観察にもとづいた情報が手に入る場合にとりわけ有効になる．最適な条件は割り出せないかもしれないが，一つの生物について定量的な情報を測定し，その測定値を用いて，相互に影響し合う数式群の母数空間を定義することはできる．その数式を利用すれば，環境中のさまざまな物理的制約と生物における物理的な数量が，どのように作用し合って適応形質に影響を及ぼすかを研究できる．

(36)「よく使われる」と書いたのは，収斂の事例のなかには，物理学的な環境よりも生物学的な相互作用の影響のほうが強いように見えるものもあるからだ．たとえば擬態は，葉のように見えるチョウの翅から，枝にそっくりなナナフシまで，さまざまな生物に見られる．そうした例の多くは概して，生物の根本的な構造や機構というよりも，外見に関するものである．それでもまだ，擬態を物理学の観点から考える余地はありそうだ．擬態を生む淘汰は生物どうしの相互作用によって進むとはいえ，根本的なレベルでは，小枝に似るように進化した幼虫は，別の「物質の塊」に似るように進化した暗号を含んだ「物質の塊」の一例である．この類似性が意味するのは，「幼虫」と呼ばれる小枝に似た物質の塊は天敵に捕まりにくいので，その個体数が増えるということだ．この現象は簡単な物理学的な項を使って容易に理解できる．生物は暗号を備えた物質の塊であると考えれば，生物学と物理学の違いはだんだん曖昧になってくる．

第4章

(1) 収斂に関する包括的で優れた解説は，Conway-Morris S. (2004) *Life's Solution: Inevitable Humans in a Lonely Universe*. Cambridge University Press, Cambridge.（サイモン・コンウェイ＝モリス『進化の運命——孤独な宇宙の必然としての人間』遠藤一佳・更科功訳，講談社，2010年）を参照．学問的な論評については，McGhee G. (2011) *Convergent Evolution: Limited Forms Most Beautiful*. Massachusetts Institute of Technology, Cambridge, MA も参照．収斂にまつわる議論や，類似性のほかの機構と収斂を混同する可能性，とりわけ近縁の生物どうしで，収斂の事例のなかに完全に独立したものではなく，同じ発生上の可能性や系統発生的な制約から生まれうるものがあるかどうかという問題については，Wray GA. (2002) Do convergent developmental mechanisms underlie convergent phenotypes? *Brain, Behavior and Evolution* 59, 327–336を参

係していることは，これまでに示されている．以下の論文は，オオカワウソの絶滅種に関する興味深い研究．Tseng ZJ et al. (2017) Feeding capability in the extinct giant *Siamogale melilutra* and comparative mandibular biomechanics of living Lutrinae. *Scientific Reports* 7, 15225.

（30）部分的にはすでに，以下の論文で論じられている．Gutierrez AP, Baumgaertner JU, Hagen KS. (1981) A conceptual model for growth, development, and reproduction in the ladybird beetle, *Hippodamia convergens* (Coleoptera: Coccinellidae). *Canadian Entomologist* 113, 21–33.

（31）このトピックが物理学の観点で探究されているわけではないが，以下の論文は，昆虫の驚くべき複雑性とそのたぐいまれな能力を正面から考えさせる見事な著作だ．Chapman RF. (2012) *The Insects: Structure and Function*. Cambridge University Press, Cambridge.

（32）数式の形で記述されている物理的原理は究極的には数学であるから，生命を単なる数学の表われと表現しても，必ずしも誤解にならないだろう（du Sautoy M. [2016] *What We Cannot Know*. Fourth Estate, London〔マーカス・デュ・ソートイ『知の果てへの旅』冨永星訳，新潮社，2018年〕では，宇宙は単なる数学の表われという概念について，なかなか説得力のある解説を読める）．しかし本書では概して，生命の数学的関係や数式の身体的な表われと，遺伝暗号を備えた進化する有機物の形態と機能に対する影響に注目してもらうために，物理的原理に焦点を当てている．とはいえ，本編のこの箇所では，生命体に表われた数式のさまざまな項どうしの数学的関係を強調するために，「数学的」という言葉がふさわしいように思える．

（33）予測には2つの形がある．一つは還元予測（reductive prediction）．たとえば，生物が細胞で構成されているという知識を用いて細胞膜の構造を予測する能力だ．言い換えると，複雑性の高いレベルに関する知識にもとづいて，低いレベルに関する予測を行なう．そしてもう一つは，予測合成（predictive synthesis）．階層の低いレベルに関する知識にもとづいて，複雑な構造を予測する能力である．単純なものが複雑な構造を形成する仕組みはあまりわかっていないので，後者は概して前者よりもはるかに難しい．しかし，どちらの予測能力もだんだん向上してきてはいる．こうした予測の形に関する優れた解説については，以下の文献を参照．Wilson EO. (1998) *Consilience*. Abacus, London, 71–104.（エドワード・O・ウィルソン『知の挑戦――科学的知性と文化的知性の統合』山下篤子訳，角川書店，2002年）

（34）発生過程と表現型特性のモジュール構造が，この仕事を当初の印象よりも楽にしてくれるかもしれない．モジュール構造については以下の文献を参照．Müller GB. (2007) Evo-devo: Extending the evolutionary synthesis. *Nature Reviews Genetics* 8, 943–949.

（35）以下の論文は，統計物理学を用いて適応をとらえようとした興味深い試みであり，そこで解説されている手法は，予測の力をもちうる数式の形で生物の営みを記述する際に役立ちそうだ．Perunov N, Marsland R, England J. (2016) Statistical physics of adaptation. *Physical Review X* 6, 021036. 物理的に制約された定量的な項における進化についての考察も記載されている．Heinrich B. Keeping their temperature high enough to move around: (1974) Thermoregulation in endothermic insects. *Science* 185, 747–756．また同じトピックは，のちに出版された彼の著書 Heinrich B. (1996) T*he Thermal Warriors: Strategies of Insect Survival*. Harvard University Press, Cambridge, MA.（バーンド・ハインリッチ『熱血昆虫記――虫たちの生き残り作戦』渡辺政隆・榊原充隆訳，どうぶつ社，2000年）でも取り上げられている．

（23）重量モル濃度は，化合物のモル数を質量で割ったもの．

（24）飛翔昆虫の原理のいくつかについて論じた初期の論文の一つに，Weis-Fogh T. (1967) Respiration and tracheal ventilation in locusts and other flying insects. *Journal of Experimental Biology* 47, 561–587がある．

（25）一例として，Verbeck W, Bilton DT. (2011) Can oxygen set thermal limits in an insect and drive gigantism? *PLoS One* 6, e22610を参照．酸素が昆虫のサイズに対して果たす役割に影響しうる複雑な要素を包括的に探った名論文に，Harrison JF, Kaiser A, VandenBrooks JM. (2010) Atmospheric oxygen level and the evolution of insect body size. *Proceedings of the Royal Society B*, doi:10.1098/rspb.2010.0001 がある．

（26）以下の論文は，体重 1kg の理論上のバッタが直面する問題について，詳しく論じている．Greenlee KJ et al. (2009) Synchrotron imaging of the grasshopper tracheal system: Morphological and physiological components of tracheal hypermetry. *American Journal of Physiology. Regulatory, Integrative and Comparative Physiology* 297, R1343–1350.

（27）Barlow HB. (1952) The size of ommatidia in apposition eyes. *Journal of Experimental Biology* 29, 667–674.

（28）光を集める受容体のタンパク質，オプシンの進化は，それ自体が一つの研究分野になりうる．それは分子レベルでの収斂を示している．複眼やカメラ眼の進化も同じだ．目のスケールから分子成分のスケールまで，目の進化は収斂によって分裂した．目という器官の目的は電磁放射線をとらえることであるため，物理的原理がきわめて強く収斂を導いている．たとえば，Shichida Y, Matsuyama T. (2009) Evolution of opsins and phototransduction. *Philosophical Transactions of the Royal Society* 364, 2881–2895, Yoshida M, Yura K, Ogura A. (2014) Cephalopod eye evolution was modulated by the acquisition of Pax-6 splicing variants. *Scientific Reports* 4, 4256，および Halder G, Callaerts P, Gehring WJ. (1995) New perspectives on eye evolution. *Current Opinions in Genetics and Development* 5, 602–609 を参照．目の進化を詳しく研究した論文はほかにも数多くある．それらすべてが合わさって，生物学と物理学の豊かなつながりを探る一つの旅となっている．目の数式について中身の濃い本を書く価値は十分にあるだろう．

（29）Weihmann T et al. (2015) Fast and powerful: Biomechanics and bite forces of the mandibles in the American Cockroach *Periplaneta americana*. *PLoS One* 10, e0141226. 昆虫が食べる食物の物理的性質そのものが，それを食べるために必要な昆虫の大顎の物理的性質に影響しうる．以下の見事なタイトルの論文は，草本の物理的性質について議論していて，一読に値する．Vincent JFV. (1981) The mechanical design of grass. *Journal of Materials Science* 17, 856–860. さまざまな生物の顎の進化に物理的原理が関

(12) Jeffries DL et al. (2013) Characteristics and drivers of high-altitude ladybird flight: Insights from vertical-looking entomological radar. *PLoS One* 8, e82278.

(13) ここではあえて，昆虫の飛翔に関する数式を記していない．それは，後で使う揚力の数式が単純すぎて，昆虫の空気力学的特性の複雑さをとらえていないからだ．一つの数式を記せば，公平のために，もっと多くの数式を紹介せざるをえなくなる．この現象を詳しく知ることができる論文は数多くあるが，ここではその一部を挙げるにとどめる． Dickinson MH, Lehmann F-O Sane SP. (1999) Wing rotation and the aerodynamic basis of insect flight. *Science* 284, 1954–1960; Sane SP. (2003) The aerodynamics of insect flight. *Journal of Experimental Biology* 206, 4191–4208; Lehmann F-O. (2004) The mechanisms of lift enhancement in insect flight. *Naturwissenschaften* 91, 101–122; Lehmann F-O, Sane SP, Dickinson M. (2005) The aerodynamic effects of wing-wing interaction in flapping insect wings. *Journal of Experimental Biology* 208, 3075–3092.

(14) Mir VC et al. (2008) Direct compression properties of chitin and chitosan. *European Journal of Pharmaceutics and Biopharmaceutics* 69, 964–968.

(15) HennH-W. (1998) Crash tests and the Head Injury Criterion. *Teaching Mathematics and Its Applications* 17, 162–170.

(16) チョウの翅の色など，自然界における色の形成は，物理学でもきわめて発達した研究領域の一つで，フォトニクスなどの分野がかかわる． Kinoshita S, Yoshioka S, Miyazaki J. (2008) Physics of structural colors. *Reports on Progress in Physics* 71, 076401 はそうした論文の一つ．

(17) Turing AM. (1952) The chemical basis of morphogenesis. *Philosophical Transactions of the Royal Society Series B* 237, 37–72.

(18) 模様の説明や予測にチューリングのモデルを利用した記述は，テントウムシ自体にも応用されている． Liaw SS, Yang CC, Liu RT, Hong JT. (2001) Turing model for the patterns of lady beetles. *Physical Review E* 64, 041909.

(19) ラドヤード・キプリングの著作はチューリングの論文より先に発表されたが，キプリングがもっとあとに生まれていたら，「なぜなぜ話」の「ヒョウに斑点がついたわけ」を，チューリングとコラボして書いていたかもしれない．

(20) この効果を研究した論文としては， Brakefield PM, Willmer PG. (1985) The basis of thermal melanism in the ladybird *Adalia bipunctata*: Differences in reflectance and thermal properties between the morphs. *Heredity* 54, 9–14, およびDe Jong PW, Gussekloo SWS, Brakefield PM. (1996) Differences in thermal balance, body temperature and activity between non-melanic and melanic two-spot ladybird beetles (*Adalia bipunctata*) under controlled conditions. *Journal of Experimental Biology* 199, 2655–2666 が挙げられる．また，以下の論文には，ナミブ砂漠にすむ暗い色と明るい色の甲虫で同じ効果を観察した例が記載されている． Edney EB. (1971) The body temperature of tenebrionid beetles in the Namib Desert of southern Africa. *Journal of Experimental Biology* 55, 69–102.

(21) 前述の De Jong PW et al. (1996) を参照.

(22) 以下の論文では，昆虫の体温調節に関する概説のほか，体を震わすことの役割

transparent microstructured substrates. *Journal of the Royal Society Interface* 11, 20140499 など，数多くの論文にある．本章で紹介した数式は，Dirks JH. (2014) Physical principles of fluid-mediated insect attachment—shouldn't insects slip? *Beilstein Journal of Nanotechnology* 5, 1160–1166 より．

(6) ラプラス内圧とは，気体と液体領域の境界を形成する湾曲した表面の内側と外側の圧力の差である．この圧力の差は，2つの領域の界面の表面張力によって生じる．

(7) あらゆる生物学的な構造，とりわけ付属肢は安全率（損傷を引き起こす圧力と経験しうる最大の圧力の比率）をもつように進化する．これは，進化が工学的な先見の明をもっていると言っているわけではなく，そうした要素は，生存に大きな支障をきたさないように損傷の可能性を最小限に抑えているということだ．これについては，Alexander RMN. (1981) Factors of safety in the structure of animals. *Science Progress* 67, 109–130 で包括的かつ興味深い議論がなされている．生体力学の分野に関連し（これもまた物理学と生物学を結びつける分野だ），とりわけ生物の身体のレベルを対象としているが，アレグザンダーは種子など，ほかの生物の構造についても考察している．

(8) Peisker H, Michels J, Gorb SN. (2013) Evidence for a material gradient in the adhesive tarsal setae of the ladybird beetle *Coccinella septempunctata. Nature Communications* 4, 1661.

(9) Federle W. (2006) Why are so many adhesive pads hairy? *Journal of Experimental Biology* 209, 2611–2621.

(10) 決して大げさに言っているわけではないが，私の気に入っている論文の一つ，Went FW. (1968) The size of man. *American Scientist* 56, 400–413 は，まさにこのトピックを探究している．ウェントは，重力から分子の力まで，大小のスケールで作用するさまざまな物理的原理とその生物学的な意味に私たちの目を向けさせてくれる．とりわけおもしろいのは，働く準備をするアリについての思考実験だ．アリが出かけるとき妻にキスをできない理由や，通勤中にこっそりたばこを吸えない理由が知りたかったら，論文を読んでみてほしい．ほかにも同じ傾向の論文として，Haldane JBS. (1926) On being the right size. *Harper's Magazine* 152, 424–427 がある．ホールデーンはとくに昆虫に焦点を当て，生物が存在するために備えなければならないシステムの種類は生物の大きさによって決まると主張している．これは暗に，体の大きさは単なる偶然ではなく，物理的原理が働いた結果、最終的に生物の構成が決定されることをホールデーンが認識していたということだ．

(11) 本書で「偶発性」という言葉を使うときには，歴史の気まぐれによる進化の結果，つまり，大きく異なる可能性があった偶然の経路のことを指している．偶発性が進化を動かす重要な要素だと考えるスティーヴン・ジェイ・グールドなどの科学者たちは，進化のテープをもう一度最初から再生したとしたら，進化の道筋はまったく違ったものになりうるという説を唱えている．ここで微妙な表現に注目してほしい．偶発性は，進化の途上における偶然の突然変異によって変わる進化実験を指すこともあるし，実験開始時点の条件など，進化の結果を大きく変えるさまざまな小さい歴史的条件を指すこともある．本書では通常，両方の可能性を指している．

え，人類の集団もまたモデル化することができる．以下の文献は，都市の大きさと形に関する興味深い研究だ．Bettencourt LMA. (2013) The origins of scaling in cities. *Science* 340, 1438–1441.

(25) 私は自己組織化の側面に焦点を絞って，働いている物理的原理を説明したが，物理学や数学のほかの多くの分野も，生物集団の活動を理解するうえで適用できるだろう．主な例としては，ゲーム理論を生物学や進化に応用して，生物が行なったさまざまな選択の進化上の利点を理解しようとする研究がある．これについては数多くの文献が発表されている．Maynard Smith J, Price GR. (1973) The logic of animal conflict. *Nature* 246, 15–18 を参照．ゲーム理論の生物学への応用に焦点を当てた書籍には，Reeve HK, Dugatkin LE. (1998) *Game Theory and Animal Behaviour*. Oxford University Press, Oxford がある．こうした進化上の相互作用や，数学理論を進化に応用したほかの側面を探究した詳しい専門書として，Nowak MA. (2006) *Evolutionary Dynamics: Exploring the Equations of Life*. Belknap Press of Harvard University Press, Cambridge, MA（『進化のダイナミクス——生命の謎を解き明かす方程式』竹内康博・佐藤一憲・巌佐庸・中岡慎治監訳，共立出版，2008年）がある．私がこの本を発見したのは，本書のタイトル（原題）を決めてずいぶん経ってからだった．“equations of life”（生命の数式）という言葉が使われているが，私は著作権などの心配はしていない．この言葉は，生命に表われた物理的原理を数式として数学的関係で簡潔に表現したときに自然に出てくる言葉だと思う．それに，この言葉はサイモン・モーデンによる小説のタイトルでもある．核戦争後の荒廃した世界が舞台であり，物理学と進化生物学のつながり——ひょっとしたら最も避けたいつながり——がプロットに含まれている．

第3章

(1) 本章のもとになった研究のメンバー，ジュリウス・シュワルツ，ハミッシュ・オルソン，ダニエル・ヘンドリー，エマ・ステム，ロジャー・ワット，ローラ・マクラウドに感謝したい．彼らは本当によくやったし，すばらしいレポートを書いてくれた．

(2) Cruse H, Durr V, Schmitz J. (2007) Insect walking is based on a decentralized architecture revealing a simple and robust controller. *Philosophical Transactions of the Royal Society A* 365, 221–250.

(3) 昆虫の脚や移動に関する物理学や数学は，研究がさかんな分野だ．陸地をより効率的に移動する脚付きロボットの開発に関心が集まり，研究が進んでいる．たとえば，Ritzmann RE, Quinn RD, Fischer MS. (2004) Convergent evolution and locomotion through complex terrain by insects, vertebrates and robots. *Arthropod Structure and Development* 33, 361–379 を参照．

(4) なかには，なめらかな足の裏をもつ昆虫もいる．

(5) こうしたモデルの開発例は，Zhou Y, Robinson A, Steiner U, Federle W. (2014) Insect adhesion on rough surfaces: Analysis of adhesive contact of smooth and hairy pads on

Peruani F. (2016) Large-scale patterns in a minimal cognitive flocking model: Incidental leaders, nematic patterns, and aggregates. *Physical Review Letters* 117, 248001も参照.

(15) 集団内で必要な情報を利用できる個体が数少ない場合に，脊椎動物が組織をつくる仕組みや，新たな食料源を見つける方法，新たな場所へ移動する方法を検証したモデルが，以下の文献にある．Couzin ID, Krause J, Franks NR, Levin SA. (2005) Effective leadership and decision-making in animal groups on the move. *Nature* 433, 513–516.

(16) 以下の文献は，鳥の群れについて，物理的な現象として群れの集団行動を検証した説得力のある論文だ（そして，物理学者だけが付けられる見事なタイトルだ）．Cavagna A, Giardina I. (2014) Bird flocks as condensed matter. *Annual Reviews of Condensed Matter Physics* 5, 183–207.

(17) この説を最初に唱えたのは，Wynne-Edwards VC. (1962) *Animal Dispersion in Relation to Social Behaviour*. Oliver & Boyd, Edinburgh である．この説の問題の一つは，集団に役立つ方向に向かう鳥の行動形態（ウィン＝エドワーズの著述で最重要と位置づけられる説），つまり繁殖行動に対する自己規制の形態を示唆していることだ．集団にいる 1 羽が，ほかの鳥よりも数羽多く子を産むと，その鳥の子孫が集団内にすぐに広まり，戦略そのものを無効にする可能性がある．さらに，1 回に産む卵の数が群れの個体数に応じて調整されることが示されておらず，この説を実例に照らし合わせて検証することが難しい．

(18) Weimerskirch H et al. (2001) Energy saving in flight formation. *Nature* 413, 697–698.

(19) Portugal SJ et al. (2014) Upwash exploitation and downwash avoidance by flap phasing in ibis formation flight. *Nature* 505, 399–402.

(20) Schaller V et al. (2010) Polar patterns of driven filaments. *Nature* 467, 73–77.

(21) Sanchez T et al. (2012) Spontaneous motion in hierarchically assembled active matter. *Nature* 491, 431–435.

(22) これは0.000000025m.

(23) 以下の文献には，アリやミツバチ，魚，甲虫など，多様な生物の自己組織化に関する情報がまとめられている．Camazine S et al. (2003) *Self-Organization in Biological Systems*. Princeton University Press, Princeton, NJ. この文献はまた，さらに安定した構造を形成する能力など，自己組織化の背景にある全般的な理由や原理についても論じ，自己組織化に関するさまざまな研究を網羅した参考文献も掲載している．自己組織化をきわめて包括的に研究した文献としては，Kauffman S. (1993) *The Origins of Order: Self-Organization and Selection in Evolution*. Oxford University Press, Oxford がある．この本の内容は，以下のポピュラーサイエンス本としても見事にまとめられている．Kauffman S. (1996) *At Home in the Universe: The Search for Laws of Self-Organization and Complexity*. Oxford University Press, Oxford（スチュアート・カウフマン『自己組織化と進化の論理——宇宙を貫く複雑系の法則』米沢富美子監訳，日本経済新聞社，1999年など）．また，Ao P. (2005). Laws of Darwinian evolutionary theory, *Physics of Life Reviews* 2, 117–156 など，アオによる研究も参考になる．

(24) 人類を「単なる」自然現象から切り離して考えたい願望が私たちにあるとはい

法則の多くは，物質を線形のネットワークを通じて輸送し，そこから生物のあらゆる部位に広げていく必要性が根本にあると，この論文では提唱されている．著者らはこの仮定をもとに，植物から昆虫やほかの動物まで，生命体のさまざまな構造的特徴を予測するモデルを考案した．

(7) これらの概念の優れた解説，そしてアロメトリーの冪乗則とその物理的基盤に関する過去の文献として，次の文献をお勧めする．West GB. (2017) *Scale: The Universal Laws of Life and Death in Organisms, Cities and Companies*. Weidenfeld & Nicolson, London.

(8) 無秩序から秩序ある挙動へ移行する単純な粒子の運動をいくつかの基本的な法則を用いて表わしたモデルを提唱した重要な論文は，Vicsek T et al. (1995) Novel type of phase transition in a system of self-driven particles. *Physical Review Letters* 75, 1226–1229 である．また，Toner J, Tu Y. (1995) Long-range order in a two-dimensional dynamical model: How birds fly together. *Physical Review Letters* 75, 4326–4329 では，それが生物のシステムに応用されている．この種の自己組織化行動を出現させた移行については，Grégoire G, Chaté H. (2004) Onset of collective and cohesive motion. *Physical Review Letters* 92, 025702 でさらに考察されている．もちろん，無生物や生物のシステムに適用された自己組織化の物理法則を研究した論文はほかにも数多くある．

(9) 自己組織化は生物に限らず，あらゆる物理的なシステムにおいてさまざまなスケールで観察できる．以下は気象システムの例．Whitesides GM, Grzybowski B. (2002) Self-assembly at all scales. *Science* 295, 2418–2421. 以下の文献は，平衡状態とはほど遠いシステムがいかに生物に適しているかを簡潔に解説している．Ornes S. (2017) How nonequilibrium thermodynamics speaks to the mystery of life. *Proceedings of the National Academy of Sciences* 114, 423–424. 彼の論文には，生物における平衡状態にないシステムに関する言及が，ほかにもいくつか含まれている．

(10) この数式はアルゼンチンアリなどの行動を予測することが示された．Deneubourg JL, Aron S, Goss S, Pasteels JM. (1990) The self-organizing exploratory pattern of the Argentine ant. *Journal of Insect Behaviour* 3, 159–168.

(11) アリと分子の相違，およびアリどうしの相互作用の原理に関する議論は，以下の文献を参照．Detrain C, Deneubourg JL. (2006) Self-organized structures in a superorganism: Do ants “behave” like molecules? *Physics of Life Reviews* 3, 162–187.

(12) 鳥や魚の群れなどで，記憶がのちの集団の行動にどのように影響するかを考慮に入れたモデルをつくることができる．動物の集団で大規模な変化を引き起こすランダムな変動も調査可能だ．こうした属性を加えることでモデルは複雑になるが，根本的には，このモデルは群れの個体どうしが及ぼし合う作用の基本原理にもとづいて構築されている．Couzin ID et al. (2002) Collective memory and spatial sorting in animal groups. *Journal of Theoretical Biology* 218, 1–11.

(13) この歴史および鳥の群れに関するいくつかの理論を検証した論文として，Bajec IL, Heppner FH. (2009) Organized flight in birds. *Animal Behaviour* 78, 777–789 がある．

(14) こうした想定のいくつかを詳しく調べた論文として，Chazella B. (2014) The convergence of bird flocking. *Journal of the ACM* 61, article 21 がある．また，Barberis L,

（『宇宙大紀行——タイム・トリップ200億年への招待』大林辰蔵監修，ミノス翻訳センター訳，福武書店，1988 年）
(23) もう少し補足しておくと，想像力豊かな人物ならば，こうした惑星には生命の起源がないか，あるいはきわめてまれだと主張することができる．しかし，そうした惑星で生命が出現したのだとすれば，その生物そのものを観察できるはずだ．生命が出現する可能性が何もない，あるいは生命に必要な条件に関する確証がない状況では，この見解に反論するのは難しい．しかし，後の章で生命の限界について議論しているように，金星など，過酷な環境のある惑星では，生命の起源が生じうるか（あるいは生じたか）どうかにかかわらず，生命の可能性に対してより根本的な限界がある．
(24) Darwin C. (1859) *On the Origin of Species by Means of Natural Selection, or the Preservation of Favoured Races in the Struggle for Life*. John Murray, London.（ダーウィン『種の起原』八杉龍一訳，岩波文庫，1990 年など）

第2章

(1) Wilson EO. (1975) *Sociobiology: The New Synthesis*. Belknap Press, Cambridge, MA.（エドワード・O・ウィルソン『社会生物学』伊藤嘉昭監修，坂上昭一ほか訳，新思索社，1999年）．ウィルソンとヘルドブラーがアリについて執筆した共著 Hölldobler B, Wilson EO. (1998) *The Ants*. Springer, Berlin は，学術書として初めてピュリツァー賞を受賞した．
(2) アリの社会におけるフィードバック作用のもっと不気味な実例としては，アリがアリの死骸の山をつくる過程がある．Theraulaz G et al. (2002) Spatial patterns in ant colonies. *Proceedings of the National Academy of Sciences* 99, 9645–9649 を参照．
(3) ここでは，アリの特定の集団的行動をもたらす法則に焦点を当てた．もう一つの問題は，そもそもアリはなぜ集団ですむのか，そして，真社会性（動物の一部のグループが繁殖する集団と繁殖しない集団に分かれる傾向で，後者はほかの個体を世話するだけ）が進化の競争のなかでどのように出現するのかという点だ．この問題自体は妥当な物理的原理と数学モデルで表現することができ，以下の文献で議論されている．Nowak MA, Tarnita CE, Wilson EO. (2010) The evolution of eusociality. *Nature* 466, 1057–1062.
(4) 以下の文献で定量化され，議論されている．Buhl J, Gautrais J, Deneubourg JL, Theraulaz G. (2004) Nest excavation in ants: Group size effects on the size and structure of tunnelling networks. *Naturwissenschaften* 91, 602–606, および Buhl J, Deneubourg JL, Grimal A, Theraulaz G. (2005) Self-organised digging activity in ant colonies. *Behavioral Ecology and Sociobiology* 58, 9–17.
(5) Willmer P. (2009) *Environmental Physiology of Animals*. Wiley-Blackwell, Chichester.
(6) しかしながら，こうした法則や生命自体の基盤を探る優れた論文はたいてい物理モデルにもとづいている．一例は，West GB, Brown JH, Enquist BJ. (1997) A general model of allometric scaling laws in biology. *Science* 276, 122–126．生命の生理学的な力の

生命を形成した主要な物理的原理のなかで与えられた選択肢を制約することがある．
(17) ここにはある種のトートロジー（同語反復）があると主張する読者もいるかもしれない．進化は生命の特徴かどうかという話をすると，生命をどのように定義するかという問題が出てくる．ラマルクの進化論において，環境に適応し，その適応を遺伝暗号に反映させた生命体をあれこれ空想することはできる．そうしたシステムが十分な力をもっていたら，地球上の生命の系統を階層化したリンネ式の分類法は現われなかっただろう．しかし私は，Dawkins R. (1992) Universal biology. *Nature* 360, 25–26 に従い，暗号を用いて複製するダーウィン主義的な進化が自然界で普遍的であるとの前提に立って始める．本書では単純に，繁殖を通じてダーウィン主義的な進化を見せる物質のシステムが私の議論の対象であるとの考え方を当座の前提とする．読者がこの普遍性を論破し，環境に対してまったく異なる適応の仕方をする繁殖システムを提示できたとしても，本書で導いた結論の大半，とりわけ物理的な作用に制約される影響に関しては，おそらく淘汰されずに残るだろう．一つの実例として挙げられるのは，地球に最初の生命が出現した頃の初期の細胞だろう．Goldenfeld N, Biancalani T, Jafarpour F. (2017) Universal biology and the statistical mechanics of early life. *Philosophical Transactions A* 375, 20160341 で議論されているように，現代の微生物に見られる遺伝子の水平伝播と同様，当時の細胞どうしでも遺伝情報が流動的に受け渡されていただろう．こうした細胞どうしのつながりは非ダーウィン主義的な性質（ラマルク説のように遺伝物質が原始的なゲノムに加わる）をもっていたと主張する人はいる．こうした考え方を進化の記述にどう盛り込んだとしても（遺伝子の水平伝播の産物が依然として環境による淘汰に左右されるとしても），進化は物理法則によって狭く制約される．ドーキンスは，ダーウィン主義が今あるような生命の定義の一部というだけでなく，適応的な複雑性をもった自己複製する物体の普遍的な特徴の一つであるという，説得力ある議論を以下の文献で展開した．Dawkins R. (1983) Universal Darwinism. In *Evolution from Molecules to Men*, edited by DS Bendall, Cambridge University Press, Cambridge, 403–425. ジョイスの引用については，Joyce GF. (1994) In *Origins of Life: The Central Concepts*, edited by DW Deamer and GR Fleischaker, Jones and Bartlett, Boston, xi–xii を参照．この定義は 1990 年代前半のNASAの宇宙生物学分野ワーキンググループの会合で考案されたと，ジョイスはインターネットで非公式に述べている．
(18) これは Cleland CE, Chyba CF. (2002) Defining "life." *Origins of Life and Evolution of Biospheres* 32, 387–393 で探究された問題の一つ．
(19) Schrödinger E. (1944) *What Is Life?* Cambridge University Press, Cambridge.（シュレーディンガー『生命とは何か——物理的にみた生細胞』岡小天・鎮目恭夫訳，岩波文庫，2008 年）
(20) Baverstock K. (2013) Life as physics and chemistry: A system view of biology. *Progress in Biophysics and Molecular Biology* 111, 108–115 で議論されている．
(21) Wells HG. (1894) Another basis for life. *Saturday Review*, 676.
(22) Gallant R. (1986) *Atlas of Our Universe*. National Geographic Society, Washington DC.

Communications in Pure and Applied Mathematics 13, 1–14 にある．この古典的なエッセイを現代風にしたものが，前述の Lesk (2000) である．

(9) 身体レベルで生物に表われた物理的原理のいくつかについて，以下の文献は専門的な観点で見事に概説している．Vogel S. (1988) *Life's Devices: The Physical World of Animals and Plants.* Princeton University Press, Princeton, NJ. スティーヴン・ヴォーゲルはまた，生命における流体力学などを検証する興味深い論文を何本も執筆している．彼の著書の参考文献一覧には，時代は古いものの，生物における物理的計測についての優れた論文がいくつか含まれている．以下の文献では（細部の記述や人間の技術との美しい比較に満ちてはいるが）もっと一般向けの論説が読める．Vogel S. (1999) *Cats' Paws and Catapults: Mechanical Worlds of Nature and People*. Penguin Books, Ltd., London.

(10) Autumn K et al. (2002) Evidence for van der Waals adhesion in gecko setae. *Proceedings of the National Academy of Sciences* 99, 12,252–12,256.

(11) Alberts B et al. (2002) *Molecular Biology of the Cell* (4th ed.). Garland Science, New York.

(12) Smith R. (2004) *Conquering Chemistry* (4th ed.) McGraw-Hill, Sydney.

(13) すべての魚が体を曲げるわけではない．発電魚は体をこわばらせた状態を保つことで，安定した電場をつくり，周りの状況を感知している．こうした魚は体に沿って生えた長いひれを発達させた．このひれに生じる波のような振動を利用して，前へ進む．

(14)「シュレーディンガーの猫」は 1935 年にエルヴィン・シュレーディンガーが考案した量子力学の思考実験．このシナリオには，生きている状態と死んでいる状態を同時にもちうる猫が登場する．これは「量子の重ね合わせ」と呼ばれる状態によって可能になり，猫の生命がランダムに起こりうる粒子のイベントに関連づけられることで生じる．ヴェルナー・カール・ハイゼンベルクはドイツの理論物理学者で，量子力学のパイオニアの一人．

(15) あるいは「適応地形」．シューアル・ライトが最初に考案したこの概念についてのエレガントな解説が，以下の文献で読める．McGhee G. (2007) *The Geometry of Evolution*. Cambridge University Press, Cambridge.

(16) 進化における発生上の制約の役割を無視しているわけではない．たとえば，Smith JM. et al. (1985) Developmental constraints and evolution. *The Quarterly Review of Biology* 60, 263–287 や Jacob F. (1977) Evolution and tinkering. *Science* 196, 1161–1166 を参照．確かに，生理機能と進化のあいだにはきわめて複雑な相互作用が存在しうる．Laland KN et al. (2011) Cause and effect in biology revisited: Is Mayr's proximate-ultimate dichotomy still useful? *Science* 33, 1512–1516 を参照．しかし，本書を通して明らかになっていくように，祖先からたまたま受け継いだ特徴や「定着した偶然の出来事」が遺伝暗号にあるにしろ，肉眼で見える身体の形態にあるにしろ，生命はそれらに打ち勝つ柔軟性を，一般に考えられるよりも多く備えているように思える．動物の体には来歴を物語る痕跡（陸生動物の4本脚が魚の胸びれと腹びれから派生したといったような痕跡）があまり見られないと言っているわけではない．こうした来歴は，

原 註

第1章

(1) 王室天文官のマーティン・リースが公開講義で語った見解だが，以下の文献でも同様の見解を示している．「どれだけ小さな昆虫でも，入り組んだ構造をもち，原子や恒星よりもはるかに複雑である」．Rees M. (2012) The limits of science. *New Statesman* 141 (May), 35.

(2) Lequeux J. (2013) *Birth, Evolution and Death of Stars*. World Scientific, Paris.

(3) Witton MP, Martill DM, Loveridge RF. (2010) Clipping the wings of giant pterosaurs: Comments on wingspan estimations and diversity. *Acta Geoscientica Sinica* 31 Supp.1, 79–81.

(4) Edwards D, Feehan J. (1980) Records of *Cooksonia*-type sporangia from late Wenlock strata in Ireland. *Nature* 287, 41–42, および Garwood RJ, Dunlop JA. (2010) Fossils explained: Trigonotarbids. *Geology Today* 26, 34–37. 多くの初期の植物や無脊椎動物の模式標本が最初に見つかったのはスコットランドだ．

(5) ペデルペスについては，Clack JA. (2002) An early tetrapod from "Romer's Gap." *Nature* 418, 72–76を参照．

(6) タンパク質の折り畳み方については，Denton MJ, Marshall CJ, Legge M. (2002) The protein folds as Platonic forms: New support for the pre-Darwinian conception of evolution by natural law. *Journal of Theoretical Biology* 219, 325–342 を参照．タンパク質の折り畳み方を解明するのは容易ではない．その要点は以下の文献にとてもわかりやすく書かれている．Lesk AM. (2000) The unreasonable effectiveness of mathematics in molecular biology. *Mathematical Intelligencer* 22, 28–37.

(7) このシンプルな見解は，生命を形づくるうえで自然淘汰が担う重要な役割だけでなく，主要な淘汰の効果と直接関連のない多くの要素とも合っている．たとえばグールドとレウォンティンが探った，進化で生物が形成される多種多様な筋道は，物理的原理によって狭く制約される同じメカニズムとまったく矛盾しない．Gould SJ, Lewontin RC. (1979) The spandrels of San Marco and the Panglossian paradigm: A critique of the adaptationist programme. *Proceedings of the Royal Society of London. Series B, Biological Sciences* 205, 581–598 を参照．とりわけ，数多くの「構造的な」要素など，一部の要素は根本的には物理法則によって制約されている．たとえば，グールドとレウォンティンがいう「スパンドレル」は2つのアーチの結合によってもたらされた物理的な結果である．

(8) 物理的なプロセスを記述するうえでの数学の限界と有効性に関する見事な議論が，Wigner E. (1960) The unreasonable effectiveness of mathematics in the natural sciences.

【レ・ロ】

【ワ】

【アルファベットと数字】

（索引編集協力　プロログ 関倫彦）

【ミ】

【ム】

【メ】

【モ】

【ヤ・ユ・ヨ】

【ラ・リ】

【ヘ】

【ホ】

【マ】

【ナ】

【ニ・ヌ】

【ネ・ノ】

【ハ】

【ヒ】

【フ】

【ス】

【セ】

【ソ】

【タ】

【サ】

【シ】

【ク】

【ケ】

【コ】

索　引

【ア】

【イ】

【ウ】

Japanese translation published by arrangement with Charles Cockell c/o Greene & Heaton Limited through The English Agency (Japan) Ltd.

藤原多伽夫（ふじわら・たかお）
1971年、三重県生まれ。静岡大学理学部卒業。翻訳家。訳書に、ショー『昆虫は最強の生物である』、パイン『7つの人類化石の物語』、マクガヴァン『酒の起源』、パーカー『戦争の物理学』、『ヒマラヤ探検史』など多数。

生命進化の物理法則（せいめいしんかのぶつりほうそく）

2019年12月20日　初版印刷
2019年12月30日　初版発行

著　者　チャールズ・コケル
訳　者　藤原多伽夫
装　幀　岩瀬聡
発行者　小野寺優
発行所　株式会社河出書房新社
〒151-0051　東京都渋谷区千駄ヶ谷2-32-2
電話（03）3404-1201［営業］（03）3404-8611［編集］
http://www.kawade.co.jp/
組　版　KAWADE DTP WORKS
印　刷　株式会社亨有堂印刷所
製　本　小泉製本株式会社
Printed in Japan
ISBN978-4-309-25404-3